KB002166

창의력과학

I&I

아 이 앤 아 이

초등

4

Imagine Infinitely

무한상상

(원본: 2008년 출간) 서울과학고등학교 교사진과 폴라사이언스 공동개발
책임개발 : 폴라사이언스(소장 윤찬섭)

〈서울과학고 교사진〉
지구과학 : 황석규 선생님(서울대)
물리 : 홍기택 선생님(서울대)
화학 : 전영희 선생님(서울대)
생물 : 백승용 선생님(서울대)

(2015 개정본)
책임 개발 및 수정 : 윤찬섭, 무한상상 과학교육 연구소

바야흐로 창의력의 시대입니다

과학창의력 향상은 단순한 과학적 흥미만으로는 부족합니다.
과제 집착력, 자신감을 바탕으로 한 체계적인
훈련이 필요합니다.
창의력과학 *I&I* (Imagine Infinitely)는
개정 교육 과정에 따른 창의적 문제해결력의
극대화에 중점을 둔 새로운 개념의
과학 창의력 통합 학습서입니다.

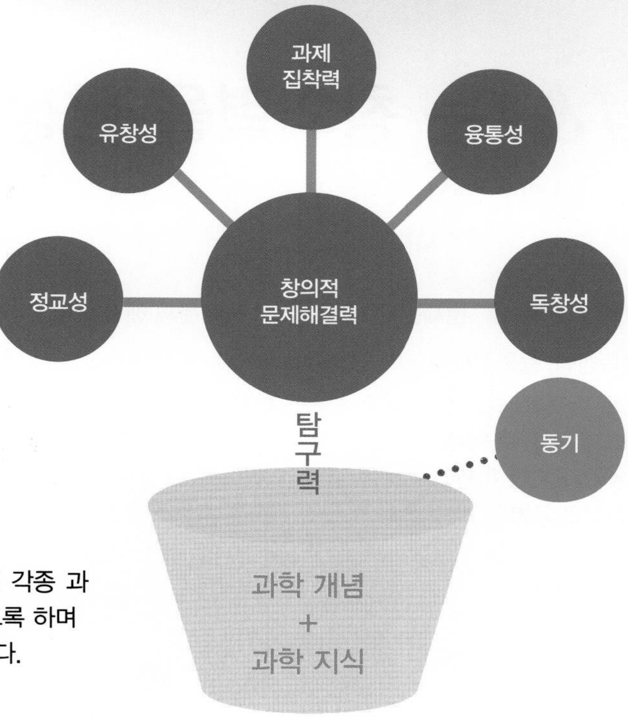

▲ 창의적 문제 해결력의 구성

과학을 공부한다는 것은

1. 과학 개념을 정밀히 다듬어 이해하고
2. 탐구력을 기르는 연습(과학 실험 등)을 꾸준히 하여 각종 과학 관련 문제에 대한 이해와 분석과 상상이 가능하도록 하며
3. 창의력을 동원하여 문제 해결을 하는 과정을 뜻합니다.

이 책의 특징은

1. 개정 교육과정에 맞춘 전 과정 심화입니다.
2. 각종 그림을 활용하여 과학 개념을 명확히 하는 데에 중점을 두었습니다.
3. 교과서의 실험 등을 통하여 탐구과정 능력을 향상시켜 과학적 상상력을 기르는데 초점을 맞추었습니다.
4. 창의력 문제, STEAM 융합형 문제에서 스스로의 창의력을 기반으로 하여 창의적 문제해결력을 향상할 수 있도록 하였습니다.
5. 그동안 영재교육원, 창의력 대회 등 시험 기출 문제 또는 기출 유형 문제를 종합적으로 수록하여 실전 대비 연습에 만전을 기했습니다.
6. 해설을 풍부하게 하여 문제풀이를 정확하게 할 수 있도록 하였습니다.

이 책은

영재교육원 및 각종 대회의 탐구력, 창의력 구술 검사 및 면접을 준비하는 학생에게 충분한 창의적 문제 해결의 기회와 학교 내신 + α 를 제공합니다.

창의력과학

I&I

아이앤아이

초등

창의적 사고를 위한 요소

유익하고 새로운 것을 생각해 내는 능력을 창의력이라고 합니다.

사고를 원활하고 민첩하게 하여 많은 양의 산출 결과를 내는 유창성, 고정적인 사고의 틀에서 벗어나 다양한 각도에서 다양한 해결책을 찾아내는 융통성, 새롭고 독특한 아이디어를 산출해 내는 독창성, 기존의 아이디어를 치밀하고 정밀하게 다듬어 더욱 복잡하게 발전시키는 정교성 등이 대표적인 요소입니다.

*I&I*는 창의력을 향상시킵니다

창의력 키우기 파트에서는 문제의 유형을 유창성, 융통성, 독창성, 정교성 영역으로 나누어서 출제하였으며, 오른쪽 그림과 같이 적용된 창의성 영역을 나타내었습니다.

STEP BY STEP 문제는 단계적으로 창의적 문제 해결을 할 수 있도록 한 문제입니다.

(독창성, 융통성) 본교재 6학년 00페이지

계단을 밝히려고 달아 놓은 전등을 아래층과 위층에 설치된 스위치로 각각 끄거나 켤 수 있게 하려고 한다. 즉, 위층에서 불을 켜고 내려와 계단 아래층에서 불을 끈다거나, 아래층에서 불을 켜고 올라가 계단 위층에서 불을 끌 수 있어야 한다. 전등과 전원, 그리고 두 개의 스위치로 어떻게 배선하면 그렇게 할 수 있을지 전기 기호를 사용하여 전기 회로도를 그리시오.

- ✔ 유창성
- 융통성
- ✔ 독창성
- 정교성

*I&I*는 STEAM 문제 해결에도 적합합니다

STEAM 교육은 융합교육이라고도 하는데, 과학(Science), 기술(Technology), 공학(Engineering), 예술(Art), 수학(Mathematics)의 첫자를 땄으며, 교과 간의 연계를 강조하는 교육입니다. *I&I* 에서는 '스팀 융합형 문제 해결하기' 에서 과학 외의 교과 지식을 활용한 문제 풀이를 선보이고 있습니다.

(과학, 기술, 공학, 예술) 본교재 3학년 00페이지

보기에 제시된 "생체 모방 공학" 에 관한 글을 읽고 물음에 답하시오.

홍합의 접착력을 활용한 접착 물질 개발이 한창이다. 홍합의 접착력은 폭풍우에도 끄떡 없을 정도로 강하다. 어찌 보면 당연한지도 모를 이러한 생명체의 '뛰어난 힘'을 모방하여, 인간 생활에 적용 가능한 형태로 만들어 내려는 연구가 본격화되고 있다. 바로 '생체 모방 공학' 이다.

(문제) 홍합의 접착력은 폭풍우에도 끄떡 없을 정도로 강하다. 홍합의 강한 접착력을 이용해서 어떤 물체를 만들 수 있을까?

▲ 바위에 단단하게 달라붙은 홍합

실험에서의 탐구 과정 요소

과학에서 빼놓을 수 없는 것이 과학적인 탐구 능력입니다.

탐구 능력 또는 탐구 과정 능력이란 자연 현상이나 사물에 관한 문제를 연관시켜 해결하는 능력을 말합니다. 과학 관련 문제를 해결하기 위해서는 몇 가지 단계가 필요한데, 이 단계에서 필요한 요소를 탐구 과정 요소라고 합니다. 탐구 과정 요소에는 기초 탐구 과정 요소인 관찰, 분류, 측정, 예상, 추리와 통합 탐구 과정 요소인 문제 인식, 가설 설정, 실험 설계(변인 통제), 자료 변환 및 자료해석, 결론 도출 등이 있습니다.

기초 탐구 과정 중 분류의 예

우리 주위의 여러 가지 물체나 현상 등을 관찰하여 특징과 용도에 따라 나눔으로서 질서를 정하는 과정을 말합니다. 분류를 하기 위해서는 모둠의 공통된 특징을 가려서 분류 기준을 정해야 합니다.

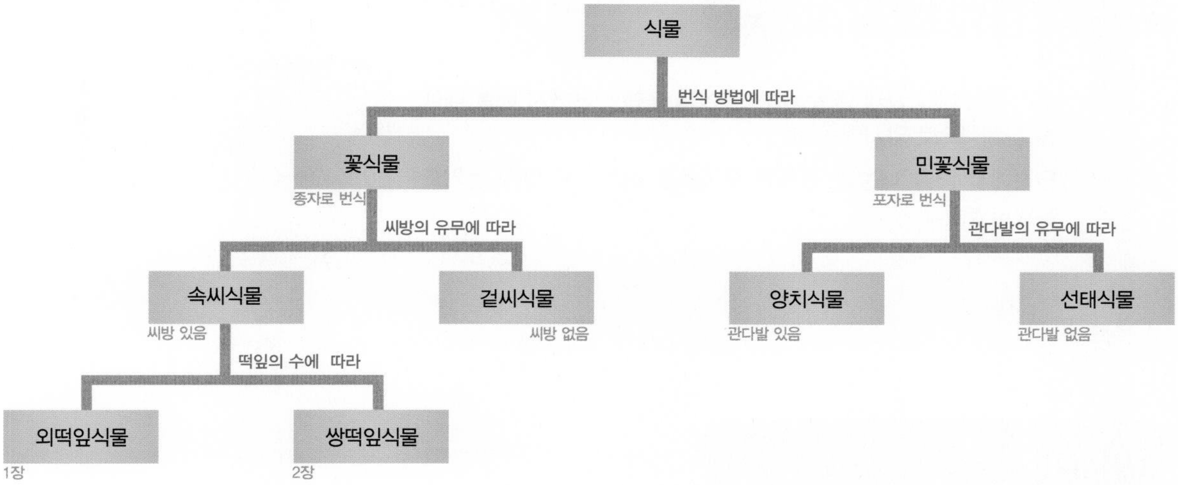

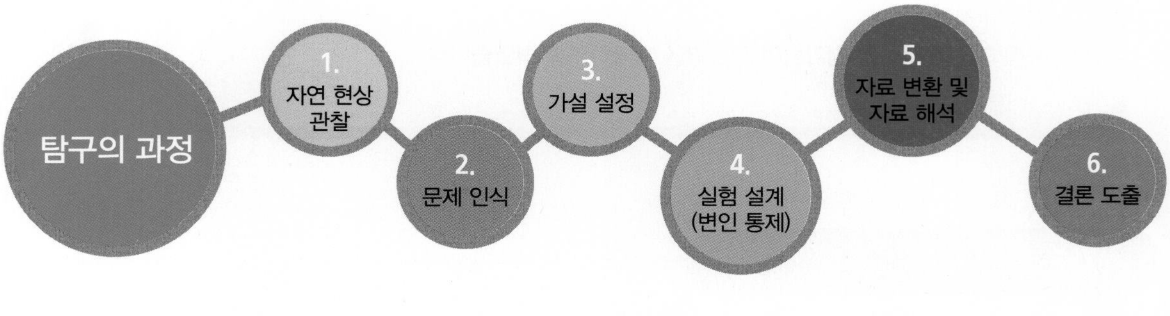

뉴턴: ① 내가 자고 있는데 누가 날 깨우는 거야? 어라? 사과가 떨어져 나를 깨운 것이구나!

② 그런데 사과는 왜 아래로만 떨어지는 것일까? 사과뿐만 아니라 다른 물체도 아래로 떨어지는구나.

③ 우리가 알고 있는 힘 외에 어떤 다른 힘이 있다는 가설을 세워 보자.

④ 두 물체 사이의 잡아당기는 힘이 얼마인지 실험해 보자. 다른 힘들이 있으면 안되니까 전기적으로 중성이어야 하고, 거리를 재고, 질량을 재고, 힘을 측정해야 하겠지?

⑤ 여러 번 실험을 해서 자료를 종합해 보니

⑥ 새로운 힘이 존재하는데, 그 힘의 크기는 두 질량 사이의 거리의 제곱에 반비례하고, 질량의 곱에 비례하는구나. 이 힘을 만유인력이라고 해야지!

창의력과학 I&I 아이앤아이 초등

들여다 보기

도입

· 우리 주변에서 쉽게 볼 수 있는 현상을 통해 단원에서 배울 내용을 전체적으로 암시했습니다.

· 단원에서 배울 내용과 관련된 흥미로운 질문으로 학습 동기를 유발하였습니다.

개념다지기

· 교과의 기본 개념부터 중등 개념까지 심화하여 다루었습니다.

· 과학 개념의 정밀화에 중점을 두었습니다.

· 보조단의 내용과 본문 개념을 연결지어 보충 심화가 가능하게 했습니다.

· 각종 그림과 사진을 첨가하여 상상력을 자극하도록 하였습니다.

기본 확인 문제

· 각 단원의 핵심 개념을 빠르게 체크할 수 있게 하였습니다.

· 이론 체크에 빠짐이 없도록 세심하게 문제를 출제하였습니다.

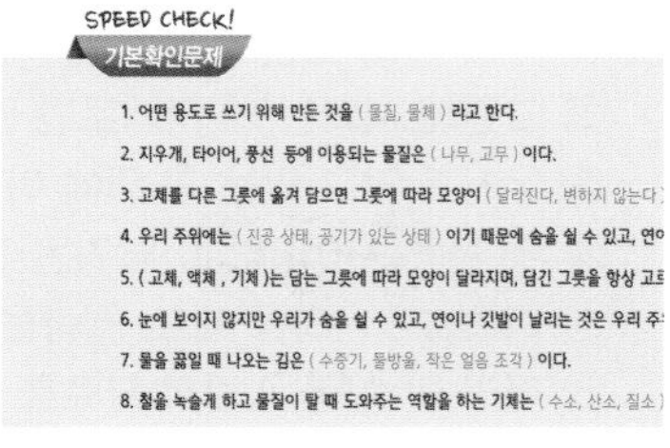

탐구력 키우기

· 단원과 밀접하게 관련된 재미있는 필수 실험을 1~2개 엄선하였습니다.

· 개인적으로도 쉽게 준비하여 실험할 수 있도록 배려하였습니다.

· 탐구과정 능력, 상상력을 발휘할 수 있도록 하였습니다.

문제해결력 키우기

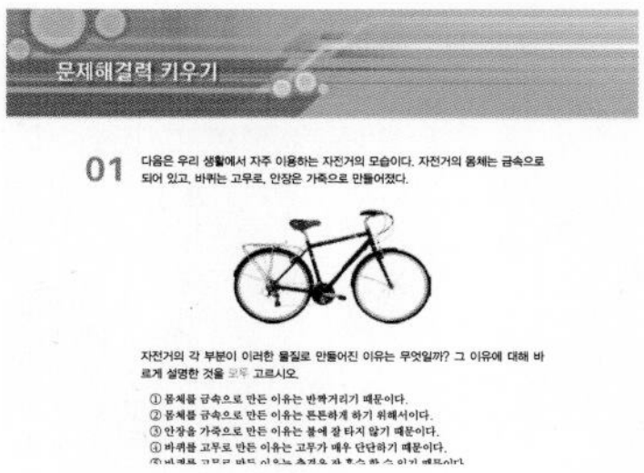

· 창의력·탐구력·상상력을 동원하여 문제를 해결하도록 꾸몄습니다.

· 각 단원의 주제에 맞는 영재교육원 유사 문제를 통해 실전 감각을 쌓을 수 있습니다.

· 기본적인 문제에서 고난도의 창의력, 사고력을 요하는 문제, 단계적 문제 해결형 문제까지 망라하여 상황별 문제 해결이 가능하도록 하였습니다.

창의력 키우기

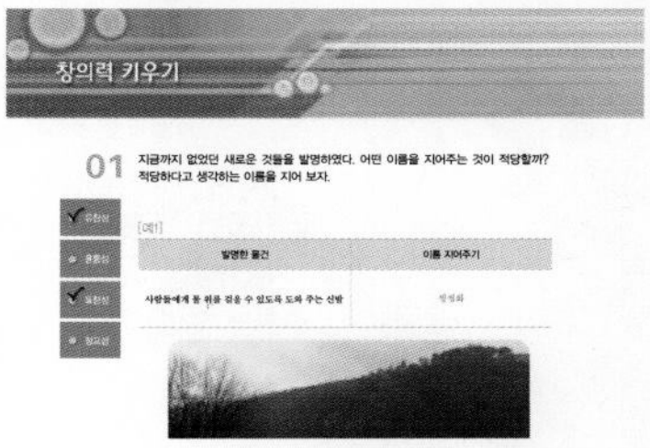

· 창의적 문제 해결력을 향상을 위한 섹션입니다.

· 유창성, 융통성, 독창성, 정교성을 기를 수 있는 문제들로 구성되며 각 요소별로 창의력 훈련을 할 수 있습니다.

· 입학사정관제나 대학입시에서도 중요도가 높아진 구술, 심층 면접, 논술 능력을 키울 수 있습니다.

스팀 융합형 문제 해결하기

· 창의성과 함께 다른 교과 지식을 융합하여 문제를 해결해 나가도록 하였습니다.

· 현 시대가 요구하는 융합형 인재상의 목표에 부합하는 문제를 엄선했습니다.

총정리 문제

· 3단원 당 1회씩 총 4회로 구성하였습니다.

· 해당 단원의 총정리를 할 수 있도록 하였습니다.

CONTENTS

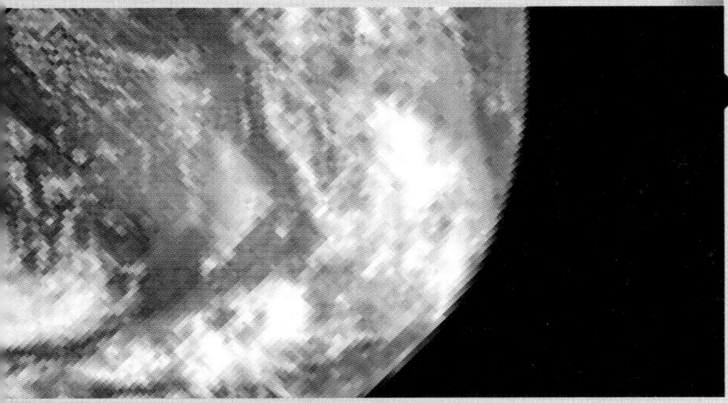

009 1. 용수철 저울
027 2. 수평잡기로 무게재기
045 3. 화산과 암석
063 4. 지진
081 5. 식물의 한살이
099 6. 섞여 있는 알갱이 분리
117 7. 혼합물 분리하기
135 8. 식물의 세계
153 9. 모습을 바꾸는 물
171 10. 빛의 나아감
189 11. 거울
207 12. 지구와 달
225 총정리 문제 1~4회

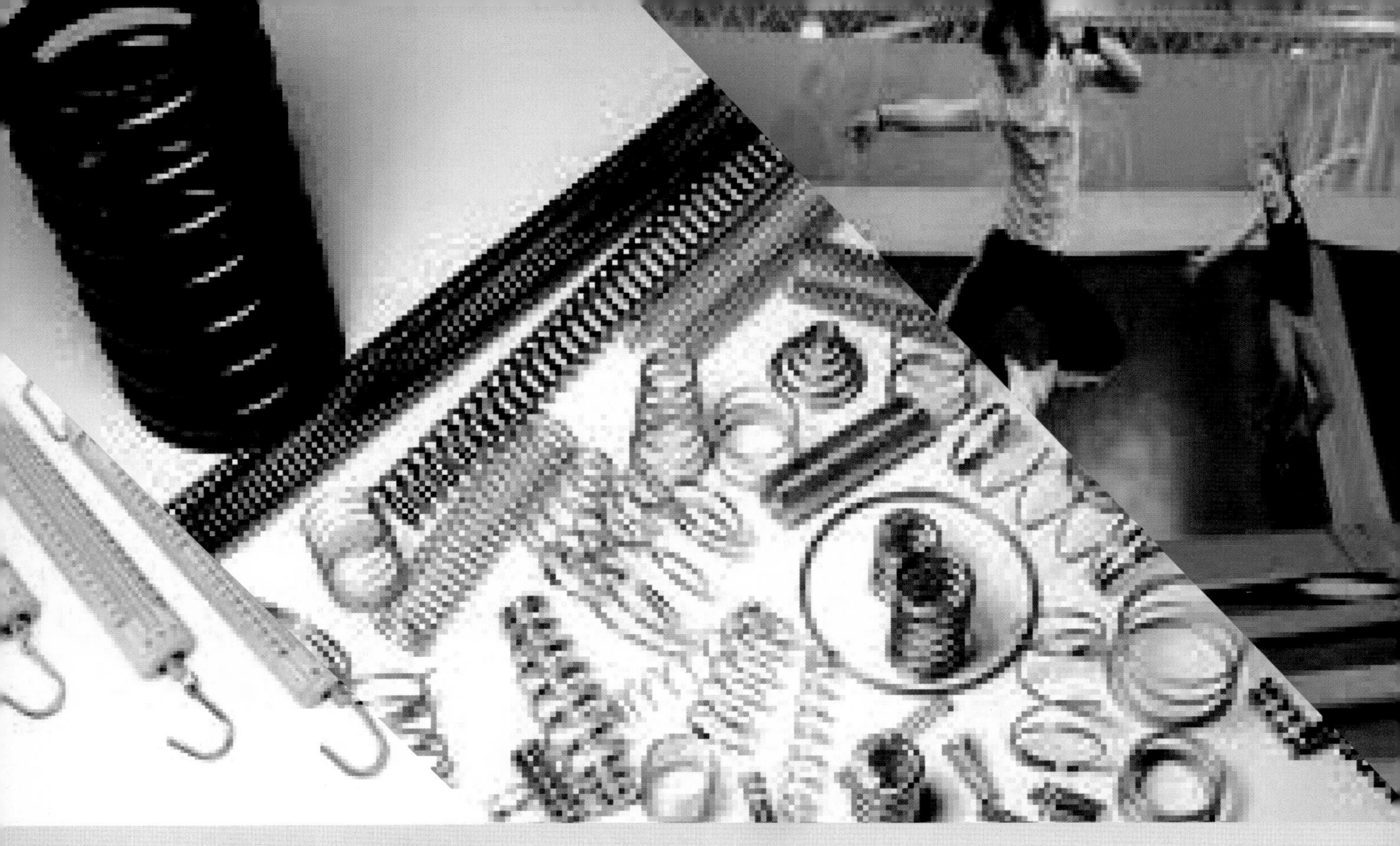

"

저울은 어디에 어떻게 쓰일까?

용수철에 힘을 주면 모양이 변했다가 힘이 사라지면 원래의 모양으로 되돌아간다. 이 성질을 이용하여 물체의 무게를 측정한다. 물체의 질량은 어떻게 측정할까?

"

1

용수철로 무게 재기

개념다지기

쏙쏙 빈칸을 채워 개념을 완성하세요!

● 탄성력(복원력)

물체가 힘을 받아 모양이나 길이가 변했다가 원래의 상태로 되돌아가려는 힘이다. 아무리 탄성이 있다고 해도 한계를 넘어서면 원래의 상태로 다시 돌아오지 않는다.

● 용수철을 이용한 장난감

① 흔들이 인형
용수철을 손으로 건드리면 한참동안 흔들리는 성질을 이용한다.

② 깜짝 상자
용수철을 눌렀다 놓으면 제자리로 되돌아오는 성질을 이용한다.

③ 자동차 발사* 장치
용수철을 눌렀다 놓으면 원래의 상태로 되돌아오는 성질을 이용한다.

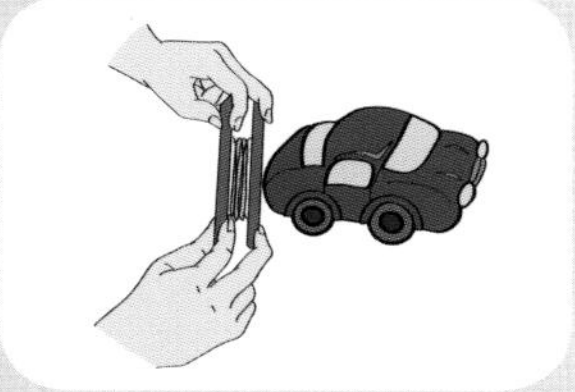

● 과학단어

★용수철 늘어나고 줄어드는 성질이 있으며 탄력이 있는 나선형으로 된 금속줄

★펀치 구멍을 뚫을 때 사용하는 도구

★발사 활, 총포, 로켓이나 광선, 음파를 쏘아 올리는 일

❶ 용수철의 이용과 성질

(1) 용수철*을 이용한 도구

용수철이 ❶ 원래의 길이로 돌아오는 것

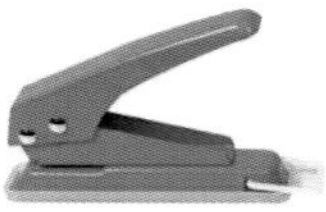
펀치*

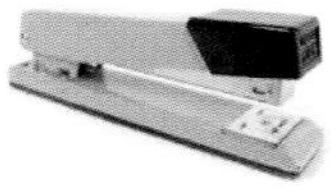
스테이플러

침대

볼펜

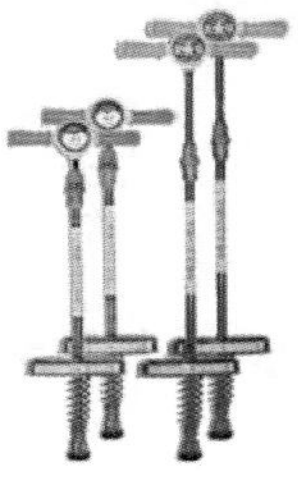
스카이 콩콩

용수철이 ❷ 원래의 길이로 돌아오는 것

체중계

주방 저울

트램펄린

쥐덫

완력기

용수철 저울

(2) 용수철의 성질

여러 가지 용수철의 공통점	• 용수철에 힘을 주면 모양과 길이가 변하고, 주었던 힘이 사라지면 원래의 모양이나 길이로 되돌아간다. → 이러한 성질을 ❸ 이라고 한다. • 용수철에 가해진 힘이 클수록 모양과 길이가 많이 변한다.

여러 가지 용수철의 차이점	• 도구에 따라 사용되는 용수철의 굵기와 길이, 모양이 다르다. → 완력기, 스카이 콩콩 : 단단하고 굵은 용수철 사용 볼펜, 스테이플러 : 작고 가는 용수철 사용

❷ 용수철의 길이 변화

(1) 추의 개수에 따른 용수철의 길이 변화

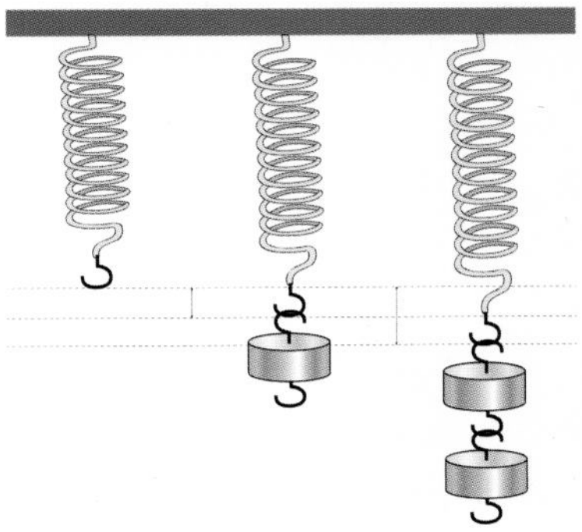

- 매단 추의 개수가 많아질수록 용수철의 길이도 길어진다.
- 추의 개수가 한 개씩 늘어날 때마다 용수철의 늘어난 길이도 일정하게 늘어난다.
  → 용수철의 늘어난 길이는 추의 개수에 ❹ ________ 한다.

(2) 굵기가 다른 용수철의 길이 변화 : 재질은 같고 굵기가 다른 용수철에 같은 개수의 추를 매달고 늘어난 길이를 비교한다.

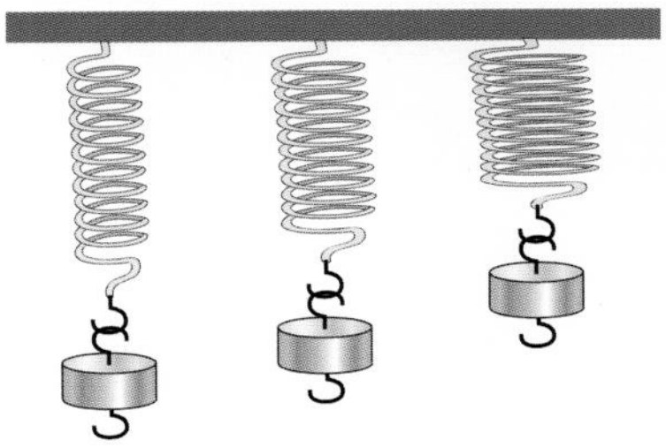

- 용수철의 굵기가 굵을수록 용수철의 늘어나는 길이가 줄어든다.

(3) 용수철의 개수에 따른 길이 변화 : 굵기가 같은 용수철의 개수를 달리하여 무게가 동일한 추를 매달고 늘어난 길이를 비교한다.

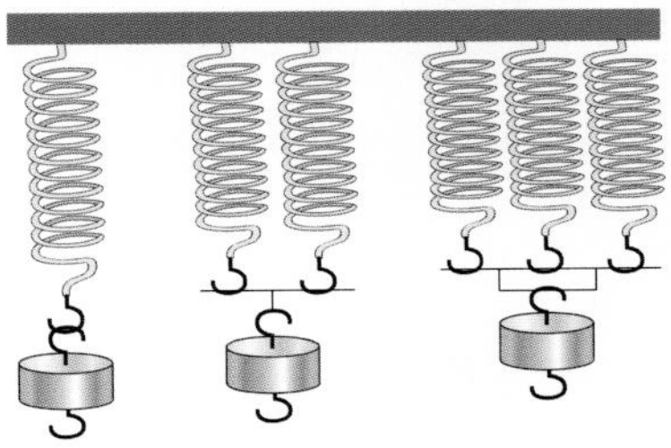

- 용수철의 개수가 많아질수록 각각의 용수철의 늘어나는 길이가 줄어든다. 추의 무게를 용수철이 각각 나누어서 분담★하기 때문이다.

❸ 용수철 저울을 이용하여 물체의 무게 재기

(1) 용수철 저울의 각 부분 살펴보기

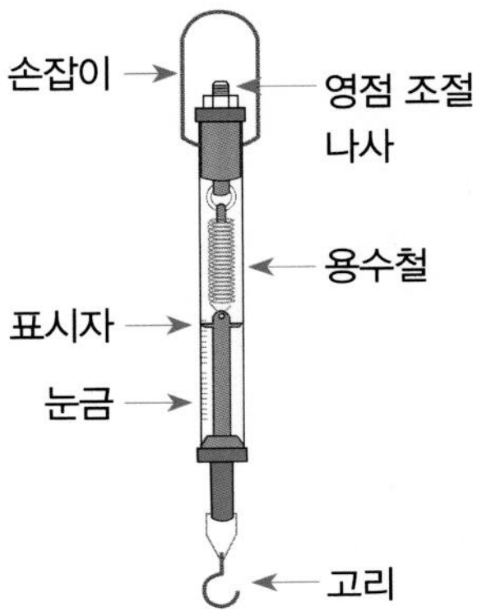

① 손잡이 : 용수철 저울을 스텐드나 고정된 곳에 걸 때 사용한다.
② ❺ ________ : 눈금의 위치가 '0'에 있지 않을 때 조절하는 나사이다.
③ 표시자 : 눈금을 가리켜 물체의 무게를 쉽게 알아볼 수 있게 해준다.
④ 눈금 : 무게를 나타낸다.
⑤ 고리 : 추를 매달거나 물체를 매달 수 있다.

추의 개수와 용수철의 늘어난 길이와의 관계

① 꺾은선 그래프

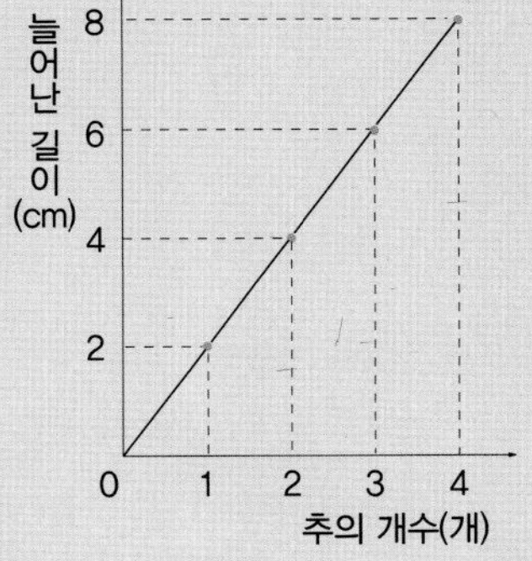

② 막대 그래프

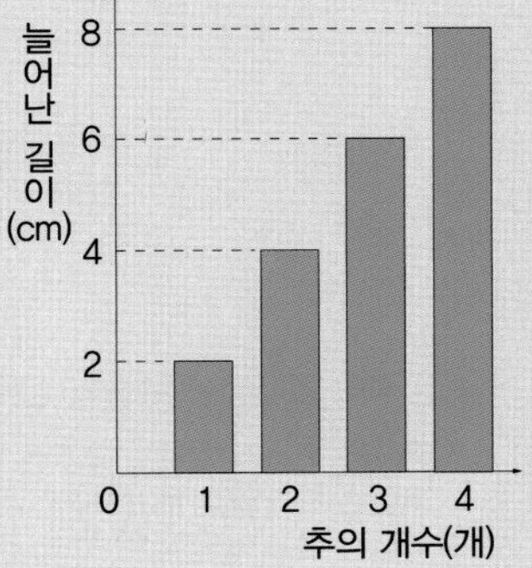

탄성력을 이용한 운동 경기

▲ 장대높이뛰기

▲ 트램펄린

과학단어

★비례 한쪽이 증가하면 나머지 한쪽도 증가하는 것

★분담 나누어 맡음

개념다지기

쏙 쏙 빈칸을 채워 개념을 완성하세요!

● 저울을 사용하는 이유

눈으로 보거나 손으로 어림한 것으로는 정확한 무게를 잴 수 없다. 저울을 사용하면 정확한 물건의 무게를 잴 수 있다.

(2) 용수철 저울의 사용법

① 물체를 달지 않은 상태에서 용수철 저울의 눈금을 '0'으로 맞춘다.
② 무게를 재고자 하는 물체를 고리에 건다.
③ 표시자가 움직이지 않을 때 표시자가 가리키는 곳의 눈금을 읽는다.

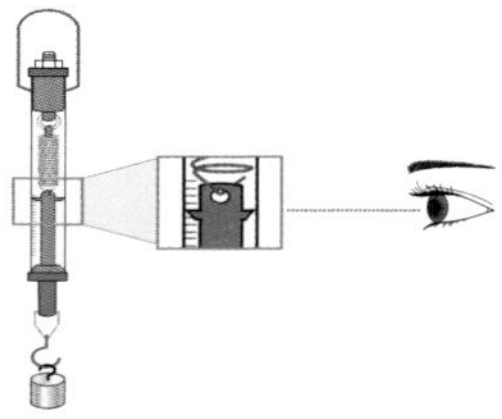

• 용수철 저울의 눈금 읽기
눈과 수평이 되는 위치에서 눈금을 읽는다.

● 중력이 없다면 – 무중력 상태

중력이 작용하지 않는 우주선 안에서는 사과나 물방울이 바닥으로 떨어지지 않고 공중에 떠 있는다.

▲ 무중력 상태에서의 사과

▲ 무중력 상태에서의 물방울

(3) 용수철을 이용한 다양한 저울

앉은뱅이 저울	용수철 저울	체중계	자동 전자 저울
	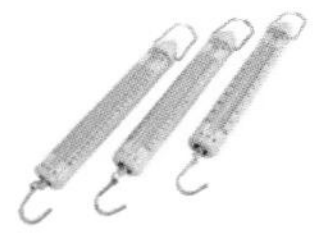		
육류, 채소 등 식품의 무게를 잴 때	추나 학용품의 무게를 잴 때	몸무게를 잴 때	고기나 귀금속*의 무게를 잴 때

❹ 무게에 대해 알아보기

(1) 물체의 무게

① 중력 : 지구가 물체를 ❻ ______ 방향으로 끌어당기는 힘

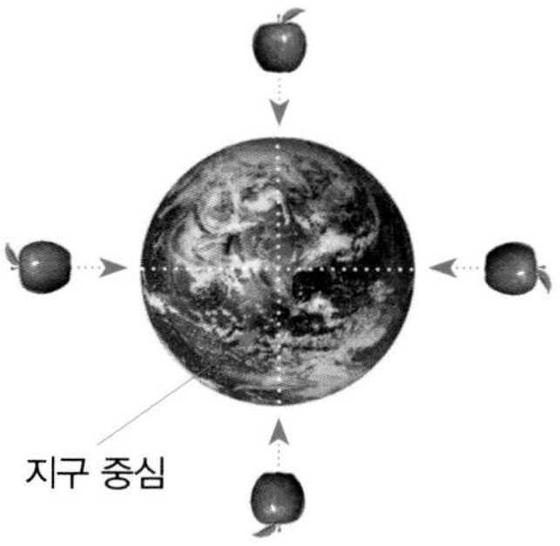

• 지구의 어느 방향에서 물체를 떨어뜨려도 지구 중심 방향으로 떨어진다.

② 무게 : 지구가 물체를 끌어당기는 힘의 크기
③ 물체마다 무게가 다른 이유 : 지구가 물체를 잡아당기는 힘이 다르기 때문이다. → 지구는 무거운 물체를 가벼운 물체보다 더 큰 힘으로 잡아당긴다.

(2) 물체의 무게 재기

① 무게 재기 : 지구가 물체를 끌어당기는 힘(중력)의 크기를 재는 것이다.
② 일상 생활에서 사용하는 무게의 단위* : g(그램), kg(킬로그램)

● 과학단어

★귀금속 금, 은, 백금 등과 같이 값이 비싼 금속으로 아름다운 광택을 가지는 것

★단위 물체의 길이, 넓이, 부피 등을 수치로 나타낼 때 기본이 되는 기준

(3) 손으로 무게 느껴보기

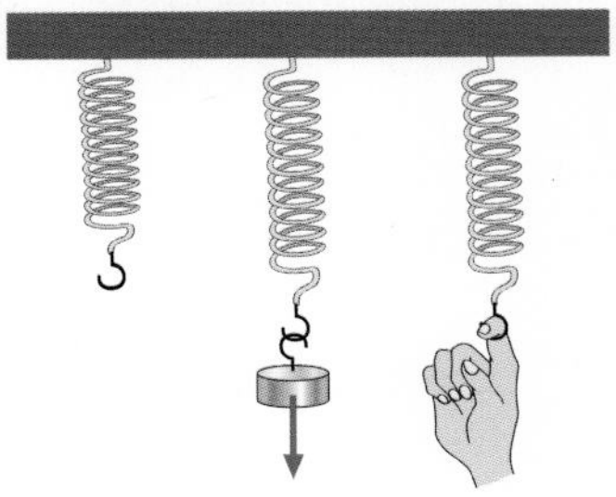

- 용수철의 늘어난 길이와 용수철을 끌어당기는 힘은 비례한다.
  → 용수철이 많이 늘어날수록 끌어당기는데 드는 힘이 커진다.

용수철과 힘의 작용

용수철에 추를 다는 것과 사람이 손으로 용수철을 잡아당기는 것은 모두 용수철에 아래로 잡아당기는 힘이 작용한 것이다. 이때 추의 무게와 사람이 잡아당긴 힘의 크기에 따라 용수철의 늘어난 길이가 달라진다. 용수철의 이러한 성질을 이용하여 힘을 측정하는 도구로 사용할 수 있다.

(4) 무게와 질량

① 무게 : 물체를 끌어당기는 중력의 크기로 무게를 재는 장소에 따라 값이 달라진다.

- 달의 중력은 지구 중력의 $\frac{1}{6}$이므로 달에서 잰 물체의 무게는 지구에서 잰 물체 무게의 $\frac{1}{6}$이다.

② 질량 : 물체 고유*의 양*으로 재는 장소에 따라 값이 변하지 않는다.
→ 지구에서 잰 질량과 달에서 잰 질량은 값이 같다.

▲ 지구에서 평형이 이루어진 사과와 분동

▲ 달에서 평형이 이루어진 사과와 분동

- 지구에서 평형이 이루어진 윗접시 저울은 달에서도 평형이 이루어진다.

무게와 질량의 단위

① 무게의 단위 : kgf(킬로그램힘), N(뉴턴)
② 질량의 단위 : g(그램), kg(킬로그램)

과학단어

*고유 어느 물체에만 특별히 있거나 본래부터 가지고 있던 것
*양 부피의 크고 작음이나 수량의 많고 적은 정도

SPEED CHECK!

기본확인문제

1. 볼펜, 스카이 콩콩, 스테이플러, 침대 등은 용수철이 줄어들었다가 원래의 길이로 돌아오는 성질을 이용한 도구들이다. (O / X)
2. 용수철의 모양 변화는 가해진 힘의 크기와 관계없다. (O / X)
3. 도구에 따라 사용되는 용수철의 굵기와 길이, 모양이 다르다. (O / X)
4. 어떤 물체에 힘을 주면 모양과 길이가 변하고 주었던 힘이 사라지면 원래의 모양이나 길이로 돌아가는 성질을 탄성이라고 한다. (O / X)
5. 탄성을 가지고 있는 물체는 용수철뿐이다. (O / X)
6. 용수철의 굵기와 재질이 같을 때, 매단 추의 개수가 많을수록 용수철이 늘어난 길이가 길다. (O / X)
7. 무게가 같은 추를 용수철에 매달았을 때 용수철의 굵기가 가는 것이 더 많이 늘어난다. (O / X)
8. 용수철을 이용한 저울에는 윗접시 저울, 양팔 저울 등이 있다. (O / X)

개념다지기 정답 ❶ 줄어들었다가 ❷ 늘어났다가 ❸ 탄성 ❹ 비례 ❺ 용수철저울 ❻ 지구 중심

탐구1. 용수철 장난감 만들기

탐구과정

준비물
스타이로폼 공, 용수철, 작은 판, 장식용 눈, 셀로판 테이프

① 스타이로폼 공에 장식을 한다.

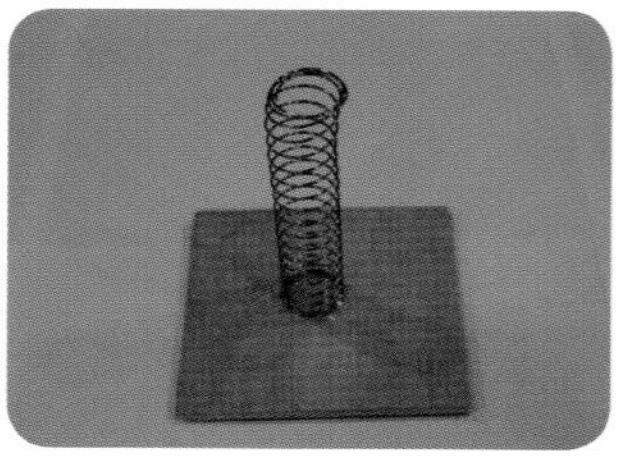
② 용수철을 판에 올려 놓고 셀로판 테이프로 고정한다.

③ 고정된 용수철 위에 장식한 인형을 붙인다.

탐구결과

1. 다음 빈 칸에 알맞은 말을 써 넣으시오.

용수철은 길이를 늘리거나 줄이면 (㉠   )의 길이로 되돌아가려는 성질이 있다. 용수철 장난감은 용수철이 작은 힘으로 건드려져도 원래의 길이로 돌아가면서 잘 (㉡   ) 성질을 이용한다.

탐구문제

1. 스타이로폼 공 대신 같은 크기의 돌을 사용한다면 결과는 어떠할지 자신의 생각을 쓰시오.

2. 용수철 장난감이 더 잘 흔들리게 하려면 어떤 용수철로 바꾸어야 하는지 쓰시오.

탐구2. 용수철을 이용한 저울 만들기

탐구과정

준비물
용수철, 실, 투명한 관, 흰색 테이프, 나무 막대, 접시, 추

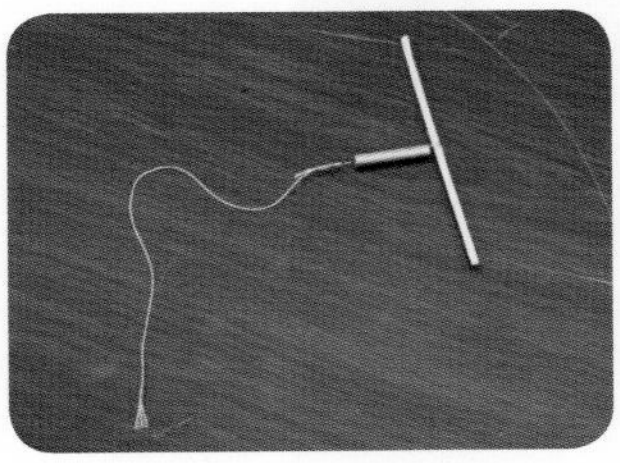

① 용수철을 나무막대에 고정하고 다른 쪽 끝에 실을 맨다.

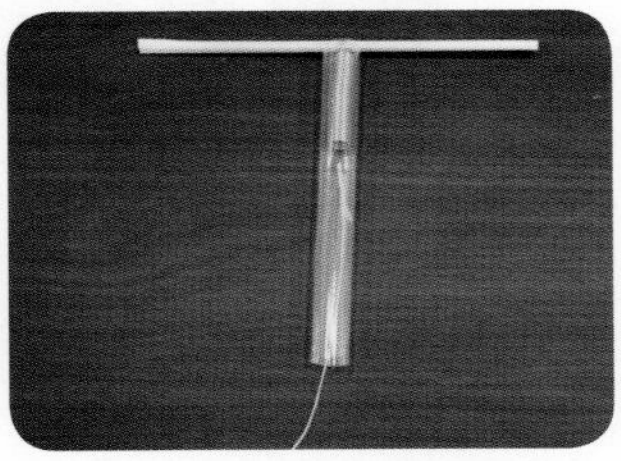

② 투명한 관에 흰색 테이프를 붙이고, 용수철을 집어 넣는다.

③ 실에 접시를 매단 후, 나무막대를 스탠드에 고정한다.

④ 접시에 추를 한 개씩 올려놓으면서 흰색 테이프에 용수철 끝의 위치를 표시한다.

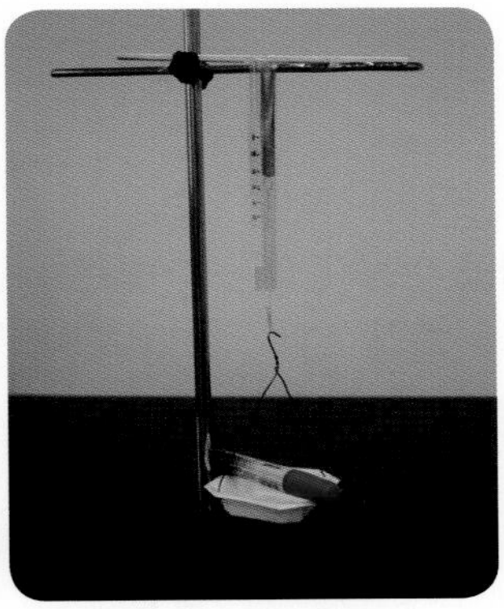

⑤ 완성된 용수철 저울에 물건을 올려 놓고 무게를 재본다.

탐구결과

1. 다음 빈 칸에 알맞은 말을 써 넣으시오.

용수철에 매단 추의 (㉠)가 2배 3배로 늘어나면, 용수철의 늘어나는 길이가 (㉡)배, (㉢)배로 늘어난다.

탐구문제

1. 과정 ④에서 추를 올려놓으면서 용수철에 표시를 하는 이유는 무엇인지 쓰시오.

2. 더 무거운 물체의 무게를 재기 위해 용수철 저울의 용수철을 바꾸려고 한다. 어떤 용수철로 바꾸는 것이 좋은지 쓰시오.

01 다음 그림은 여러 가지 용수철을 나타낸 것이다. 우리 주변에서 사용하는 물건이나 도구 중 용수철을 이용한 것에는 어떤 것이 있는지 5가지 이상 쓰시오.

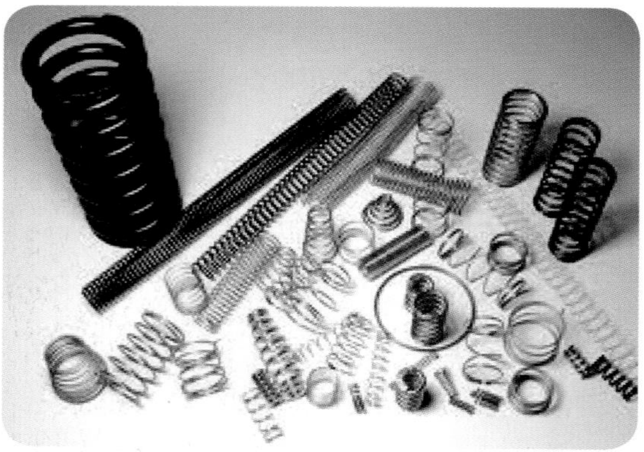

02 민경이는 용수철을 이용해 다음과 같은 장난감을 만들었다. 이 장난감의 이름은 깜짝 상자로, 상자를 열면 안에 있던 인형이 튀어나오게 된다. 이 장난감에 대한 설명으로 옳은 것을 모두 고르시오.

① 용수철을 건드리면 한참동안 흔들리는 성질을 이용한 것이다.
② 용수철을 더 얇은 것으로 바꾸면 인형이 더 잘 튀어나올 것이다.
③ 상자를 열었을 때 상자의 높이는 용수철 인형보다 낮아야 한다.
④ 용수철이 늘어났다가 원래의 길이로 돌아오는 성질을 이용한 것이다.
⑤ 용수철이 줄어들었다가 원래의 길이로 돌아오는 성질을 이용한 것이다.

03

지선이는 다음 그림과 같은 방법으로 용수철을 연결하여 수직으로 걸어 놓았다.

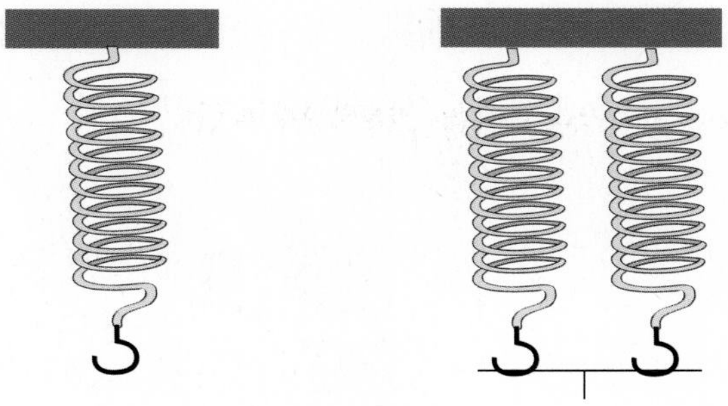

(가)　　　　　　　　(나)

(가)에 1kg 짜리 추 한 개를 매달았더니, 용수철이 10cm 늘어났다. (나)에 두 개의 용수철을 연결한 곳에 1kg 짜리 추 한 개를 매달았을 때 용수철의 늘어난 길이와 그렇게 생각한 이유를 쓰시오.

· (나)의 용수철이 늘어난 길이 :

· 이유 :

04

다음은 용수철에 무게가 같은 추의 개수를 늘려가면서 매달았을 때, 용수철의 늘어난 길이를 정리한 것이다.

추의 개수 (개)	0	1	2	3	4
늘어난 길이 (cm)	0	1.5	3.0	4.5	6.0

이 실험에 관한 설명으로 옳은 것을 모두 고르시오.

① 추를 5개 매달면 용수철은 7.5cm 늘어날 것이다.
② 매단 추의 개수와 용수철의 늘어난 길이는 비례한다.
③ 용수철의 길이를 줄이려면 무거운 물체를 매달아야 한다.
④ 용수철을 눌렀다가 놓으면 원래 모양으로 되돌아오는 성질을 이용한 실험이다.
⑤ 굵기가 굵은 용수철은 조금 늘어나고, 굵기가 가는 용수철은 많이 늘어난다는 것을 알 수 있다.

05 다음 사진과 같은 용수철 저울에 대한 설명으로 옳은 것을 모두 고르시오.

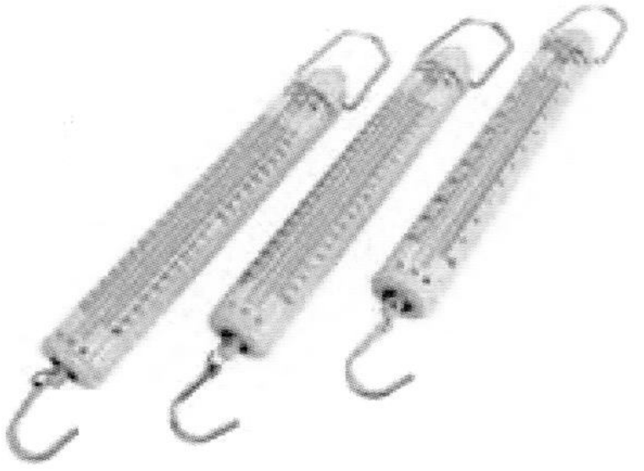

① 같은 크기의 힘으로 잡아당기면 용수철 저울이 가리키는 눈금은 같다.
② 용수철 저울의 눈금을 읽을 때에는 눈과 수평이 되는 위치에서 읽는다.
③ 물체의 무게에 따라 용수철이 비례해서 늘어나는 원리를 이용한 것이다.
④ 물체를 매단 후 영점 조절 나사로 용수철의 끝부분이 '0'을 가리키도록 한다.
⑤ 용수철 저울에 추를 매단 채 달로 가져가면 용수철 저울의 늘어난 길이가 증가한다.

06 다음 그림과 같이 책상 위에 용수철 저울 A 와 B 를 서로 마주 보게 걸어 놓고, 용수철 B 를 당긴 후 눈금을 확인하였더니, 용수철 저울 A 의 눈금이 2kg 을 가리켰다. 용수철 저울 B 의 눈금은 얼마인지 고르시오.

① 0kg ② 0.5kg ③ 1kg ④ 2kg ⑤ 4kg

07

다음은 여러 가지 저울들의 모습이다. 용수철 저울과 그 원리가 같은 저울을 모두 찾아 기호를 쓰시오.

(가)

(나)

(다)

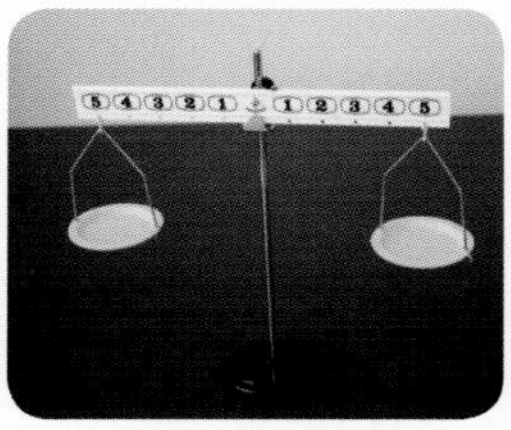

(라)

(마)

(바)

08

다음 그림 (가)와 같이 천장에 용수철 저울을 매달고 추를 매달았더니 용수철 저울의 눈금이 10g 을 가리켰다. (가)의 추를 그림 (나)와 같이 용수철 저울을 도르레를 통해 손으로 잡아 책상 위에서 무게를 쟀을 때 용수철 저울의 눈금은 얼마를 가리키겠는지 쓰시오.

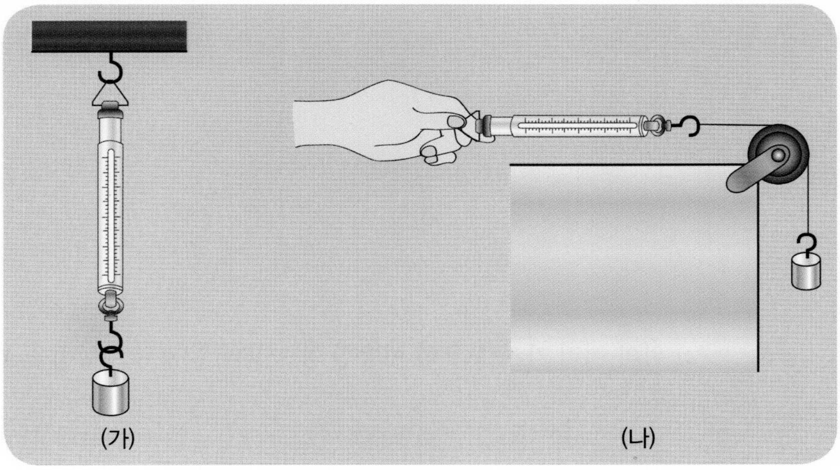

문제해결력 키우기

STEP BY STEP

09

다음은 용수철을 이용한 여러 가지 도구들이다. 물음에 답하시오.

(가)

(나)

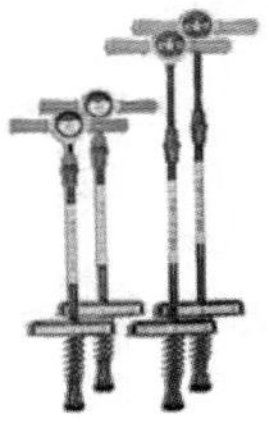

(다)

(라)

(마)

(바)

(1) 위의 도구들을 용수철을 이용한 성질에 따라 두 가지로 분류하려고 한다. 다음 빈칸에 알맞은 도구의 기호를 쓰시오.

길이가 줄어들었다가 원래의 길이로 돌아오는 것	길이가 늘어났다가 원래의 길이로 돌아오는 것

(2) 위의 여러 가지 도구에 이용한 용수철의 공통적인 성질을 쓰시오.

STEP BY STEP

10 다음은 무게에 대한 우리 반 학생들의 생각을 적은 글이다. 다음 물음에 답하시오.

승규 : 용수철에 같은 수의 추를 매달 때 세로로 매달거나 가로로 매달거나 무게는 같다.

영진 : 같은 양의 물과 소금을 준비하고 물과 소금을 섞지 않고 무게를 잿을 때가 소금을 물에 녹여 잿을 때보다 무겁다.

길호 : 몸무게는 저울 위에 앉아서 측정하거나 서서 측정하거나 그 값은 같다.

현호 : 같은 양의 진흙 덩어리라도 모양이 달라지면 무게가 달라지는데, 공 모양으로 뭉쳤을 때가 가장 무겁다.

정휘 : 똑같은 용수철 여러 개에 각각 여러 개의 추를 매달 때, 용수철에 매단 추 무게의 합이 같더라도 가장 무거운 추가 섞여 있는 쪽의 용수철이 더 많이 늘어난다.

(1) 위 학생 들 중 무게에 대해 잘못된 생각을 가진 사람은 누구인지 고르고, 잘못된 생각을 바르게 고쳐 쓰시오.

(2) 위 (1)에서 말한 친구들의 잘못된 생각을 실험을 통해 바르게 고쳐주려고 한다. 어떤 실험을 하면 좋은지 각각의 실험 방법을 다른 사람도 이해할 수 있도록 그림을 그려서 자세히 설명하시오.

STEP BY STEP

11 다음 그림은 가벼운 용수철 A 와 B 에 추의 개수를 달리하면서 용수철의 늘어난 길이를 나타낸 것이다. 다음 물음에 답하시오.

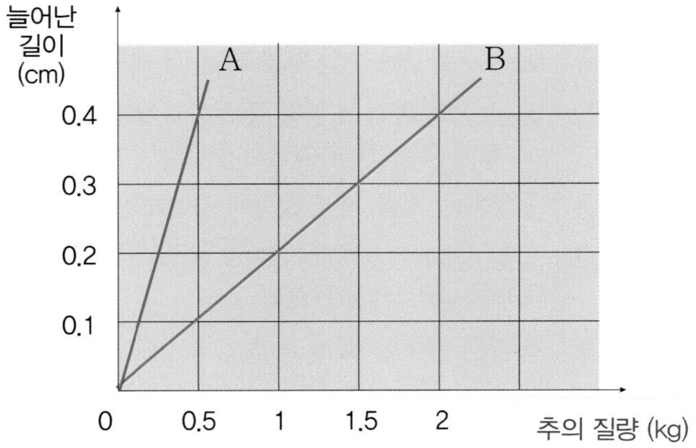

(1) 용수철 A 와 B 가 같은 재료로 만들어진 굵기만 다른 용수철이라면 어떤 용수철이 더 굵은 용수철인지 이유와 함께 쓰시오.

(2) 용수철 A 와 B 를 다음 그림과 같이 직렬로 연결한 후 2kg 의 물체를 매단다면 용수철의 전체 늘어난 길이는 얼마인지 계산 과정과 함께 쓰시오. 용수철의 무게는 매우 가볍다고 가정한다.

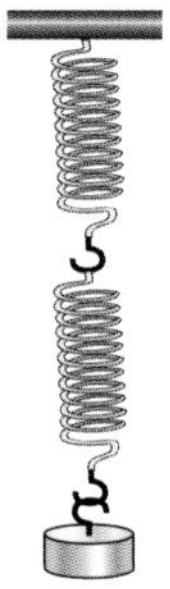

STEP BY STEP

12

지구에서 질량 10kg 인 물체를 매달면 12cm 가 늘어나는 용수철이 있다. 이 용수철에 질량 20kg 의 물체를 매달아 달로 가져갔다. 다음 물음에 답하시오.

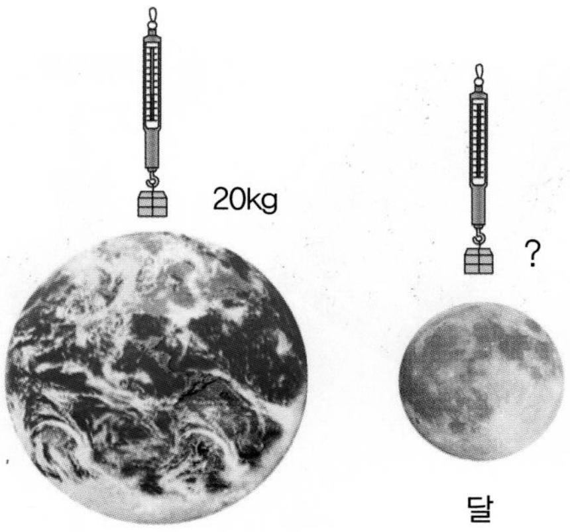

(1) 지구에서 이 용수철에 질량 20kg 의 물체를 매달았을 때 용수철의 늘어난 길이는 얼마인지 구하시오.

(2) 질량 20kg 의 물체를 매달고 달로 갔을 때 용수철의 늘어난 길이가 지구에서 늘어난 길이보다 작았다. 그 이유는 무엇인지 쓰시오.

(3) 질량 20kg 의 물체를 매달고 달로 가져간다면 용수철의 늘어난 길이는 얼마일지 구하시오.

창의력 키우기

01

다음은 우리 주변에서 쉽게 볼 수 있는 여러 가지 유선 전화기의 모습이다. 이 전화기의 수화기와 전화기의 본체를 연결하는 전화선은 모두 용수철 모양으로 꼬여 있다.

✓ 유창성
✓ 융통성
독창성
정교성

이와 같이 전화선이 용수철 모양이어서 좋은 점을 3가지 이상 쓰시오.

02

다음 그림은 용수철을 사용하는 악력기의 모습이다. 승현이가 이 악력기를 눌러보니 두 손으로 해야 겨우 눌렸다. 승현이가 쉽게 악력기를 사용하기 위해 변화시키려고 한다 어떻게 해야 할 지 2가지 이상 쓰시오.

✓ 유창성
융통성
✓ 독창성
정교성

03

유창성

✓ 융통성

독창성

✓ 정교성

질량 20kg 의 물체를 매달면 10cm 늘어나는 용수철에 20kg 의 추를 매달아 저울에 물체를 올려놓으니 저울의 눈금이 12kg 을 가리켰다. 용수철에 힘을 가해 위로 들어 올렸더니 저울의 눈금이 4kg 을 가리켰다.

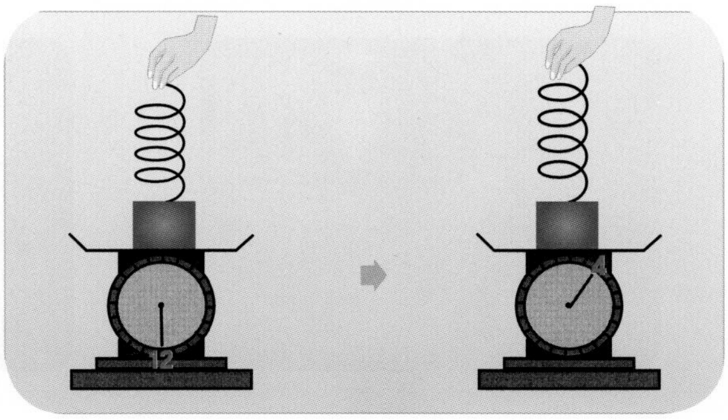

저울 위에 추를 올려놓을 때부터 위로 힘을 가해 들어 올리는 동안의 용수철의 늘어난 길이는 어떻게 변할지 설명하시오. (단, 용수철의 무게를 무시한다.)

01 다음의 그림은 지구의 수도관에서 물방울이 떨어지는 모습(가)과 우주선 안에서 물방울을 만들어내고 있는 모습(나)을 나타낸 것이다. 수도에서 떨어지는 물방울을 보면 위쪽이 조금 뾰족한 모습을 나타내고, 우주선에서의 물방울은 구의 형태가 나타나는 것을 볼 수 있다. 다음 물음에 답하시오.

(가)

(나)

(1) 지구에서의 물방울 모양과 우주선에서의 물방울 모양이 차이가 나는 이유는 무엇인지 쓰시오.

(2) 지구에서의 촛불의 모양을 보면 위쪽이 조금 뾰족한 형태를 나타내고 있다. 그렇다면 우주선에서의 촛불은 어떤 모양일지 예상하고 이유도 쓰시오.

“

아슬아슬 왜 쓰러지지 않을까?

장대 하나 들고 높은 줄 위를 걸어가는 사람,
거꾸로 서서 다리를 뒤로 젖힌 비보이,
다른 돌의 모서리에 서서 강한 바닷바람을 견디고 있는 돌탑,
흔들리는 줄 위에서 부채 하나 들고 춤을 추는 어름산이
모두들 아슬아슬 넘어지지 않는다.
어떻게 균형을 잡고 있는 걸까?

”

2

수평 잡기로 무게 재기

개념다지기

쏙 쏙 빈칸을 채워 개념을 완성하세요!

❶ 무게중심과 수평 잡기

(1) 물체의 무게중심 : 물체의 어떤 곳을 매달거나 받쳤을 때 한쪽으로 치우치지 않고 균형*을 이루는 점이 있는데 그 점을 ❶ ______ 이라고 한다. 그 한 점을 받치면 우리는 물체 전체를 떠받칠 수 있다.

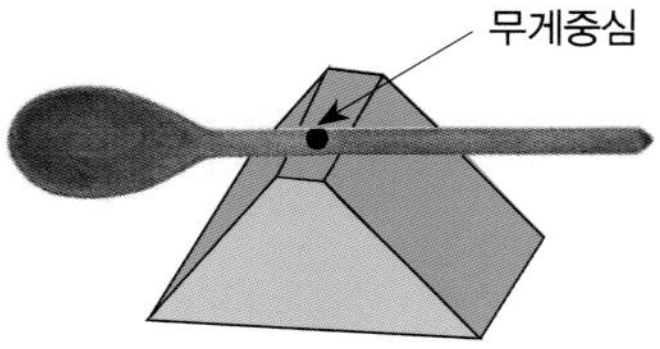

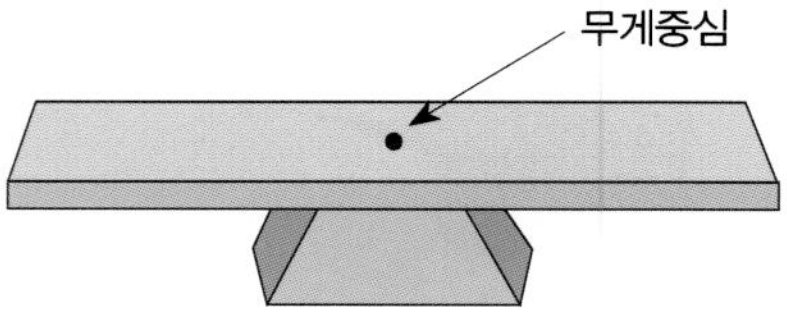

(2) 물체의 무게중심 찾기

① 대칭인 물체의 무게중심 찾기 : 대칭*인 물체의 무게중심은 2개의 대칭선이 만나는 곳에 있다.

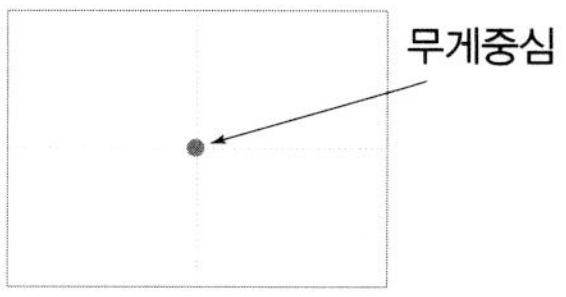

② 비대칭인 물체의 무게중심 찾기

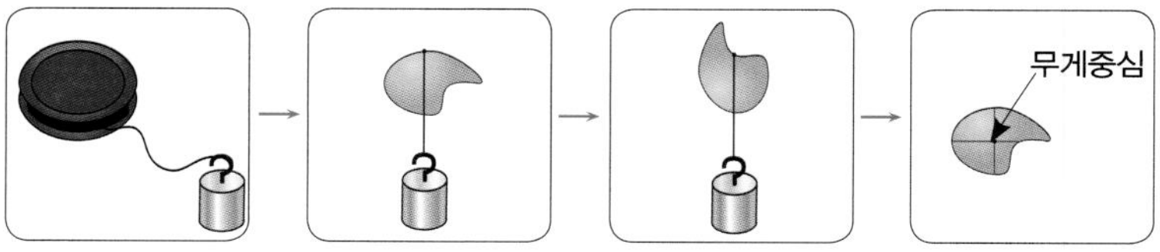

실에 추를 매단다.	한 점에 실을 매달아 들고 실을 따라 직선을 긋는다.	다른 점에 실을 매달아 들고 실을 따라 직선을 긋는다.	두 직선이 만나는 점이 물체의 무게중심이다.

(3) 물체의 수평 잡기

① 수평이란 : 어느 한쪽으로도 기울어지지 않고 평형을 이룬 상태

② 물체의 수평 잡기 : 물체의 무게중심을 받치면 그 물체는 수평이 된다.

③ 여러 가지 물체의 수평 잡기

구분	가운데를 받치면 수평이 되는 물체	가운데가 아닌 부분을 받쳐야 수평이 되는 물체
물체	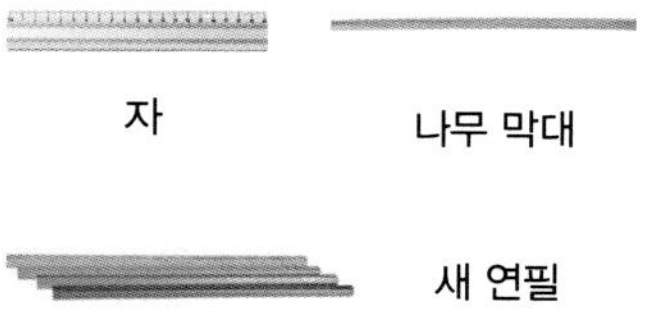 자, 나무 막대, 새 연필	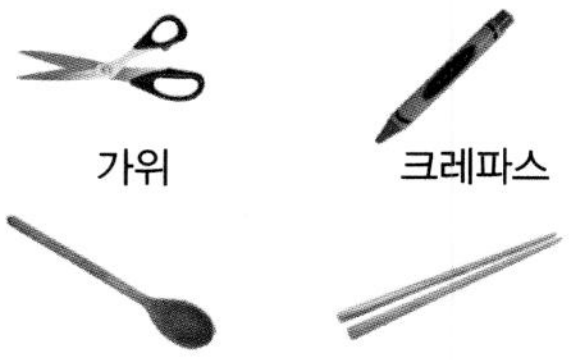 가위, 크레파스, 숟가락, 젓가락
특징	가운데를 중심으로 양쪽의 굵기, 재질*, 모양, 길이가 ❷ ______	가운데를 중심으로 양쪽의 굵기, 재질, 모양, 길이가 ❸ ______

우리 생활 주변에서 수평을 이용한 것들

① 모빌

② 시소

③ 대저울

④ 타워 크레인

과학단어

★균형 한쪽으로 기울거나 치우치지 않고 고른 상태

★대칭 점,선,면을 중심으로 양쪽이 똑같은 것

★재질 물체의 재료가 가지고 있는 성질

❷ 나무 도막이나 추를 이용하여 수평 잡기

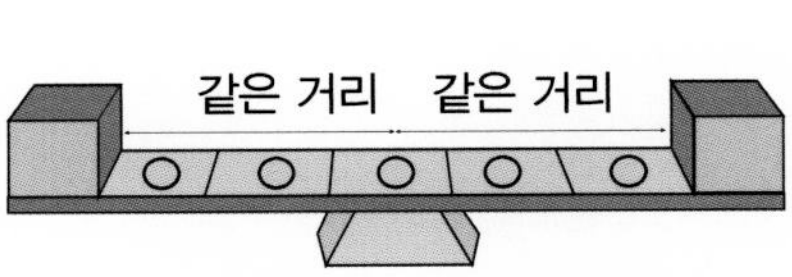

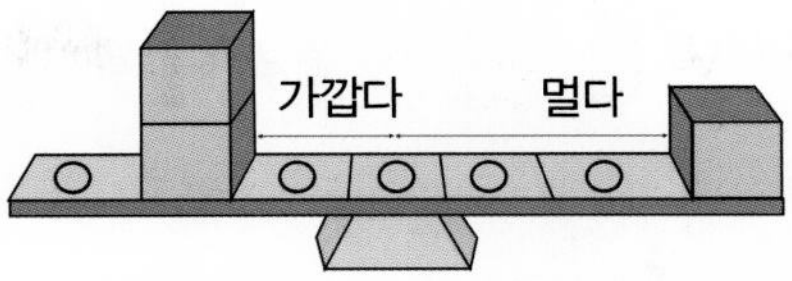

- 양쪽에 놓인 나무 도막의 수가 같으면, 받침대*에서 양쪽 나무 도막까지의 거리가 ❹ ______ 때 수평이 된다.

- 양쪽에 놓인 나무 도막의 수가 다르면, 수평한 상태를 만들기 위해서 받침대에서 양쪽 나무 도막까지의 거리를 서로 ❺ ______ 해야 한다.

수평 잡기의 원리

거리 A × 무게 A = 거리 B × 무게 B

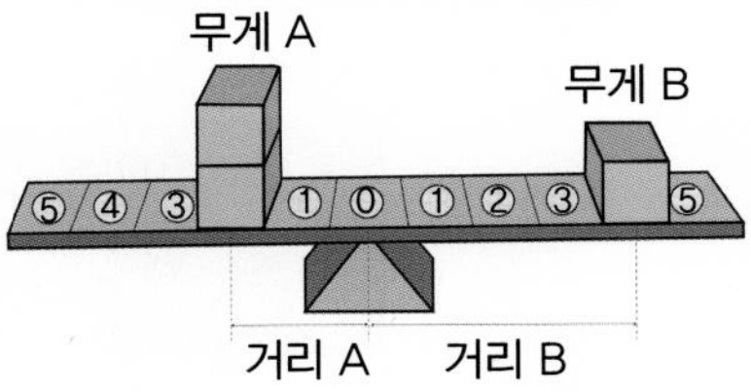

❸ 수평 잡기를 이용하여 물체의 무게 비교하기

(1) 수평을 이용해 물체의 무게 비교하기

널빤지를 이용하여 비교하기

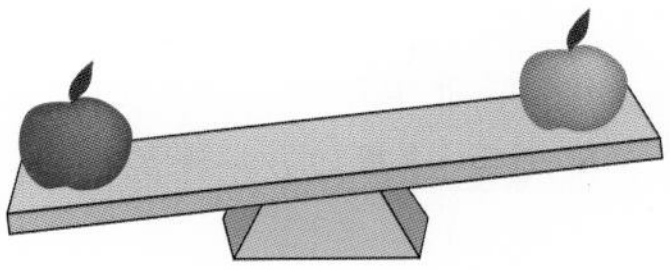

실과 막대를 이용하여 비교하기

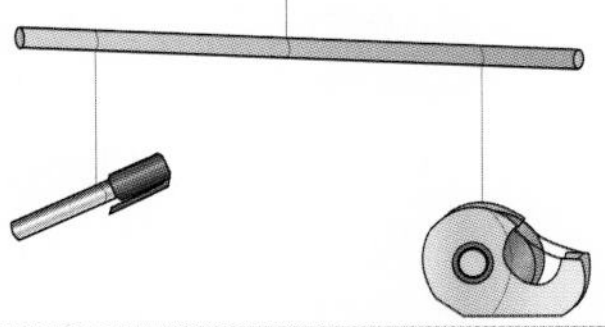

- 수평을 이룬 널빤지 또는 막대에 물체를 놓거나 매달면, 무거운 쪽이 아래로 내려간다.

(2) 수평 잡기를 이용하여 물체의 무게를 비교할 때 주의할 점

① 모양이 일정한 막대나 널빤지를 사용해야 한다.
② 받침대가 널빤지의 정 가운데를 받치도록 해야 한다. (막대의 경우 실을 정 가운데에 묶는다.)
③ 물체를 올리기 전에 널빤지나 막대가 수평이 되었는지 확인해야 한다.
④ 무게를 비교하는 두 물체를 중심으로부터 같은 거리에 놓아야 한다.

(3) 널빤지를 이용하여 물체를 비교할 때 좋은 점과 불편한 점

좋은 점	불편한 점
· 어림*하여 비교할 때보다 정확하다. · 어느 쪽이 무거운지 쉽게 알아볼 수 있다. · 여러 사람이 비교해도 똑같은 결과가 나온다.	· 널빤지가 계속 움직인다. · 물체가 널빤지에서 잘 미끄러진다. · 무게를 비교할 때마다 수평을 다시 잡아야 한다.

무게가 다른 물체의 수평 잡기

① 물체를 움직이는 경우
가벼운 물체를 받침점으로부터 더 멀리 두거나 무거운 물체를 받침점에 좀 더 가까이 둔다.

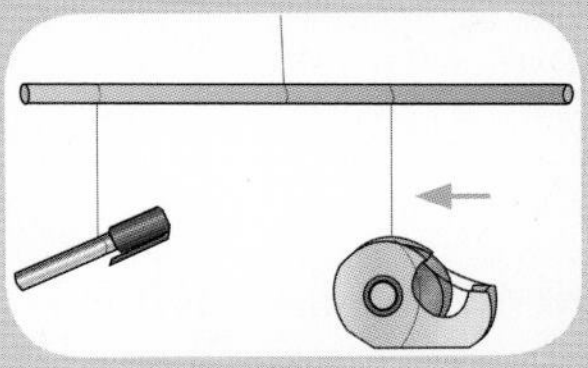

② 받침점을 움직이는 경우
받침점을 무거운 물체 가까이로 이동한다.

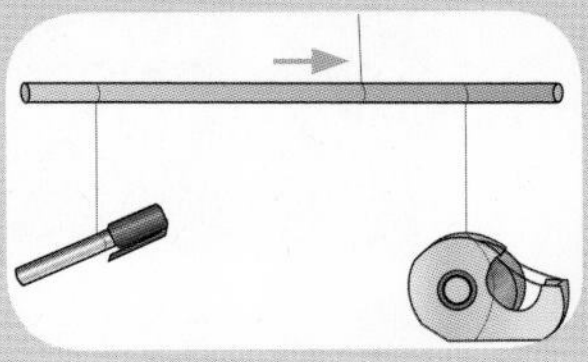

손으로 어림하여 무게 비교하기

손으로 어림하여 두 물체의 무게를 비교하는 방법은 두 물체의 무게 차이가 많이 나는 경우는 비교하기 쉽다. 하지만 무게 차이가 많이 나지 않는 경우는 손으로 무게를 어림하여 재는 방법은 정확하지 않다.

과학단어

★받침대 물건을 떠받쳐 기울지 않게 하는 기둥

★어림 대강 짐작하여 헤아림

개념다지기

쏙 쏙 빈칸을 채워 개념을 완성하세요!

● 수평의 원리를 이용한 저울

① 윗접시 저울 : 분동을 사용하여 질량을 잰다.

② 대저울 : 추를 움직여 수평이 되면 무게를 잰다.

③ 센티그램 저울 : 적은 양의 무게를 정확하게 측정할 수 있는 저울로 실험실에서 주로 사용한다.

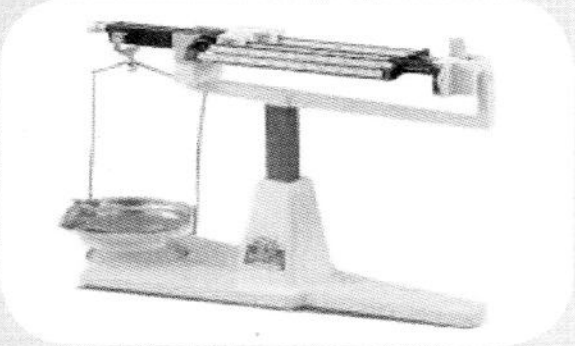

● 기준 물체로 사용하기 좋은 물체들

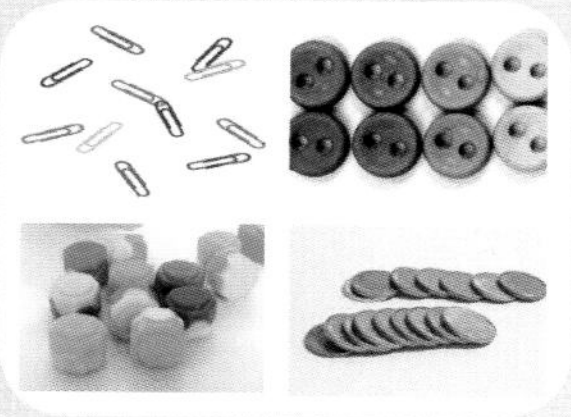

▲ 클립, 단추, 공기돌, 동전

● 과학단어

★원리 어떤 현상이 일어나는 근본적인 원칙

★저울 물체의 무게를 측정하는 데 사용되는 기구

★기준 기본이 되는 표준

❹ 양팔 저울을 이용하여 물체의 무게 비교하기

(1) 양팔 저울*

① 수평 잡기의 원리*를 이용한 저울이다.

② 양쪽 접시가 받침점으로부터 같은 거리에 있다.

③ 비교할 물체를 양쪽의 접시에 각각 놓으면 ❻ ________ 물체가 있는 접시 쪽으로 기울어진다.

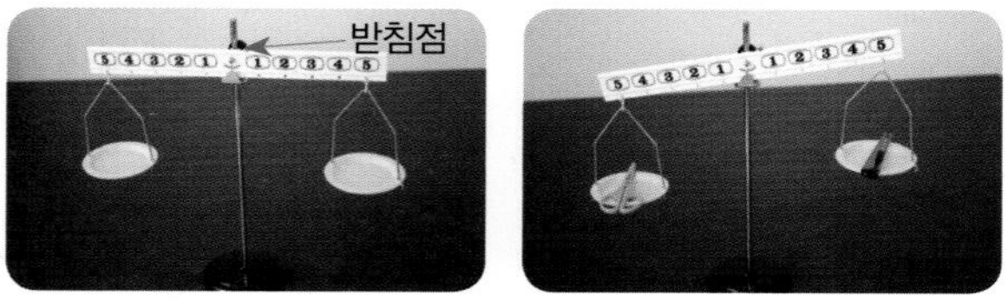

(2) 양팔 저울을 사용할 때의 좋은 점과 불편한 점

좋은 점	물체의 무게가 비슷해도 어느 쪽이 무거운지 정확하게 알 수 있다.
불편한 점	여러 가지 물체를 비교하기 위해서는 물체를 두 개씩 비교하는 과정을 여러번 반복해야 한다.

(3) 기준* 물체로 물체의 무게 나타내기

① 양팔 저울의 한쪽에 물체를 올려놓고, 다른 쪽에는 수평이 될 때까지 기준물체를 올려놓아 그 수로 비교한다.

→ 기준 물체의 개수가 많을수록 물체의 무게가 무거운 것이다.

② 기준 물체로 사용하기 좋은 것 : 물체들의 ❼ ________ 가 일정해야 하며, 크기, 모양, 재질이 모두 같으면 더욱 좋다.

→ 동전, 단추, 클립, 공기돌, 바둑돌 등

❺ 윗접시 저울을 이용하여 물체의 무게 재기

(1) 윗접시 저울

① 수평 잡기의 원리를 이용한다.

② 한쪽 접시에는 무게를 재려는 물체를 올려 놓고, 다른 쪽 접시에는 분동(추)를 올려 놓아 수평을 이룬 후 분동(추)의 무게로 물체의 무게를 잰다.

(2) 윗접시 저울을 이용하여 물체의 무게를 재는 방법

① 아무것도 올려놓지 않은 양팔 저울이 수평이 되었는지 확인한다.

② 한쪽 접시에 물체를 올려놓는다.

③ 다른쪽 접시에 수평이 될 때까지 무거운 분동부터 차례로 1개씩 올려놓는다.

④ 양팔 저울이 수평이 되면 접시에 올려진 모든 분동의 무게를 더한다.

→ 풀통의 무게 재기 : 풀통과 수평을 이룬 것이 20g짜리 분동 1개, 5g짜리 분동 1개, 1g짜리 분동 2개일 때, 풀의 무게는 20g + 5g + 2g = 27g이다.

(3) 추와 분동 비교하기

추	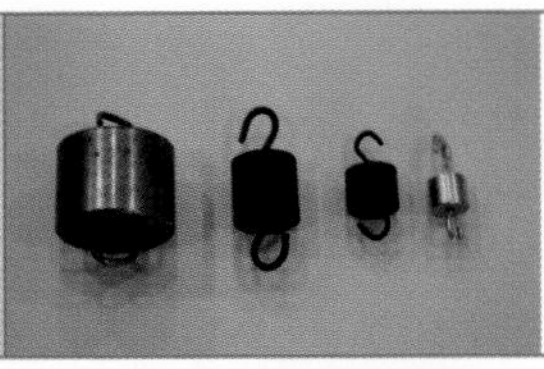	· 원통형* 모양이다. · 위, 아래에 고리가 달려 있다. · 무게(50g, 30g, 20g,10g)가 적혀 있다.
분동	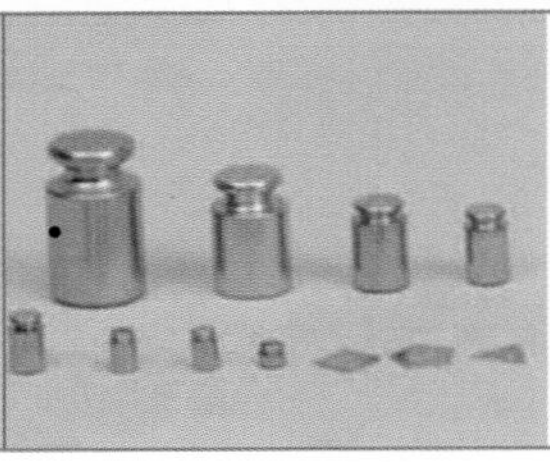	· 상자 안에 들어 있다. · 원통형, 납작한 오각형, 사각형, 삼각형 모양이 있다. · 가장 무거운 것은 100g, 가장 가벼운 것은 100mg 이 적혀 있다. · 추보다 다양해서 더 정확한 무게를 잴 수 있다.

(4) 추나 분동을 사용하면 좋은 점

① 작은 무게의 분동까지 있으므로 정확한 무게를 잴 수 있다.
② 분동이 여러 종류이므로 사용하기 편리하다.
③ 세계 어느 곳에서도 같은 분동을 사용하기 때문에 정확한 정보 전달이 가능하다.

❻ 크기와 모양, 재질에 따른 물체의 무게 알아보기

크기와 모양, 재질이 같은 경우	무게가 같음
크기와 모양은 같으나 재질이 다른 경우	재질에 따라 무게가 달라짐
모양과 재질은 같으나 크기가 다른 경우	크기가 큰 물체가 무거움
크기와 재질은 같으나 모양이 다른 경우	무게가 ❽ ______
모양, 무게는 같으나 조각난 경우	조각난 것을 모두 합치면 무게가 같음

분동의 올바른 사용법

① 분동은 핀셋*으로 다룬다.
② 분동은 큰 것(무거운 것)부터 올려 놓는다.
③ 저울이 물체 쪽으로 기울어졌을 때 물체가 분동보다 더 무거우므로 분동을 더 올려 놓는다.
④ 저울이 분동 쪽으로 기울어졌을 때 분동이 더 무거우므로 분동을 하나 내리고, 더 가벼운 분동을 올려 놓는다.

▲ 분동을 집는 방법

kg, g, mg의 관계

1kg = 1000g, 1g = 1000mg

과학단어

★원통형 둥글고 길쭉한 통 모양

★핀셋 손으로 집기 어려운 작은 물체를 집는데 사용하는 도구

SPEED CHECK!

기본확인문제

1. 새 연필, 30cm자, 나무 막대는 가운데를 받치면 수평을 이룬다. (O / X)
2. 가운데를 받치면 수평이 되는 물체들은 받침대를 중심으로 양쪽의 모양, 굵기 등이 같다. (O / X)
3. 물체의 양쪽의 무게가 같지 않을 때는 무게가 적게 나가는 쪽을 받쳐야 수평이 된다. (O / X)
4. 널빤지를 수평이 되게 하려면 받침대를 중심으로 널빤지 양쪽의 무게가 같아야 한다. (O / X)
5. 널빤지의 양쪽에 같은 수의 나무 도막을 올려놓아 수평이 되었다면 받침대에서 양쪽 나무 도막까지의 거리는 다르다. (O / X)
6. 널빤지로 물체의 무게를 비교할 때 가벼운 쪽이 아래로 내려간다. (O / X)
7. 양팔 저울에서 아래로 내려간 쪽에 있는 물체의 무게가 더 무겁다. (O / X)
8. 윗접시 저울을 사용할 때는 무거운 분동부터 올려놓는다. (O / X)
9. 크기와 재질이 같지만 모양이 다르면 무게도 다르다. (O / X)

개념다지기 정답 | ❶ 무게중심 ❷ 같다 ❸ 다르다 ❹ 같을 ❺ 다르게 ❻ 무거운 ❼ 무게 ❽ 같음

탐구력 키우기

탐구1. 대저울 만들기

탐구과정

준비물
나무봉, 구자핀, 굵은 실, 철사, 50g추

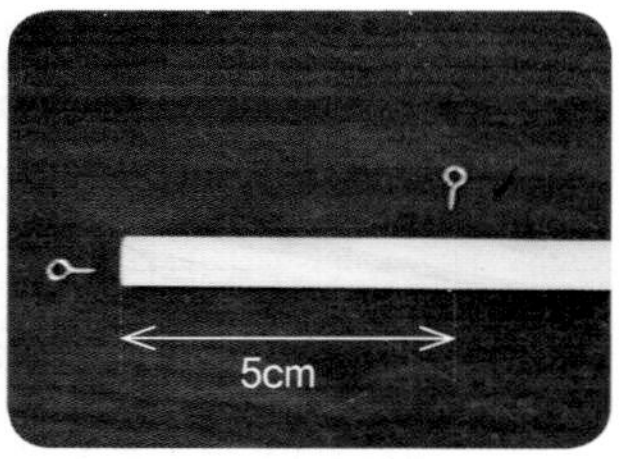

① 나무봉의 한쪽 끝과 5cm 떨어진 곳에 펜치를 이용하여 구자핀을 돌려 꽂는다.

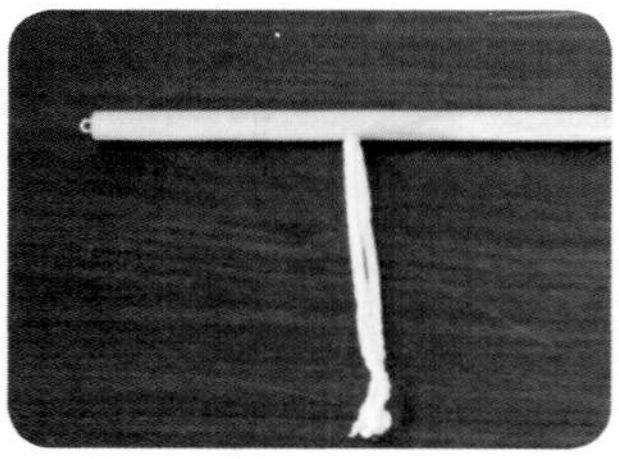

② 두번째 구자핀에 굵은 실로 고리를 만들어 걸어준다.

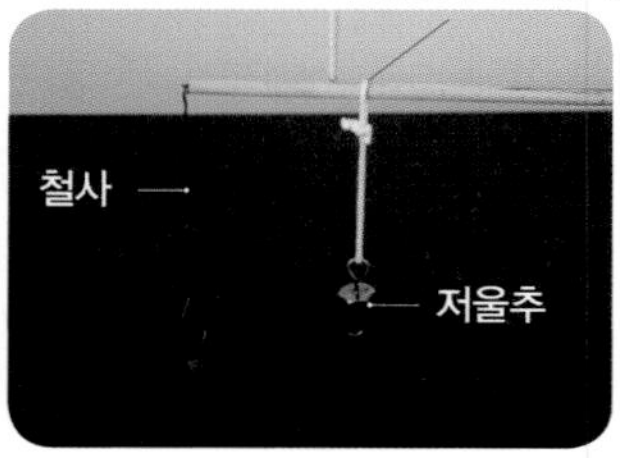

③ 단단한 철사를 구부려 고리를 만들어 나무봉 끝의 구자핀에 연결하고, 반대편에 저울추를 건다.

④ 왼쪽에 50g 추를 하나씩 늘리면서 저울추가 매달려 있는 나무봉 부분의 선을 그어준다.

⑤ 대저울을 이용하여 여러 가지 물체의 무게를 재어본다.

탐구결과

1. 다음은 ❺과정의 결과를 나타낸 것이다. 이 물체의 무게는 얼마인지 대략적으로 쓰시오.

2. 저울추를 더 무거운 것으로 바꾸어 ❹과정을 반복한다면 위에서 저울에 그은 선과 비교했을 때 어떻게 달라질지 설명하시오.

탐구2. 윗접시 저울로 무게 재기

탐구과정

준비물
윗접시 저울, 분동, 핀셋, 여러 가지 물건

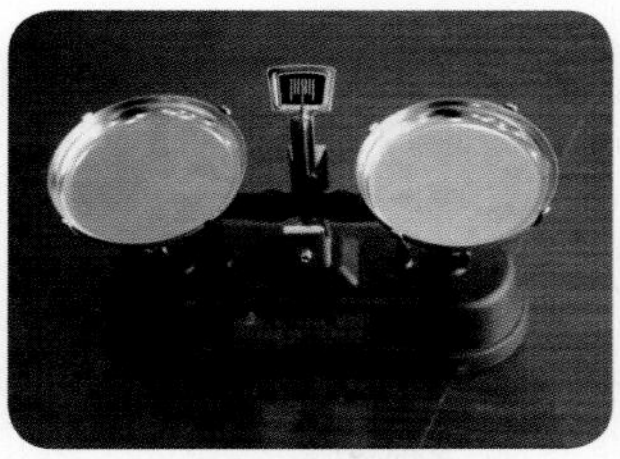

① 바닥이 평평한 곳에 윗접시 저울을 놓고, 영점을 맞춘다.

② 한쪽 접시 위에 물건을 올려놓고, 다른 쪽 접시에 수평이 될 때까지 분동을 올려놓는다.

③ 수평이 되면 접시 위의 분동 무게를 모두 더한다.

탐구 팁!

① 양쪽 접시 밑의 영점 조절 나사를 돌려서 바늘이 중심을 가리키도록 한다.

② 분동을 손으로 집으면 안되는 이유 : 손에서 이물질이 묻거나 분동이 녹이 슬어 분동 자체의 무게가 달라질 수 있기 때문이다.

③ 물건 쪽으로 기울었던 바늘이 다시 중심으로 오면 수평이 이루어진 것이다.

탐구문제

1. 수평이 이루어진 후 분동의 무게와 물체의 무게가 같은가? 혹은 다른가? 이유를 설명하시오.

2. 다음은 컵과 수평을 이루었을 때 접시에 올려져 있던 분동이다. 컵의 무게는 얼마인지 쓰시오.

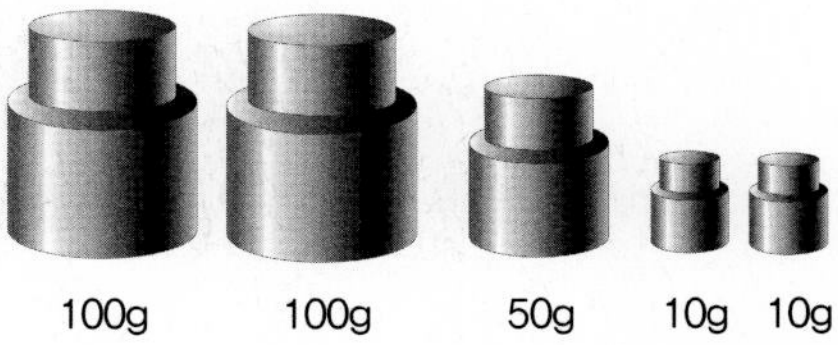

문제해결력 키우기

01 수정이는 민속촌에서 줄타기를 보았다. 줄타기는 무형 문화재 58호로, 줄타기를 잘 하기 위해서는 줄 위에서 수평을 잘 잡아야 한다. 줄타기처럼 우리 주변에서 수평의 원리를 이용한 예를 모두 고르시오.

① 놀이터의 시소

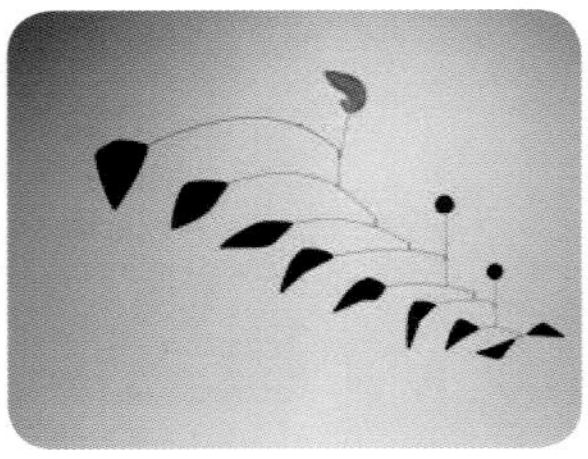
② 거실에 걸린 모빌

③ 몸무게 재는 체중계

④ 공사장의 타워 크레인

⑤ 놀이 공원의 롤러코스터

02 다음과 같이 널빤지의 왼쪽에 2개의 나무 도막이 놓여져 있다. 널빤지의 오른쪽에 나무 도막 1개를 올려 수평을 이루게 하려고 한다. ①~⑤ 중 어디에 올려놓아야 할지 고르시오.(단, 나무 도막의 무게는 모두 같다.)

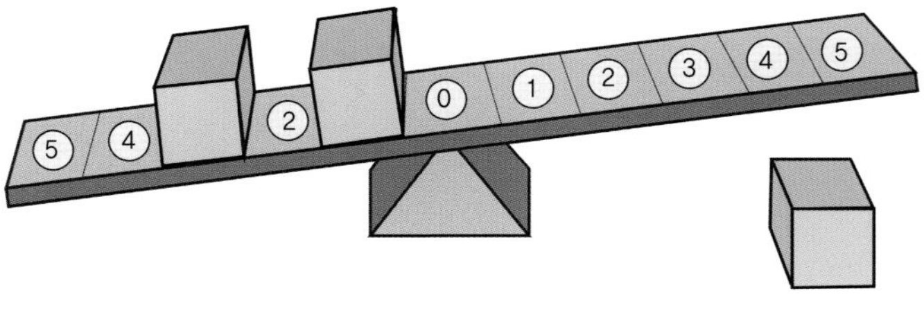

03

받침대가 있는 널빤지 위에 사과와 배를 올려놓았더니 다음과 같이 기울었다. 널빤지의 수평을 맞출 수 있는 가능한 방법을 3가지 쓰시오.

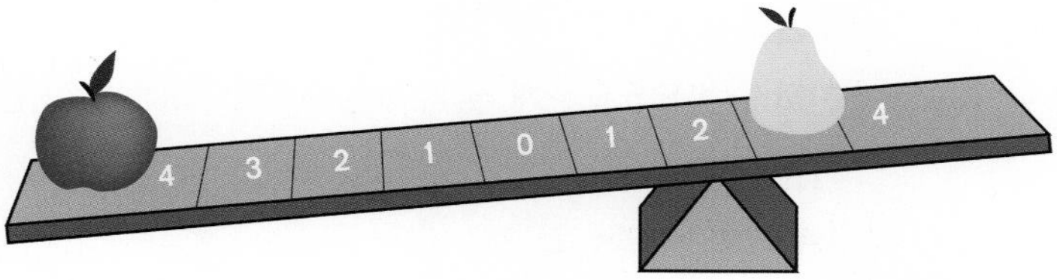

04

양팔 저울은 중심점에서 같은 거리에 물체를 올려놓을 수 있는 접시를 달아 수평을 맞춘 후, 두 물체를 각각 올려놓아 물체의 무게를 비교하거나 분동을 이용해 물체의 무게를 측정하는 도구이다. 다음 여러 가지 저울 중 양팔 저울과 같은 원리를 이용하는 저울을 모두 고르시오.

① 

② 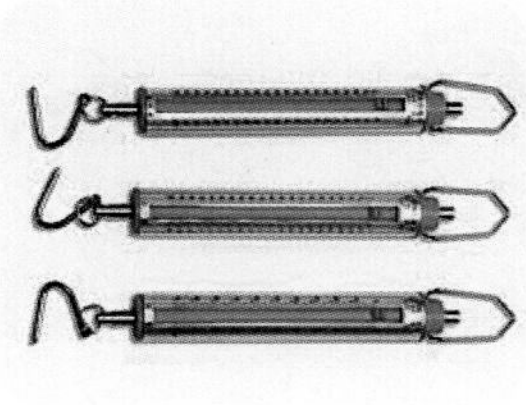

③ 

④ 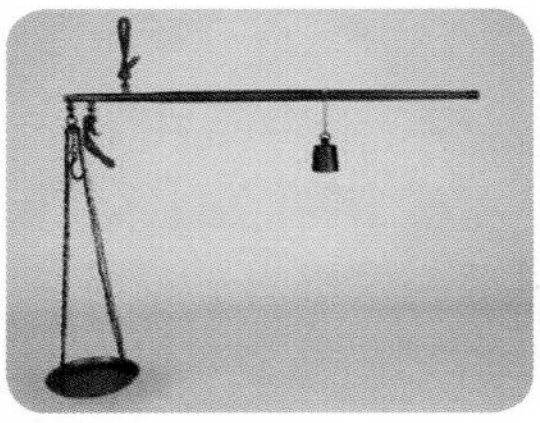

⑤ 

문제해결력 키우기

05 연수와 친구들은 양팔 저울을 만들기 위해 각각 준비물 세트를 준비하기로 하였다. 친구들이 가져온 준비물이 다음과 같을 때, 양팔 저울을 만들 수 있는 세트를 준비한 친구들을 모두 고르시오.

연수 : 30cm자, 종이컵 2개, 실
수연 : 종이컵 2개, 낚싯줄, 실
진희 : 빈 우유팩 2개, 굵기가 같은 나무 막대, 낚싯줄
가연 : 비닐봉지 2장, 옷걸이, 집게
세빈 : 집게, 종이컵 2개, 실

06 다음 그림은 양팔 저울을 이용하여 물체의 무게를 잴 때 필요한 추와 분동이다. 추나 분동이 없을 때는 다른 기준 물체를 사용하기도 한다. 다음 중 기준 물체로 사용할 수 있는 물체에 대한 설명으로 바른 것을 모두 고르시오.

추

분동

① 기준 물체의 무게는 모두 같아야 한다.
② 기준 물체를 사용하여 정확한 물체의 무게를 잴 수 있다.
③ 같은 종류의 동전이나 단추는 기준 물체로 사용하기 적당하다.
④ 기준 물체로 사용할 단추의 모양과 색깔은 반드시 같아야 한다.
⑤ 바둑돌이나 단추는 각각 색깔이 다르므로 기준 물체로 사용할 수 없다.

07

①~⑩까지 번호가 쓰여 있는 구슬이 10개 있다. 이 중 8개는 무게가 10g이고, 나머지 2개의 무게는 12g이다. 이 구슬들을 양팔 저울에 올려놓았을 때의 결과가 다음과 같았다. 12g짜리 공 2개의 번호를 찾아 쓰시오.

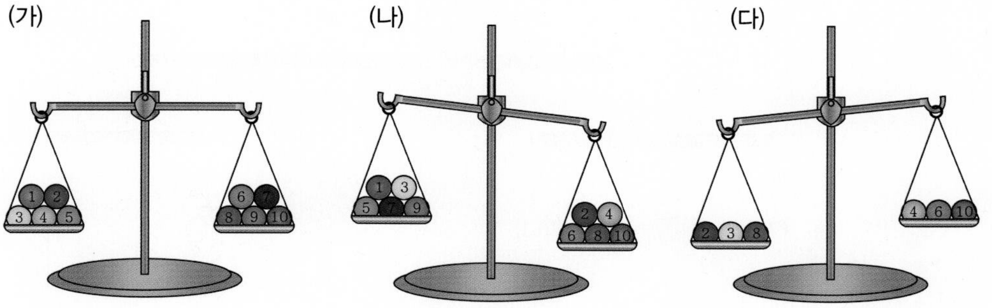

08

그림처럼 받침대를 중심으로 물체가 매달려 있다. 막대의 한쪽 끝에 힘을 주어 수평이 이루도록 하였다. 이 때 막대에 가한 힘의 크기는 얼마인가?

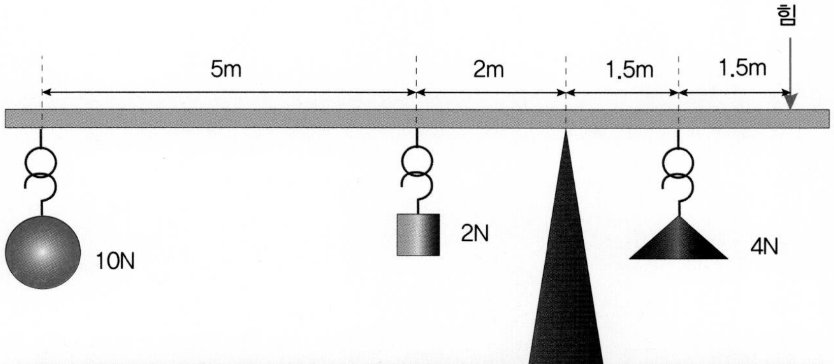

09 민지는 추를 이용하여 수평을 이루는 모빌을 만들려고 한다. 다음 그림과 같이 6개의 추를 걸었을 때, 수평을 이루기 위해 (가)~(라)에 걸어야 하는 추의 개수를 각각 쓰시오. (단, 실과 막대의 무게는 고려하지 않는다.)

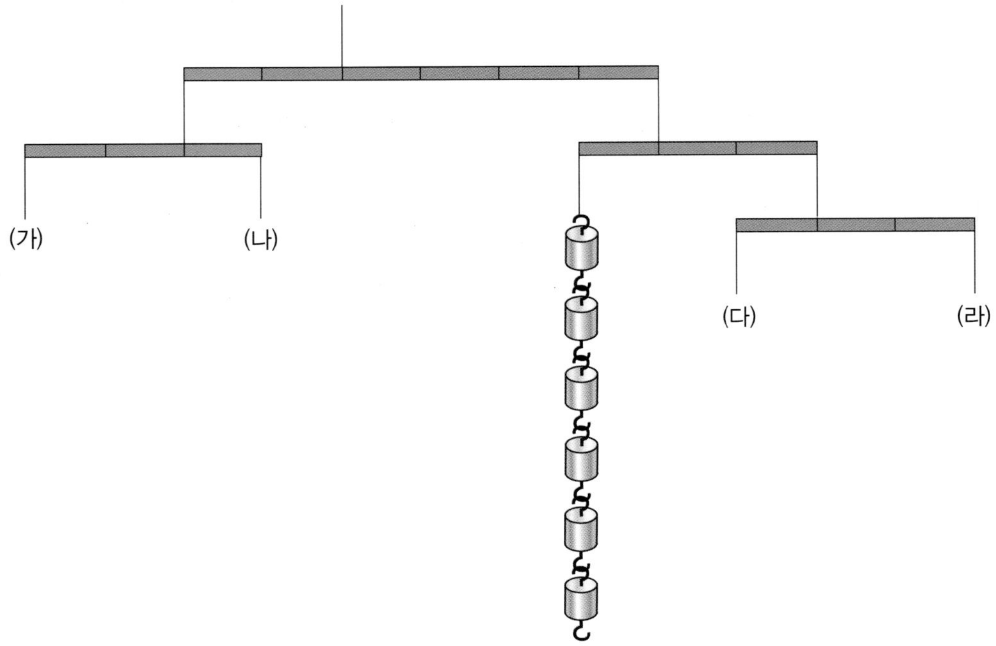

10

수진이는 당근에 실을 걸어 어느 쪽으로도 치우치지 않고 수평이 되는 부분을 찾아 표시하였다. 표시된 부분을 칼로 자른 후, 잘려진 두 개의 당근 (가)와 (나)의 무게를 각각 측정하였다. 다음 물음에 답하시오. (단, a와 b는 받침점에서 (가)와 (나)의 무게 중심까지의 거리이다.)

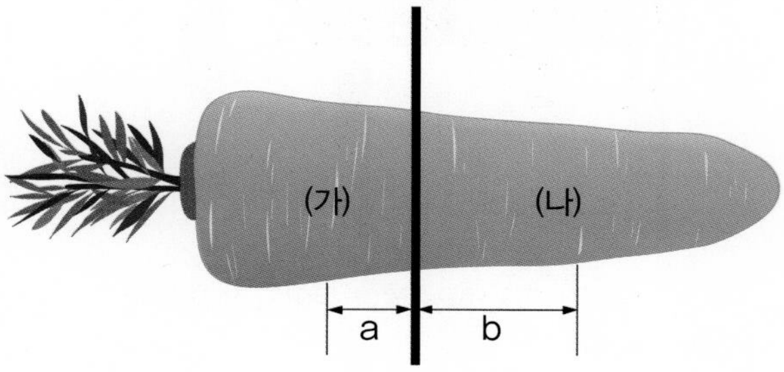

(1) (가)의 무게가 500g 이라면 (나)의 무게는 얼마로 예상되는가?

① 500g 일 것이다.
② 500g 보다 클 것이다.
③ 500g 보다 작을 것이다.
④ 예상할 수 없다.

(2) 위 (1)과 같이 예상한 이유를 쓰시오.

STEP BY STEP

11 다음 그림은 무게중심과 관련된 현상이다. 다음 물음에 답하시오.

(가)

책상 모서리에 얇은 책을 쌓아 두어도 책이 떨어지지 않는다.

(나)

어린 아이는 어른보다 잘 넘어진다.

(1) 위와 같은 현상이 일어나는 이유를 무게중심과 관련지어 쓰시오.

(2) 오른쪽 그림과 같이 두꺼운 종이로 어릿광대를 만들어 줄 위에 거꾸로 세우려고 한다. 어릿광대가 줄 위에 거꾸로 서 있게 하기 위한 방법을 쓰고 그 이유를 설명하시오.

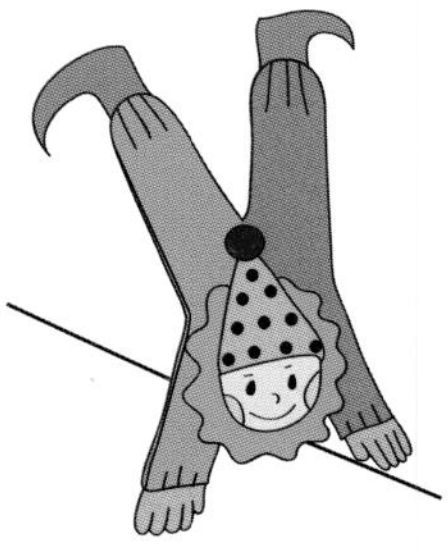

(3) 우리 나라 지도를 두꺼운 종이에 붙이고 오려서 무게중심을 찾으려고 한다. 실, 바늘, 연필, 단추(또는 이와 비슷한 무게를 지닌 물체)를 이용하여 무게중심을 찾는 방법을 자세히 쓰시오.

STEP BY STEP

12

질량은 물체를 이루는 물질의 고유한 양을 나타내는 값이고, 무게는 중력이 그 물체에 작용하는 힘을 나타내는 값이다. 다음은 윗접시 저울과 용수철 저울을 이용하여, 지구 또는 달에서 지우개의 질량 또는 무게를 측정하는 그림이다. 물음에 답하시오.

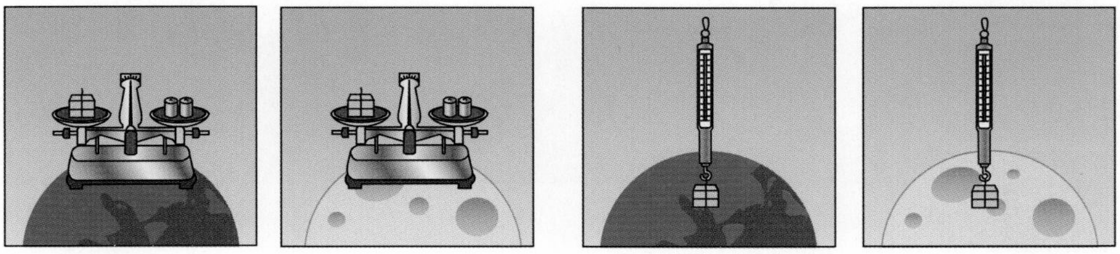

(가) (나) (다) (라)

(1) 그림 (가)와 같이 지구에서 윗접시 저울의 한쪽에 지우개를 놓고 다른 한쪽에 1g의 분동을 놓았을 때 수평을 이루었다. 그림 (나)와 같이 달에서 윗접시 저울의 한쪽에 동일한 지우개를 놓고 다른 한쪽에 몇 g의 분동을 놓아야 수평이 되겠는가?

(2) 그림 (다)와 같이 지구에서 용수철 저울에 지우개를 걸었더니, 저울의 눈금이 1g을 가리켰다. 그림 (라)와 같이 달에서 용수철 저울에 지우개를 걸면, 저울의 눈금은 얼마를 가리키겠는가? (단, 지구와 달에서 사용한 지우개는 동일한 것이다.)

(3) 위 실험의 결과로 보아, 무게를 측정하는 저울과 질량을 측정하는 저울은 무엇인지 각각 쓰시오.

· 무게를 측정하는 저울 :

· 질량을 측정하는 저울 :

창의력 키우기

01

유창성

✓ 융통성

독창성

정교성

연진이와 승규는 각각 다음과 같은 자세를 해보기로 하였다.

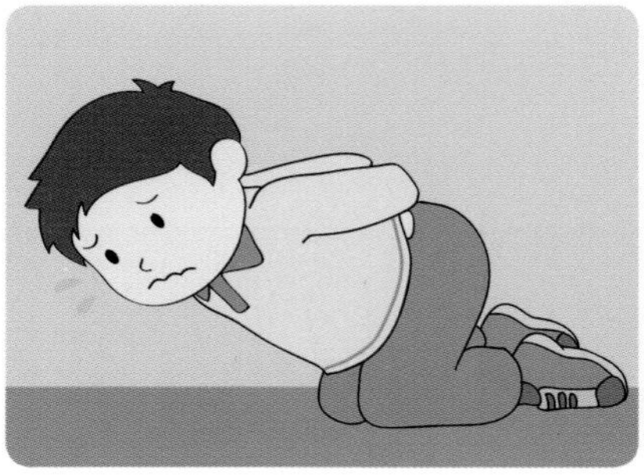

〈자세 I〉

1. 두 손을 뒤로 모으고 엉덩이가 발뒤꿈치에 닿지 않도록 하면서 무릎을 꿇고 앉는다.
2. 천천히 상체를 굽혀 코가 바닥에 닿도록 한다.

〈자세 II〉

1. 벽에서 발길이의 두 배 되는 곳에 선 다음, 벽 사이에 의자를 놓는다.
2. 등을 바로 편 채 허리를 굽히고 머리를 벽에 댄 상태로 의자를 들어 올린 후 일어선다.

그런데 여학생인 연진이는 두 자세 모두 잘할 수 있었지만, 남학생인 승규는 두 자세 모두 잘하지 못하였다. 그 이유는 무엇인지 쓰시오.

02

낯선 나라의 성을 여행하던 지용이는 여행 중에 미지의 방에 갇히게 되었다. 문 옆에는 다음과 같은 쪽지와 구슬 주머니, 양팔 저울이 놓여 있었다.

- 유창성
- ✓ 융통성
- ✓ 독창성
- 정교성

> 이 곳에 온것을 환영한다. 이 문제를 풀어야 넌 이 곳에서 나갈 수 있다.
>
> 주머니 안에는 모양과 크기가 같은 9개의 구슬이 들어 있다. 그 중 8개의 구슬은 무게가 모두 같고, 하나의 구슬만이 더 가볍다. 가벼운 구슬을 찾아 문에 있는 구멍에 넣으면 문이 열리게 된다.
>
> 양팔 저울을 사용하여 가벼운 구슬을 찾을 수 있다. 단 양팔 저울은 두번만 사용할 수 있다.
>
> 행운을 빈다.

지용이는 어떻게 해야 방을 빠져나갈 수 있을까? 양팔 저울을 두 번만 사용하여 9개의 구슬 중 가벼운 구슬을 찾아내는 방법을 쓰시오.

01 이탈리아의 오래된 도시 피사에는 세계적으로 가장 신기한 건물 중의 하나로 손꼽히는 '피사의 사탑' 이 있다. 1174년 피사 시민들은 전쟁에서 이긴 것을 기념하기 위해 크고 멋진 탑을 세우기로 계획하고 탑을 쌓았는데, 탑을 쌓은 땅이 모래와 점토로 이루어져 있어 탑의 무게를 견디지 못하고 땅 밑으로 점차 가라앉아서 탑이 기울기 시작하였다. 다음 물음에 답하시오

(1) 이 탑은 지금도 매년 남쪽으로 1mm 씩 기울고 있다고 하는데, 이렇게 기울어진 피사의 사탑이 아직까지도 쓰러지지 않고 버티고 있는 것은 무엇 때문인지 쓰시오.

(2) 여러가지 보강 작업을 한 결과 현재 이 탑은 기울어짐이 멈추었다고 한다. 자신이 과학자나 건축학자라면 이 탑이 쓰러지지 않기 위해 어떤 보강 작업을 할 것인지 쓰시오.

“

화산 활동은 주변 환경에 어떤 영향을 줄까?

지구촌 곳곳에서 화산이 폭발했다는 소식을 듣는다.
화산은 엄청난 굉음과 함께 폭발하기도 하지만, 조용히 용암만 분출하기도 한다.
화산 활동은 주변 환경에 어떤 영향을 줄까?

”

3

화산과 암석

개념다지기

쏙 쏙 빈칸을 채워 개념을 완성하세요!

❶ 화산의 분출

(1) 화산*이 분출하는 모습

① 화산재와 화산 가스, 화산 쇄설물이 폭발적으로 터져 나온다.
② 큰 폭발이 일어나지 않고, 조용히 용암이 흘러내리기도 한다.
③ 폭발과 분출이 함께 일어나기도 한다.

▲ 폭발성 분출 화산

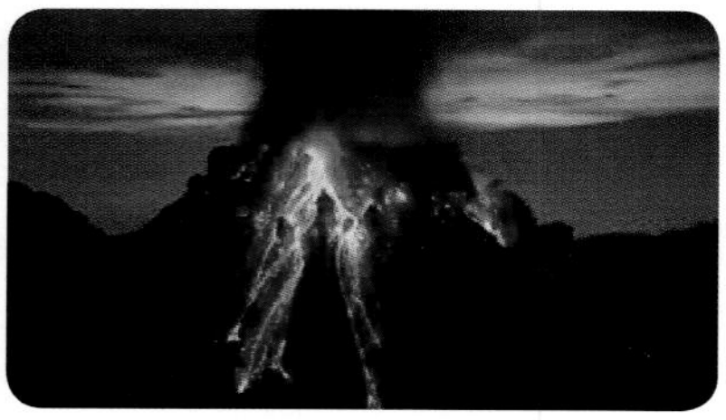

▲ 비폭발성 분출 화산

(2) 화산이 분출할 때 나오는 물질 : 기체(화산 가스), 액체(용암), 고체(화산탄, 화산재 등) 상태의 물질이 나온다.

기체 상태의 물질

❶ ______

- 수증기, 이산화 탄소, 질소, 이산화 황 가스 등으로 구성
- 화산 활동이 진행되는 동안 방출되는 가스로 마그마가 쉽게 분출할 수 있도록 도와주는 역할을 함

액체 상태의 물질

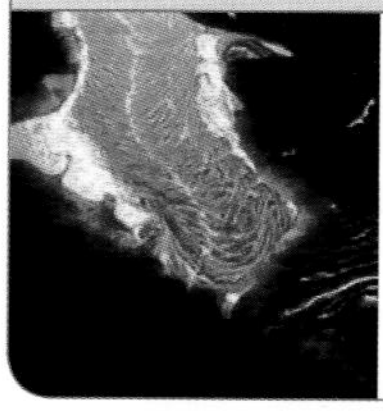

❷ ______

- 마그마*가 지표로 분출한 것을 용암이라고 함
- 용암의 성분과 온도는 용암의 서로 뭉쳐 있는 성질(점성*)과 흐르는 성질(유동성)에 영향을 주어 다양한 형태의 화산을 만듦

고체 상태의 물질

화산암괴, 화산력, 화산재, 화산진 등

- 화산 폭발에 의하여 방출된 크고 작은 암석의 파편
- 알갱이의 크기에 따라 화산암괴(64mm이상), 화산력(64~2mm), 화산재(2~0.25mm), 화산진(0.25mm 이하)으로 나누어짐

(3) 화산이 분출한 후 지표면의 변화

① 편평했던 지표면이 화산 폭발 후 산처럼 솟아오르기도 한다.
② 화산이 폭발하여 산의 꼭대기가 날아가 모양이 변하기도 한다.
③ 용암이 흘러 새로운 모양의 땅이 생기기도 한다.

화산 폭발 후

▲ 화산재로 뒤덮인 마을

▲ 용암이 흐른 후 변화된 지형

▲ 검은 화산탄으로 뒤덮인 산

▲ 산 정상에 생긴 구덩이(분화구)

과학단어

★화산 땅 속에 있는 가스, 마그마 등이 지각의 약한 틈을 뚫고 나와 생겨난 산

★마그마 지구 내부에 있는 암석이 녹아서 생성된 물질

★점성 액체 물질의 끈끈한 정도. 점성이 크면 액체가 잘 흘러내리지 않음

❷ 화산의 모양

(1) 화산과 화산이 아닌 산

화산

- 멀리서 보면 정상 부근이 삿갓★을 뒤집어 놓은 것과 비슷하다.
- 다른 산들과 이어져 있지 않다.
- 꼭대기 부분에 오목한 ❸ 가 있다.

화산이 아닌 산

- 봉우리가 뾰족하거나 볼록하다.
- 다른 산들과 이어져 있다.
- 산등성이★, 봉우리, 골짜기가 있다.

(2) 화산과 화산이 아닌 산의 모양이 다른 까닭

① 화산의 꼭대기는 용암이나 가스가 나왔던 곳으로 움푹 패여 있다.
② 오랜 시간이 자나면서 물이 고여 호수를 형성하기도 한다.

❸ 화산의 내부 모습

기생 화산
측면 화도를 따라 용암이 분출하여 생기는 산

분화구
원뿔 모양으로 함몰하여 가파른 경사를 보이는 화산의 꼭대기 부분

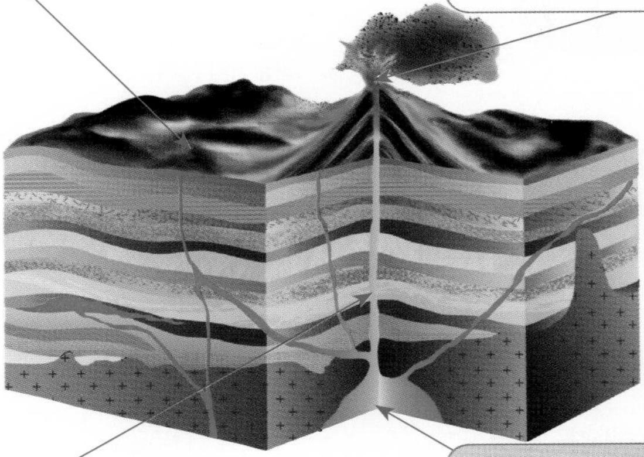

화도
마그마가 빠져 나가는 통로

마그마굄
상당량의 마그마가 저장되어 있는 곳

다양한 모양의 화산이 만들어지는 까닭

화산들의 분출 방식이나 땅 밖으로 나온 용암의 성질에 따라 다른 모양의 화산이 만들어진다.

① 순상 화산
점성이 작고 유동성이 큰 용암이 여러 번 분출되어 만들어진 경사가 완만한 화산

② 종상 화산
점성이 큰 용암이 높게 쌓인 채 굳어져 종 모양으로 만들어진 화산

③ 성층 화산
점성이 큰 용암과 화산 쇄설물이 교대로 쌓여 아래쪽은 완만하고 산 정상부는 가파른 화산

과학단어

★삿갓 갈대를 엮어 우산과 비슷한 모양으로 만들어 햇볕이나 비를 피하기 위해 사용했던 것

★산등성이 산의 등줄기를 말함

개념다지기

쏙 쏙 빈칸을 채워 개념을 완성하세요!

● 현무암과 화강암 특징 비교

현무암

- 색깔 어두운 색
- 촉감 까칠까칠하다.
- 알갱이의 크기를 맨눈으로 구별하기 어려울 정도로 매우 작다.
- 겉모양 일반적으로 겉표면에서 구멍이 관찰되기도 한다.
- 기타 많은 구멍은 마그마가 지표 부근으로 나올 때 여러 가지 가스가 빠져나간 자국이다.

화강암

- 색깔 밝은 색
- 촉감 까칠까칠하다.
- 알갱이 크기, 알갱이의 종류가 여러 가지이며 알갱이가 대체로 크다.
- 겉모양 대체로 밝은 바탕에 검은 반점이 있다.
- 기타 알갱이들이 반짝거린다.

● 편광 현미경★으로 본 현무암과 화강암

현무암

- 비교적 알갱이의 크기가 작고 여러 가지 색을 띠고 있다.
- 어두운 색의 알갱이들이 보인다.

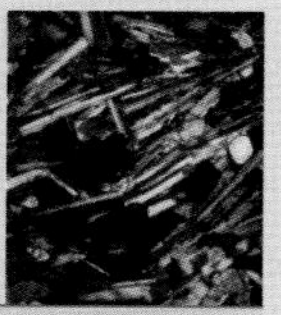

화강암

- 현무암보다 알갱이들의 크기가 비교적 크고 여러 가지 색을 띠고 있다.
- 현무암보다 밝은 색을 띠는 알갱이들이 많다.

● 과학단어

★편광 현미경 일반 생물 현미경과는 달리 한 방향으로만 진동하는 빛을 통해 암석 시료를 관찰하는 현미경

❹ 화산 활동으로 생긴 암석들

(1) 마그마와 용암 구별하기

	마그마	용암
특징	마그마는 땅 속 깊은 곳에서 지구 내부의 높은 열 때문에 물질들이 액체 상태로 녹아 있는 것이다.	용암은 마그마가 지표면을 뚫고 나와 흐르는 것이다.
같은 점	❹ ______ 상태의 물질이며, 온도가 매우 높다.	
다른 점	· 마그마는 땅 속 깊은 곳에 녹아 있는 물질이고, 용암은 지표를 뚫고 나와서 지표면 위를 흐르는 물질이다. · 마그마가 지표면으로 나오면 가스 성분이 날아가는데, 마그마에서 가스 성분이 빠져 나간 것이 용암이다.	

(2) 화산 활동으로 생기는 암석 (화성암 = 화산암 + 심성암)

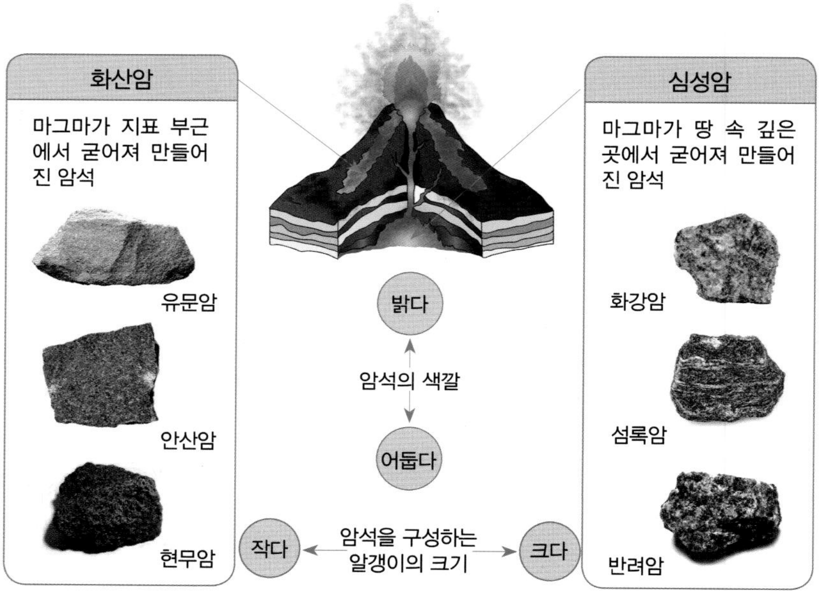

① 암석에 포함된 광물의 성분에 따라 암석의 색이 달라진다.

② 마그마가 지표 부근에서 빠르게 식으면 암석 알갱이의 크기가 ❺ ______, 마그마가 땅 속 깊은 곳에서 천천히 굳으면 알갱이의 크기가 ❻ ______.

(3) 우리나라에서 현무암과 화강암으로 이루어진 곳

화강암으로 된 곳

다른 곳에 비해 암석의 색이 밝은 편이다.

→ 북한산, 월출산, 속리산, 설악산, 관악산, 금강산 등

현무암으로 된 곳

다른 곳에 비해 암석의 색이 대체로 어둡게 보인다.

→ 한라산, 백두산, 울릉도, 독도, 제주도 주상 절리, 한탄강 유역 등

❺ 화산 활동이 우리에게 주는 영향

(1) 화산 활동이 우리에게 주는 피해

① 건물이 부서지고 농토가 용암에 묻히기도 한다.
② 화산재가 주변을 덮어 사람과 동식물에게 피해를 준다.
③ 산불이나 산사태가 나기도 하고, 해일이 일어나기도 한다.
④ 화산재가 하늘 높이 올라가 햇빛을 차단하여 기후 변화를 일으킨다.

▲ 지진 발생

▲ 농작물 피해

▲ 햇빛 차단

(2) 화산 활동이 우리에게 주는 이로움

① 화산 활동이 일어나는 주변에 온천★이 많이 생긴다.
② 백두산 천지, 한라산 백록담 등의 관광지가 생긴다.
③ 마그마의 열로 데워진 수증기를 이용해 지열 발전을 일으키기도 한다.
④ 화산 분출물을 조사하여 지구 내부의 물질에 대해 알 수 있다.
⑤ 토양이 비옥해지기도 한다.
⑥ 화산 활동으로 형성된 암석으로 여러 가지 관광 상품을 만들기도 한다.

▲ 지열 발전

▲ 온천

▲ 관광 상품 개발

● 온천이 생기는 과정

① 마그마 근처의 지하수가 데워져 높은 온도와 센 압력의 수증기가 가득 찬다.
② 수증기의 센 압력으로 뜨거운 물이 지표면으로 솟아 오른다.

● 간헐천

더운물과 수증기, 기타 기체가 일정한 간격으로 주기적으로 분출★하는 온천이다.

▲ 미국 옐로우스톤 공원의 간헐천

● 과학단어

★온천 지하로부터 솟아 나오는 25℃ 이상의 따뜻한 물

★분출 한꺼번에 밖으로 쏟아져 나오다

SPEED CHECK!

기본확인문제

1. 화산이 폭발할 때 나오는 기체 상태의 물질은 (화산 가스, 화산재)이다.
2. 화산 분출 후 (마그마, 용암)이(가) 흘러 새로운 모양의 땅이 생기기도 한다.
3. 봉우리가 오목하고 다른 산과 연결되어 있지 않은 산은 (화산, 화산이 아닌 산)이다.
4. 화산의 꼭대기는 용암이나 가스가 나왔던 곳으로 오랜 시간이 지나면 물이 고여 (호수, 바다)가 형성되기도 한다.
5. (마그마, 용암)은(는) 땅 속 깊은 곳에 지구 내부의 높은 열 때문에 물질들이 녹아 있는 것이다.
6. 화산 활동으로 생기는 암석을 (화성암, 퇴적암)이라고 한다.
7. 화강암과 현무암의 알갱이 크기가 다른 까닭은 (생성 장소, 성분)이(가)다르기 때문이다.
8. 현무암에 있는 구멍은 용암이 지표면 밖으로 나와서 식을 때 (가스, 화산재)가 빠져나간 자국이다.
9. (현무암, 화강암)의 알갱이는 맨 눈으로 구별하기 어려울 정도로 작다.

개념다지기 정답 | ❶ 화산 가스 ❷ 용암 ❸ 분화구 ❹ 액체 ❺ 작고 ❻ 크다

탐구력 키우기

탐구1. 용암이 흐르는 모양

탐구과정

준비물
삼각 플라스크, 식용 소다, 약숟가락, 액체 세제, 식초, 밀가루, 스포이트, 아이오딘–아이오딘화 칼륨 용액

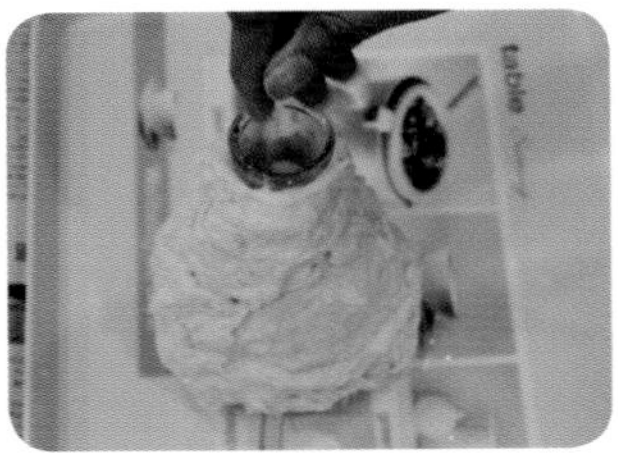

① 삼각 플라스크를 밀가루 반죽으로 덮어 산 모양을 만든다.

② 삼각 플라스크에 뜨거운 물을 붓고, 식용 소다 5숟가락, 액체 세제, 아이오딘-아이오딘화 칼륨 용액을 몇 방울 넣은 다음, 저어준다.

③ 식초를 삼각 플라스크에 떨어뜨린다.

탐구결과

1. 삼각 플라스크에서 거품이 터지면서 붉은 액체가 흘러나온다.

탐구문제

1. 화산 실험에서 붉은 액체와 거품이 의미하는 것은 무엇인지 쓰시오.

2. 화산 실험과 실제 화산을 비교하여 다른 점을 쓰시오.

탐구2. 화성암(현무암) 모형 만들기

탐구과정

준비물
종이 컵, 석고 가루, 먹물, 식초, 식용 소다, 나무젓가락

① 석고 가루에 식용 소다 3숟가락을 넣고 잘 섞어 준다.

② 먹물을 몇 방울 넣고 식초를 넣어 고르게 잘 섞어준다.

③ 석고가 완전히 굳으면 종이를 떼어낸다.

탐구결과

1. 만들어진 모형을 관찰해서 결과를 쓰시오.

탐구문제

1. 모형에서 구멍이 나 있는 것은 무엇 때문인지 쓰시오.

2. 다음 그림은 자연에서 만들어진 현무암의 모습을 나타낸 것이다. 현무암을 보면 구멍이 많이 나 있는데, 탐구 결과를 토대로 현무암의 구멍이 어떻게 생겨난 것인지 추측하시오.

문제해결력 키우기

01

다음은 승희네 모둠 학생들이 화산 활동에 대해 이야기한 내용이다. 화산 활동에 대해 바르게 이야기한 학생의 이름을 모두 쓰시오.

효진 : 화산은 지구 내부에 축적되어 있는 에너지가 짧은 시간 동안 한꺼번에 지표 밖으로 방출되는 현상이야.

승기 : 응, 맞아. 그때 방출되어 지표면 위를 흐르는 액체 상태의 물질을 마그마라고 해.

승희 : 그 외에도 화산이 분출할 때 나오는 기체 물질에는 용암, 화산탄 등이 있어.

수현 : 높은 에너지를 가진 마그마가 지각의 약한 틈을 뚫고 나오는데 이것이 화산이 분출하는 과정이라고 할 수 있어.

02

화산이 분출한 후 지표면에 일어나는 변화를 3가지 쓰시오.

03

다음은 화산 폭발에 의하여 방출된 부석과 스코리아의 모습이다.

부석　　　　　　　　스코리아

부석과 스코리아를 다음과 같이 물에 띄웠더니, 부석은 물에 떴으나 스코리아는 물에 가라앉았다. 이 현상을 보고 알 수 있는 사실을 쓰시오.

부석　　　　　　　　스코리아

04

다음은 제주도에서 흔히 볼 수 있는 암석이다. 이 암석에 대한 설명으로 옳은 것을 모두 고르시오.

① 표면이 거칠거칠하다.
② 알갱이의 크기가 크다.
③ 지표 부근에서 만들어졌다.
④ 땅 속 깊은 곳에서 만들어졌다.
⑤ 맷돌 등을 만드는 데 사용된다.

05 다음 그림은 현무암을 나타낸 것이다. 현무암을 자세히 보면 구멍이 많이 뚫려 있는 것을 볼 수 있는데 그 까닭은 무엇인지 간단히 쓰시오.

06 화산 활동은 우리의 자연 환경을 파괴하기도 하지만 창조하기도 한다. 화산 활동이 우리에게 주는 피해와 이로운 점을 각각 3가지 쓰시오.

화산 활동이 우리에게 주는 피해	화산 활동이 우리에게 주는 이로움

07 다음은 (가)와 (나)지형은 각각 어떤 과정을 거쳐 생성된 것인지 비교하여 설명하시오.

(가)

(나)

08 민경이는 학교에서 현무암은 마그마가 지표 위에서 흐르다 식어서 굳어진 암석이고, 화강암은 마그마가 땅 속 깊은 곳에서 식어서 만들어진 암석이라고 배웠다.

어느 날 아빠와 함께 산에 오른 민경이는 산 정상에서 위의 그림과 같은 화강암의 모습을 보았다. 땅 속 깊은 곳에서 만들어진 화강암이 어떻게 산 위에 있는지 까닭을 쓰시오.

STEP BY STEP

09

다음 (가)~(라)는 우리나라 여러 곳에 있는 산의 모습이다. 물음에 답하시오.

(가)

(나)

(다)

(라)

(1) 위의 여러 산들을 화산과 화산이 아닌 산으로 분류하여 기호를 쓰시오.

- 화산 :
- 화산이 아닌 산 :

(2) 화산의 특징을 3가지 쓰시오.

STEP BY STEP

10 다음은 화산 활동으로 만들어지는 암석에 대해 알아보기 위한 실험이다. 다음 물음에 답하시오.

[실험방법]

1. 스테아린 산을 물중탕하여 완전히 녹인다.
2. 완전히 녹은 스테아린 산을 뜨거운 물과 얼음물에 띄워 놓은 알루미늄 컵에 반씩 붓는다.
3. 알루미늄 컵의 스테아린 산이 굳으면 꺼내어 결정의 크기를 관찰한다.

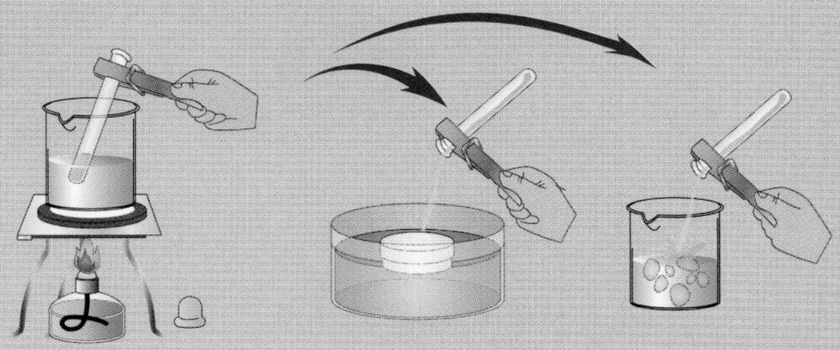

[실험결과]

뜨거운 물에서 천천히 식은 스테아린 산의 알갱이 크기가 찬물에서 빨리 식은 스테아린 산의 알갱이 크기보다 크다.

(1) 스테아린 산이 식는 속도와 알갱이의 크기 사이에는 어떤 관계가 있는지 오른쪽 그래프에 간단히 나타내시오.

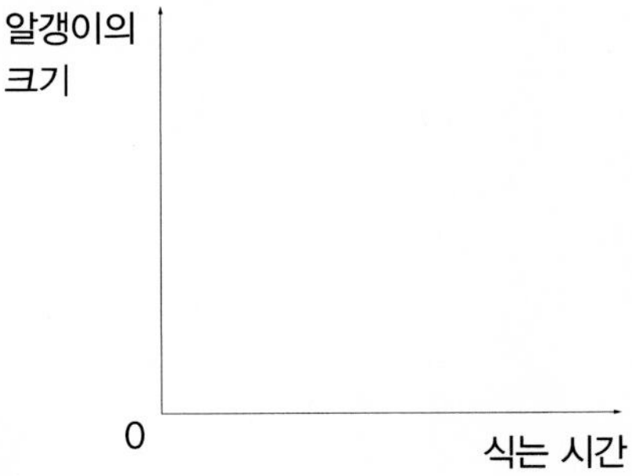

(2) 위 실험을 화강암과 현무암의 생성 과정과 관련 지어 설명하시오.

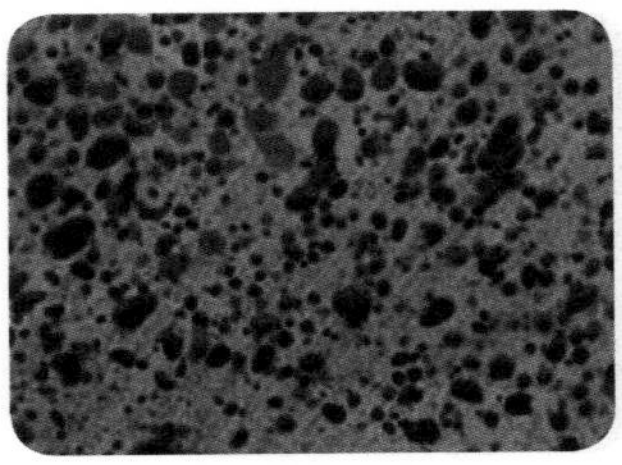
현무암

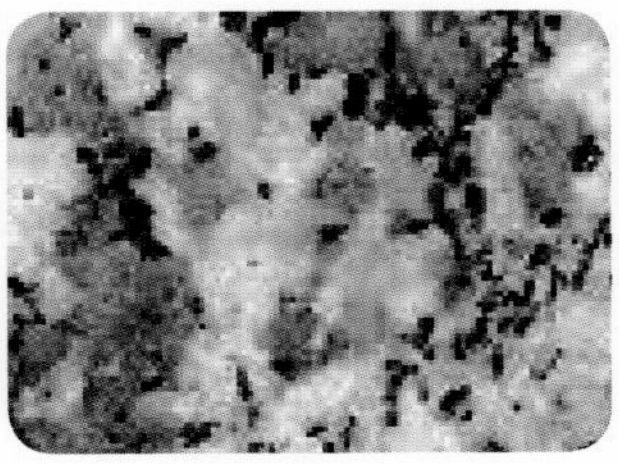
화강암

STEP BY STEP

11

다음 화산이 분출하는 모습을 나타낸 그림을 보고, 물음에 답하시오.

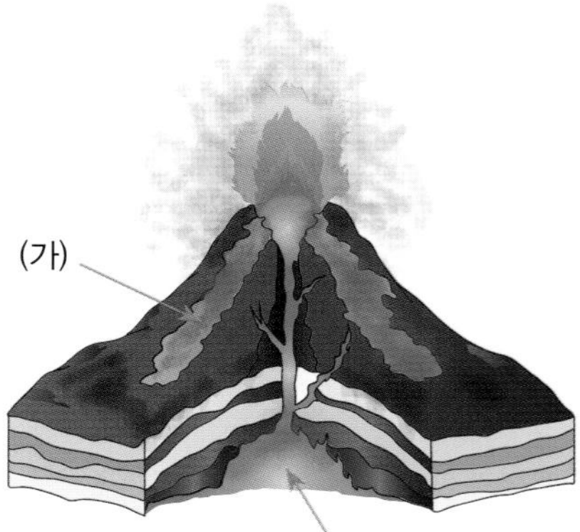

(1) (가)와 (나)의 이름을 쓰시오.

(2) (가)와 (나)의 같은 점과 다른 점을 쓰시오.

(3) 다음 〈보기〉는 화산 활동으로 생긴 여러 가지 암석들이다. (가)가 굳어서 생성된 암석의 기호를 모두 쓰시오.

보기

㉠ 
현무암

㉡ 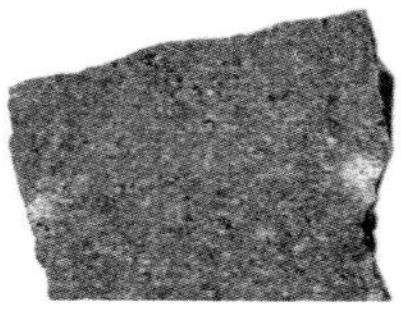
섬록암

㉢ 
유문암

㉣ 
안산암

㉤ 
반려암

㉥ 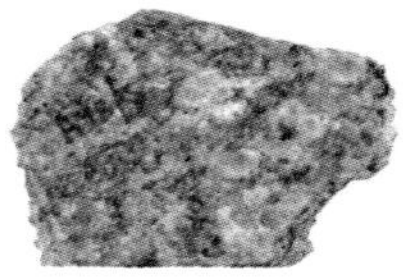
화강암

STEP BY STEP

12 다음은 화산 활동으로 만들어진 두 화산의 모습이다. 물음에 답하시오.

(가)

(나)

(1) 그림을 보고 두 산의 모양은 어떻게 다른지 쓰시오.

(2) 두 산의 모양이 다른 까닭을 용암의 흐르는 성질과 관련지어 설명하시오.

창의력 키우기

01

유창성 융통성 독창성 정교성

화산 폭발로 발생한 용암이 흐르면서 화재가 일어나거나, 용암에 재산이 매몰되는 등의 많은 피해가 일어난다. 이러한 피해를 줄이기 위해 용암이 흐르는 것을 막기로 하였다.

(1) 땅 속에 있는 무엇이 용암이 되어 흐르는 것일까?

(2) 용암이 흐르는 것을 막을 수 있는 방법을 3가지 쓰시오.

02

✓ 유창성
✓ 융통성
독창성
정교성

다음 (가)는 화산 활동으로 만들어진 여러 종류의 화성암을 나타낸 것이고, (나)는 우리가 즐겨 먹는 아이스크림의 모습이다. 화성암과 아이스크림이 만들어지는 과정을 관찰하면 여러 가지 공통점이 발견된다. 화성암과 아이스크림의 공통점은 무엇인지 5가지 쓰시오.

(가)

(나)

01 베수비오 화산 폭발로 단 18시간 만에 사라진 도시 폼페이는 화산재 아래에 묻혀 사람들로부터 잊혀졌다가 1592년 한 농부에 의해 우연히 인간 화석이 발견되면서 세상에 알려지게 되었다. 화산 폭발, 지진 해일 그리고 화산 쇄설류 현상이 연속적으로 일어나면 인간 화석이 가능하다. 이른바 '불타는 산사태'라고도 불리는 이 현상은 약 1000℃의 화산재가 시속 450마일로 폼페이를 덮쳐 사람들은 순간적인 열에 의해 죽거나 질식사 당했다.

(1) 생물이 죽으면 미생물이 몸 속으로 들어가 살이 썩어서 분해되어 사라지는데 폼페이의 화석들은 부패가 일어나지 않은 것이다. 부패가 일어날 수 없었던 이유를 쓰시오.

(2) 폼페이에서는 사람이 화산재에 묻혔다가 기체가 되어 사라지고 빈 공간만 남았다고 한다. 다음 그림은 도끼를 만들 때 사용하는 거푸집을 나타낸 것이다. 거푸집과 연관지어 폼페이의 화석을 어떻게 발굴했을지 설명하시오.

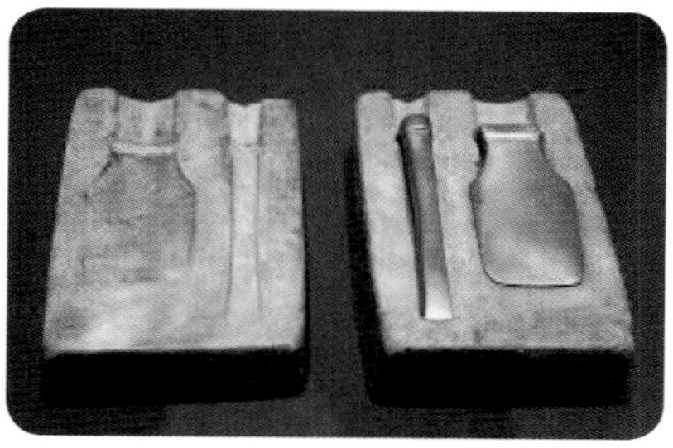

"

지진은 왜 생기는 것일까?

2008년 5월 12일 중국의 쓰촨성에 큰 지진이 발생하여 많은 피해를 입혔다.
지진은 왜 생기는 것일까?
우리나라는 지진으로부터 안전한 곳일까?

"

4

지진

개념다지기

쏙 쏙 빈칸을 채워 개념을 완성하세요!

❶ 지층의 휘어짐과 어긋남

(1) 습곡 : 지층★이 오랫동안 수평 방향으로 미는 힘(횡압력)을 받아 휘어진 것

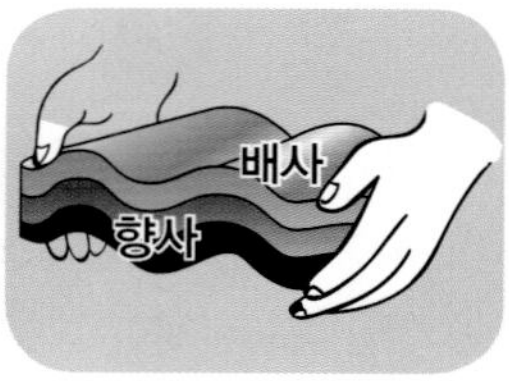

배사	지층이 휘어져 위로 올라간 부분
향사	지층이 휘어져 아래로 내려간 부분

(2) 단층 : 지층이 수평 방향의 힘을 받아 약한 틈을 경계로 끊어져 어긋난 것

종류	❶	❷
정의	지층이 양쪽에서 잡아당기는 힘(장력)을 받아 어긋나면서 상반이 미끄러져 내려간 단층	지층이 양쪽에서 미는 힘(횡압력)을 받아 어긋나면서 상반이 위로 밀려올라간 단층
그림	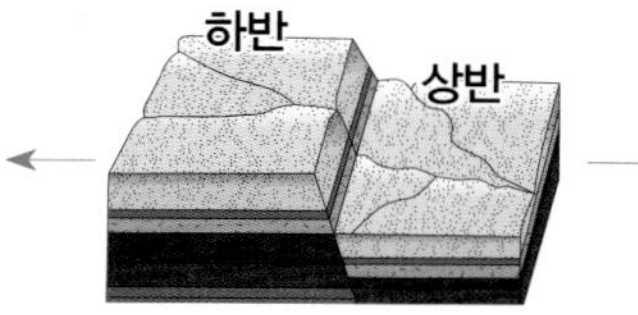	

❷ 지진과 지진파

(1) 지진 : 지구 내부의 급격한 변동으로 짧은 시간 동안 사방으로 에너지가 전파★되면서 땅이 흔들리는 현상이다.

(2) 지진의 발생 원인

① 지구 내부의 단층 활동 : 지층이나 암석이 힘을 받아 변형되다가 더 이상 견디지 못하고 순간적으로 끊어지면서 그 충격으로 땅이 흔들리게 된다.

② 화산 폭발

③ 지하 동굴이 대규모로 무너짐

(3) 지진이 발생하는 곳

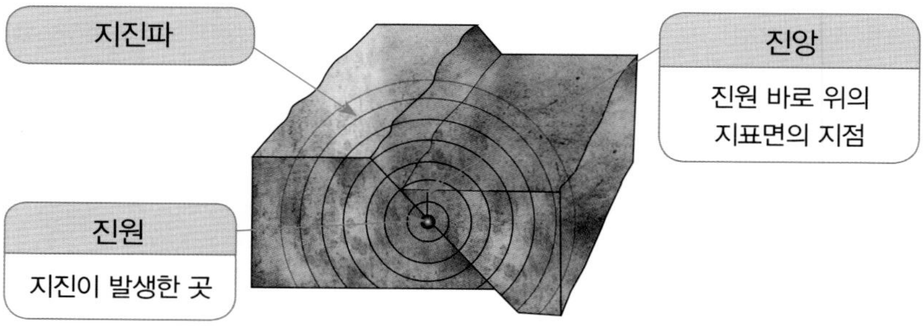

● 단층 구조의 명칭

상반	단층면의 위쪽
하반	단층면의 아래쪽

● 주향 이동 단층(수평 단층)

단층면을 따라 위아래로 이동이 없이 수평 방향으로 어긋난 단층을 말한다.

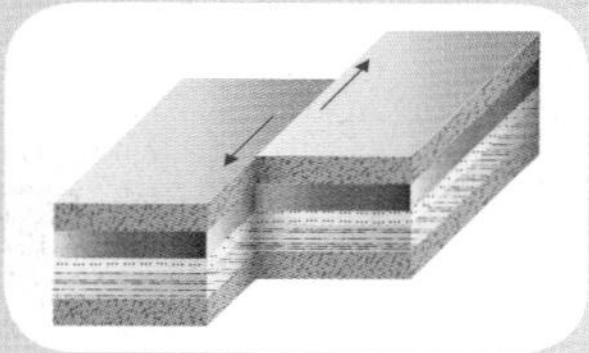

▲ 주향이동 단층

● 지진의 종류

① 지진의 원인에 따라

인공 지진	자연 지진
땅속 화약 폭발, 지하 핵실험	단층 생성, 화산 폭발, 함몰

② 지진의 발생 깊이에 따라

종류	진원의 깊이
천발 지진	70km 이하
중발 지진	70~300km
심발 지진	300km 이상

● 과학단어

★지층 진흙, 모래, 자갈, 화산재 등이 물속이나 지표면에 퇴적하여 이루어진 층

★전파 널리 전하여 퍼뜨림

(4) 지진파 : 지진에서 발생하는 에너지를 전달하는 파동★ 으로 ❸ ________ 와 ❹ ________ 가 있다.

	P파★	S파★
빠르기	속도가 빨라 S파보다 먼저 도달한다.	P파보다 느리다.
특징	· S파보다 먼저 도달한다. · 액체, 고체, 기체를 모두 통과할 수 있다. · S파에 비해 진동이 약하다.	· P파가 통과한 후에 도착한다. · 고체만 통과할 수 있다. · P파보다 더 많은 진동을 만들어 낸다.

(5) 지진 기록 : P파에 비해 S파는 진동이 커서 지진 기록의 진폭★ 이 커진다. P파가 먼저 도달한 후 S파가 도달하기까지의 시간을 ❺ ________ 라고 하며, PS시가 길수록 진원과 거리가 멀리 떨어져 있음을 말해준다.

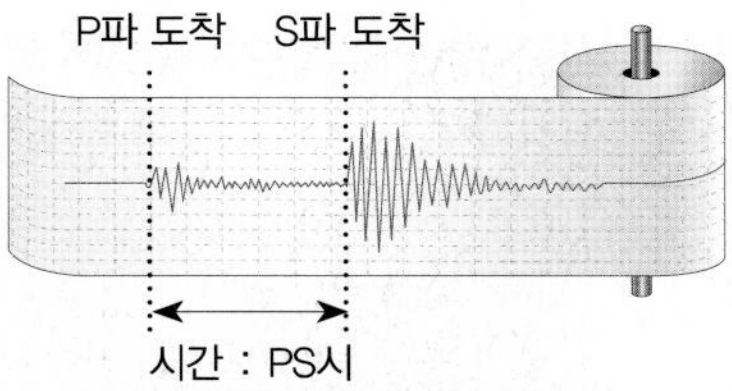

❸ 지진의 세기

	❻	❼
정의	지진이 발생할 때 나오는 실제 에너지를 나타낸 것	지진이 발생할 때 사람의 느낌이나 주변 물체의 흔들리는 정도를 나타낸 것
특징	아라비아 숫자 예) 규모 7.0	로마자 예) 진도 II
진원과의 관계	진원과 상관 없이 일정	진원으로부터 멀어질수록 작아짐

❹ 간이 지진계

(1) 지진계의 원리 : 지진이 발생하면 땅이 흔들리면서 땅 위에 있는 모든 물체가 흔들리지만, 어느 공간에 정지한 채 움직이지 않는 물체를 기준으로 땅의 흔들림을 기록할 수 있다.

(2) 지진계의 종류

수평지진계

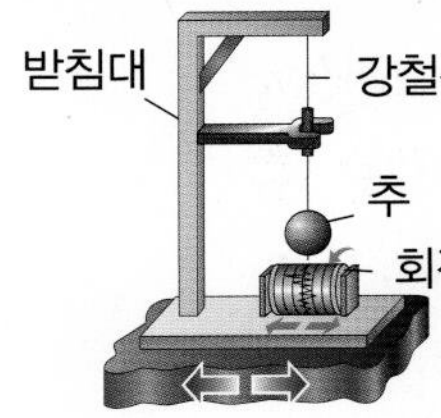

실에 무거운 추를 매달고 실을 좌우로 빠르게 움직이면 무거운 추는 움직이지 않고 제자리에 있으므로 바늘이 진동을 기록한다.

수직지진계

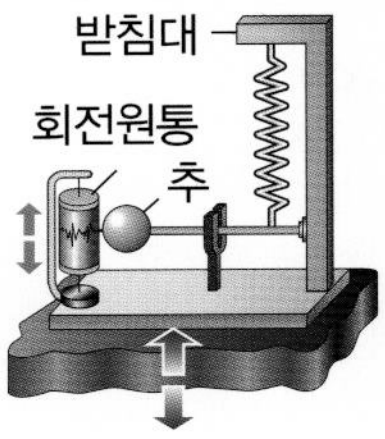

용수철에 무거운 추를 매달고 용수철 손잡이를 잡고 빠르게 위로 올렸다 내리면 추는 움직이지 않고 제자리에 있어서 바늘이 진동을 기록한다.

● 지진의 영향

규모	진도	인체, 구조물, 자연계 영향
2.9 미만	I	극소수의 사람만 느낌
3.0 ~3.9	II	건물 위층의 소수의 사람만 느낌
	III	건물 위층 사람들이 뚜렷하게 느낌
4.0 ~4.9	IV	창문이 흔들리며 많은 사람이 느낌
	V	그릇과 창문이 깨지거나 물체가 넘어짐
5.0 ~5.9	VI	모든 사람이 느낌
	VII	모든 사람이 놀라 뛰쳐나옴. 보통 건축물은 약간의 피해 발생
6.0 ~6.9	VIII	일반 건축물은 부분적인 붕괴 피해
	IX	특수 설계된 건축물에도 피해 발생
7.0 이상	X	대부분의 건축물이 부서짐. 철로가 휘고 산사태 발생
	XI	남아 있는 건축물이 거의 없음
	XII	수평면이 뒤틀림

● 과학단어

★파동 에너지를 전달하는 방법 중의 하나로 주기적인 진동이 멀리 퍼져나가는 현상이다. 소리를 전달하는 음파나 지진 에너지를 전달하는 지진파가 대표적인 파동 현상이다

★P파 지진이 발생하면 전파되는 지진파 중 먼저(Primary) 도착하는 파이다.

★S파 지진이 발생하면 전파되는 지진파 중 나중에(Secondary) 도착하는 지진파이다.

★진폭 지진계에 기록되는 진동의 폭

개념다지기

쏙 쏙 빈칸을 채워 개념을 완성하세요!

● 지구의 내부 구조

지진파 분석에 의해 지구 내부는 서로 성질이 다른 여러 개의 층으로 구성되어 있음을 알게 되었다.

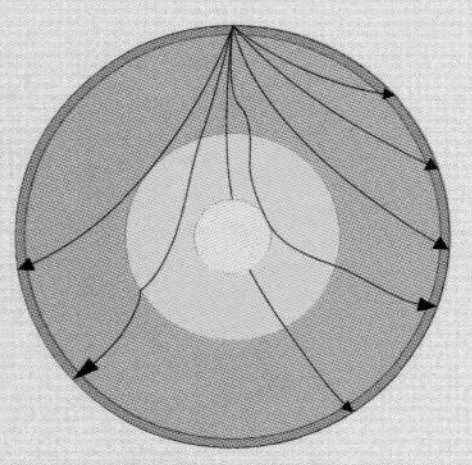

▲ 실제 지구의 지진파 전달 모습

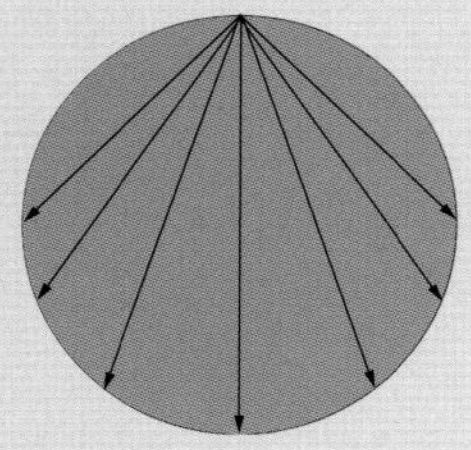

▲ 지구가 한 가지 물질로 되어 있을 때의 지진파의 전달 모습

● 지구의 층상 구조

지진파의 속도와 전달 모습을 통해 지구 내부 모습을 추정할 수 있다.

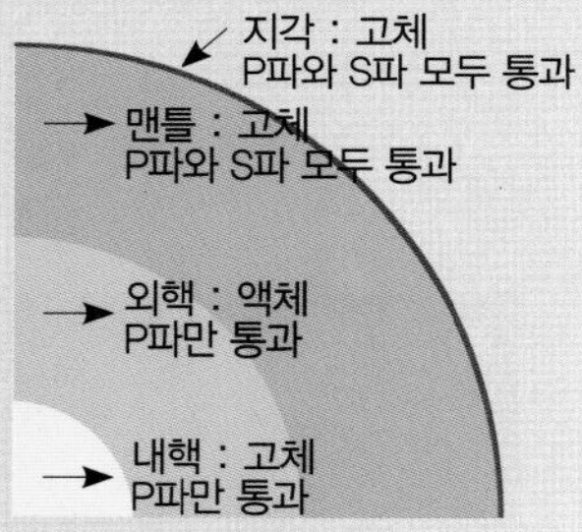

● 판★구조론

태평양 연안은 태평양 판의 경계를 따라 지진과 화산 활동이 매우 활발하다. 히말라야 산맥은 과거 인도 대륙이 유라시아 대륙과 충돌하여 만들어졌으며 지금도 인도 대륙이 북쪽으로 움직이고 있어 지진이 끊이지 않는다.

● 과학단어

★판 지구의 표면을 구성하는 두께 100km 내외의 암석판, 지각과 맨틀 상부

❺ 화산대와 지진대

(1) 판구조론 : 지구의 표면은 딱딱한 암석으로 이루어진 여러 개의 판으로 나누어져 있다. 이 판들은 지구 내부의 운동에 따라 다른 방향으로 움직이고 있어 판과 판의 경계에는 지진이 자주 발생한다.

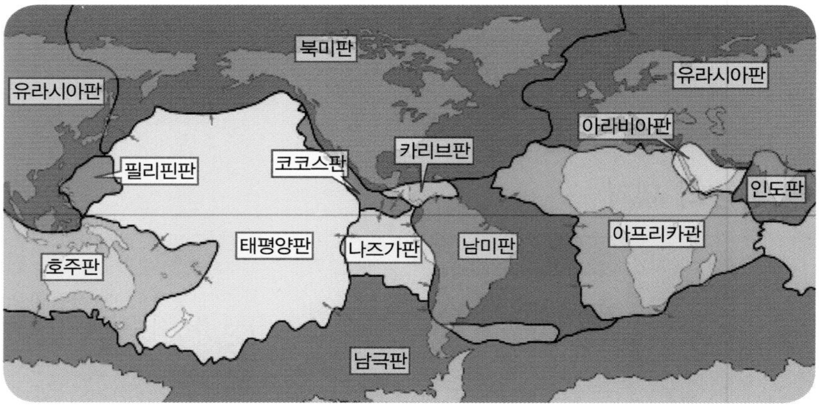

(2) 지진대 : 지진이 자주 발생하는 지역으로, 특정 지역에 집중되어 있다.

① 환태평양 지진대 : 전 세계 지진의 80% 가 발생한다.

② 알프스 히말라야 지진대 : 전 세계 지진의 15% 가 발생한다.

③ 중앙 해령 지진대

(3) 화산대 : 화산 활동이 자주 발생하는 지역으로, 특정 지역에 집중되어 있다.

① 환태평양 화산대 : 전 세계 분화의 70~80% 를 차지하며, 피해도 크다.

② 대서양 화산대

③ 동아프리카 화산대

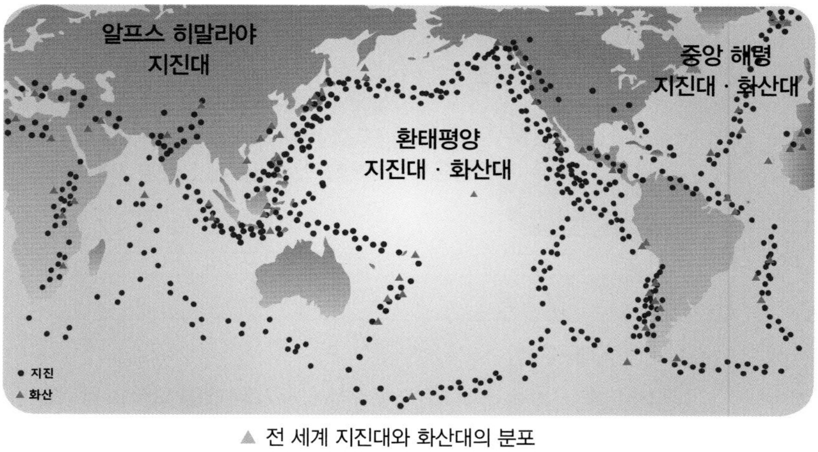

▲ 전 세계 지진대와 화산대의 분포

- 환태평양 지역에서 전세계의 지진과 화산 활동의 60% 이상 발생한다.
- 지진대와 화산대는 띠처럼 분포한다.
- 대륙 중심부에서는 지진과 화산 활동이 드물다.

❻ 지진이 우리에게 주는 영향

(1) 지진이 우리에게 주는 피해

① 건물이 무너진다.
② 지진 해일이 일어나 해안 지대의 사람과 재산을 잃는다.
③ 산불이나 산사태가 나기도 하고, 해일이 일어나기도 한다.
④ 화재와 질병이 일어난다.

▲ 건물 무너짐

▲ 지진 해일

▲ 화재 발생

(2) 지진 피해 예방

① 내진★ 설계를 한다.
② 실내에서 무거운 물건은 아래에 둔다.
③ 구급약, 비상 식량, 라디오 등 비상 용품을 준비해 둔다.
④ 벽면에 기대거나 침대나 탁자 밑으로 피하여 머리를 보호한다.
⑤ 수도관, 가스관을 잠근다.
⑥ 출입구로 무조건 달려가지 않는다.

● 지진 해일(쓰나미)

해저 지각의 상승이나 침강★을 일으키는 지진에 의해 발생한다. 해수면의 갑작스런 변동으로 형성된 파도는 이동 속도가 빠르고 연안으로 이동하여 파고가 높아져 큰 피해를 준다.

▲ 지진 해일의 발생

● 과학단어
★침강 가라앉아 내려감
★내진 지진을 견디어 내는 것

SPEED CHECK!
기본확인문제

1. 습곡은 지층이 양쪽에서 (미는, 잡아당기는) 힘을 받아 생성된다.
2. 지층이 수평 방향의 힘을 받아 끊어진 것을 (습곡, 단층)이라 한다.
3. 정단층은 지층이 양쪽에서 (미는, 잡아당기는) 힘을 받아 생성된다.
4. (역단층, 정단층)은 지층이 어긋나면서 상반이 내려간 것이다.
5. 지진이 발생한 곳을 (진원, 진앙)이라 한다..
6. 지진의 세기를 나타내는 방법 중 (규모, 진도)는 지진이 발생할 때 나오는 실제 에너지로 진원의 거리와 상관없이 일정하다.
7. 간이 지진계에서 (받침대, 무거운 추)는 움직이지 않는다.
8. P파가 도달한 후 S파가 도달할 때 까지의 시간을 PS시라고 하며 PS시가 (길수록, 짧을수록) 진원으로부터의 거리가 멀다.

개념다지기 정답 | ❶ 정단층 ❷ 역단층 ❸ P파 ❹ S파 ❺ PS시 ❻ 규모 ❼ 진도

탐구력 키우기

탐구1. 간이 지진계 만들기

탐구과정

준비물
스텐드, 추(100g), 실, 용수철, 펜, 종이

1. 수직 방향 지진계 만들기

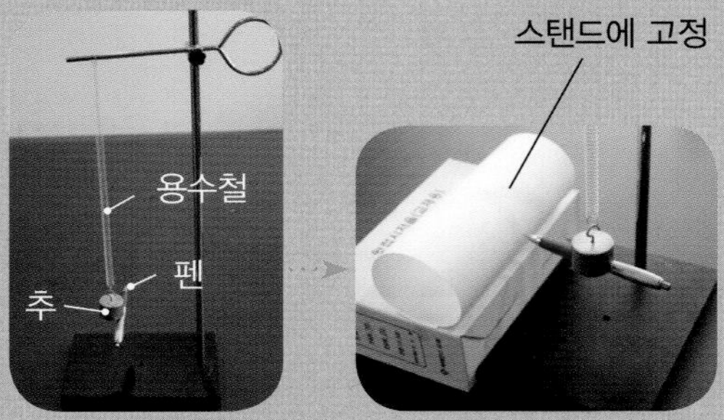

① 100g 추에 펜을 연결한다. (펜 + 추)를 용수철을 사용하여 스탠드에 매단다.
② 스탠드 옆쪽에 종이를 세워 두고 바닥을 위아래로 흔든다.

2. 수평 방향 지진계 만들기

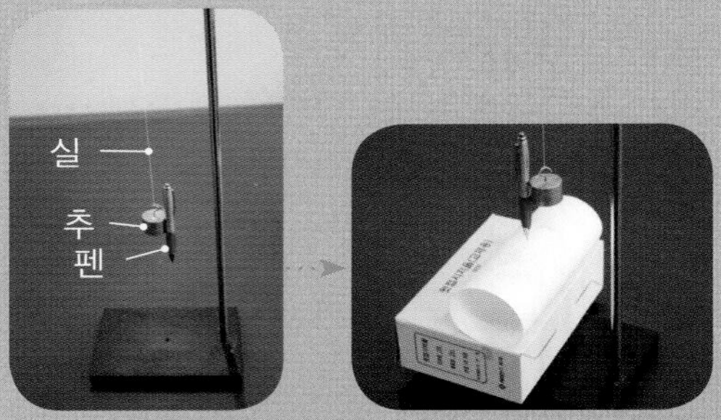

① 100g 추에 펜을 연결한다. (펜 + 추)를 용수철을 사용하여 스탠드에 매단다.
② 스탠드 받침에 종이를 붙이고 바닥을 좌우로 흔든다.

탐구결과

1. 수직 방향 지진계를 위아래로 흔들면, 스탠드, 기록지는 위아래로 움직이고, 추와 펜은 움직이지 않아 수직 방향의 움직임을 기록한다.

2. 수평 방향 지진계를 좌우로 흔들면, 스탠드, 용수철, 기록지는 좌우로 움직이고, 추와 펜은 움직이지 않아 수평 방향의 움직임을 기록한다.

탐구문제

1. 지진을 더 정확하게 기록하기 위해서 추의 무게는 더 가벼워야 하는지 더 무거워야 하는지, 이유와 함께 쓰시오.

2. 간이 지진계는 종이가 한 바퀴 돌 때까지 진동을 기록할 수 있다. 지진의 진동을 계속 기록하기 위해서는 어떻게 해야 하는가?

탐구2. 지진대와 화산대 확인하기

탐구과정

준비물
기름종이, 펜

1. 다음 그림의 화산대 지도 위에 기름 종이를 올려 놓고 화산이 많이 일어나는 부분을 점으로 표시한다.

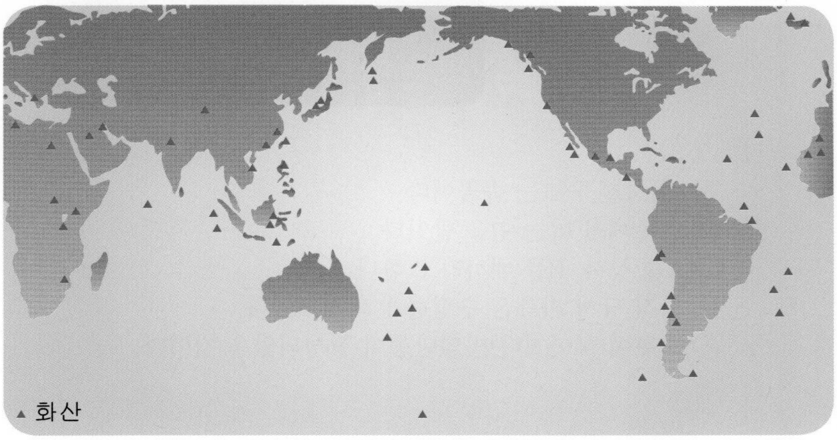

2. 화산대를 점으로 표시한 기름 종이를 지진대 위에 올려 놓고 비교해 본다.

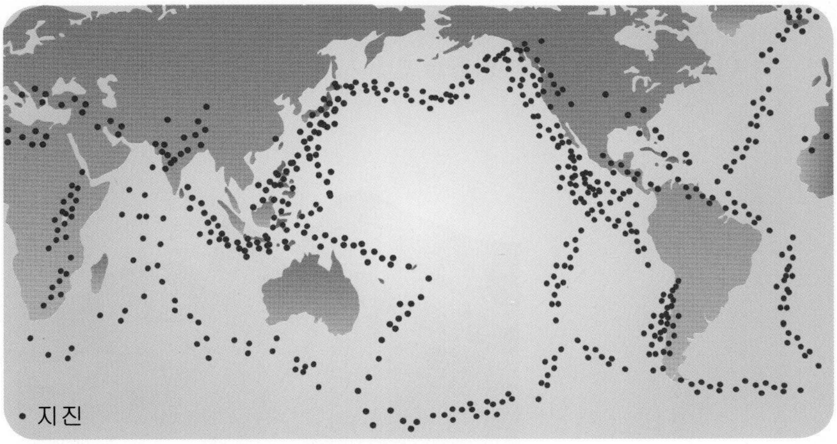

탐구문제

1. 지진대와 화산대가 일치하는 이유는 무엇인지 쓰시오.

01 다음 그림은 어느 절벽에서 발견한 지층의 구조이다. 이에 대한 설명으로 옳지 않은 것을 고르시오.

① 이 지질 구조는 습곡이다.
② 양쪽에서 미는 힘을 받았다.
③ A를 향사, B를 배사라고 한다.
④ 퇴적 당시 지층은 수평하게 퇴적되었다.
⑤ 지층이 끊어졌다면 역단층이 형성되었을 것이다.

02 아래 그림은 어느 지역의 지질 단면도를 나타낸 것이다. 수평으로 나란한 지층을 가진 퇴적암이 이러한 구조로 나타나게 되는 과정을 시간의 순서대로 서술하시오. (단, 이 때 작용하는 힘의 방향을 반드시 포함시켜 설명하시오.

03 아래 그림은 여러 가지 지질 구조를 나타낸 것이다. 각 지질 구조의 이름을 쓰고, 이 지질 구조가 만들어지기 위해 작용한 힘의 방향을 화살표로 나타내시오.

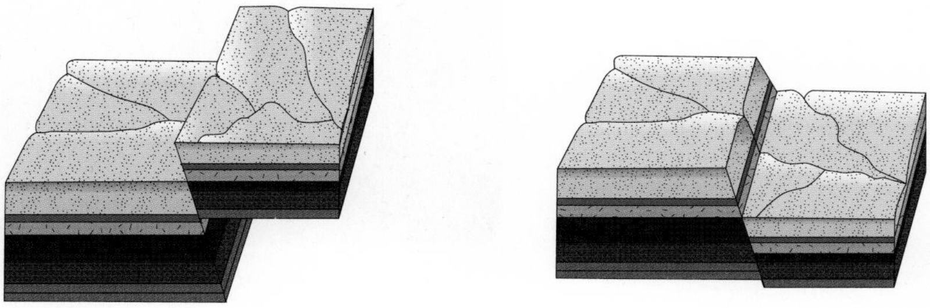

04 다음 그림은 지하에서 지진이 발생할 때 지진파의 전파 모습을 나타낸 것이다. A 와 B의 명칭을 쓰고, 어떤 부분인지 설명하시오.

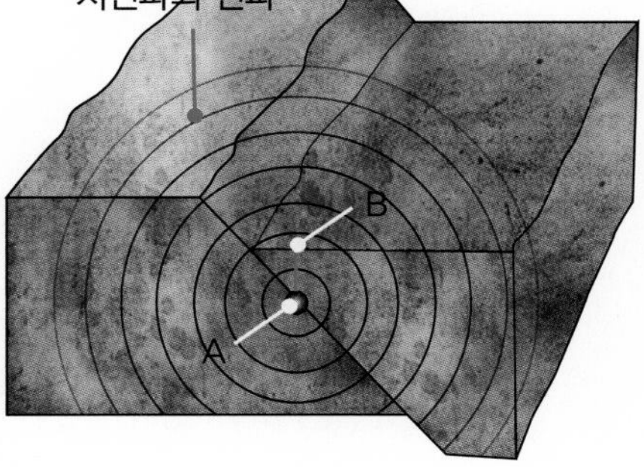

· A :

· B :

05 다음은 지진이 생기면서 건물이 흔들리는 모습을 나타낸 것이다. 지진이 생기는 원인이 아닌 것은?

① 지구가 자전하면서 땅이 흔들려서 생긴다.
② 화산이 폭발하면서 폭발력에 의해서 땅이 흔들린다.
③ 지하에서 핵실험을 하면 그 폭발력 때문에 지진이 생긴다.
④ 지하에 있던 동굴이 갑자기 무너지면 주변 땅에 진동이 퍼진다.
⑤ 지하 깊은 곳에서 지층이 끊어지면서 에너지가 사방으로 전달된다.

06 영희는 그림 (가)와 같이 실 끝에 추를 매단 후 실 끝을 좌우로 빨리 흔들면 추가 움직이지 않는다는 것을 알았다. 영희의 실험을 참고하여 그림 (나)에서 지면이 수평 방향으로 흔들릴 때 지면과 함께 움직이는 것을 모두 쓰시오. (단, 그림 (나)는 땅이 수평 방향으로 흔들릴 경우의 지진을 기록하는 지진계를 나타낸 것이다.)

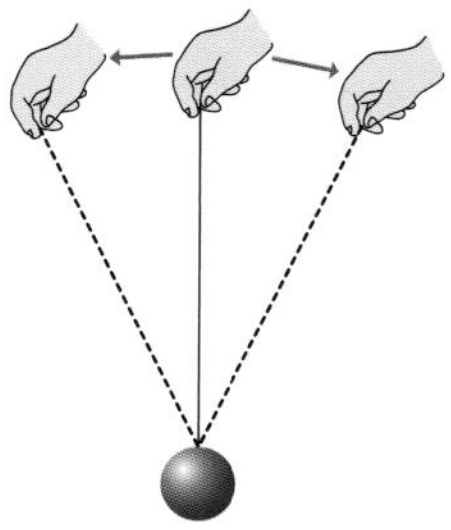

(가)

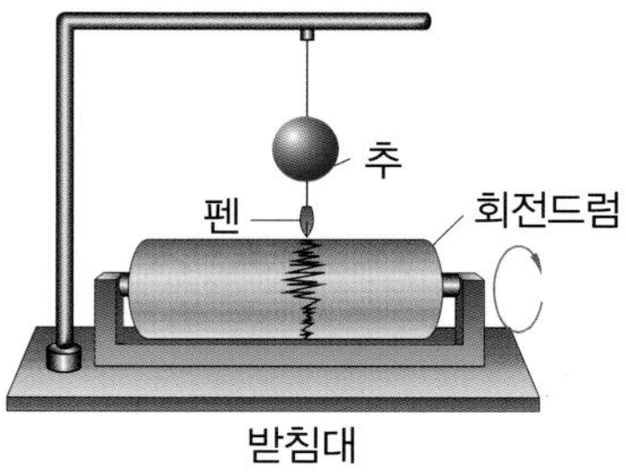

(나)

07
다음 글은 지진에 의해 발생되는 어느 현상에 대해 적은 것이다. 무엇에 대한 설명인지 쓰시오.

> 해저 지각에서 지진이 발생할 때 해수면에 갑작스럽게 가해지는 힘에 의해 일어난다. 이때 형성된 파도가 빠른 속도로 바닷가 지역으로 이동하고, 점차 높아진 파도가 바닷가 지역으로 몰려와 많은 피해를 입힌다.

08
다음 그림은 지진대와 화산대의 분포를 나타낸 것이다. 지진대와 화산대에 대한 설명으로 옳지 않은 것을 고르시오.

① 지진과 화산 활동 지역은 대부분 일치한다.
② 지진과 화산 활동은 판의 운동과 관련이 있다.
③ 지진 활동은 대륙의 중심부에서 가장 활발하다.
④ 화산 활동은 태평양 주변부에서 가장 활발하다.
⑤ 지진과 화산 발생 지역은 특정 지역에 띠 모양으로 분포한다.

STEP BY STEP

09 다음은 강원도 어느 지역에서 발생한 지진의 진앙과 진앙 거리를 나타낸 그림 (가)와 세 관측소에서 측정한 지진 기록 (나)이다.

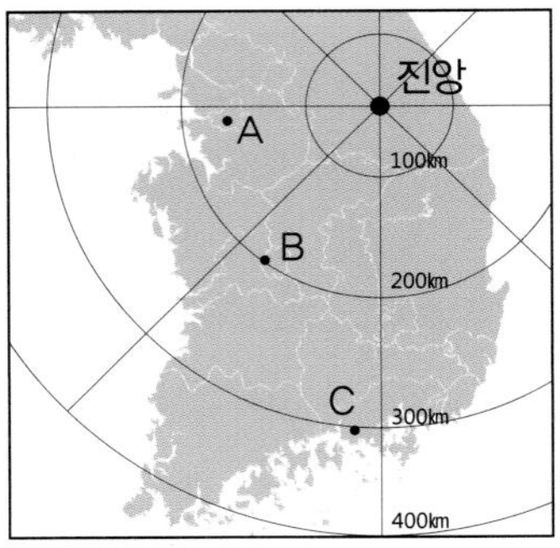

(가)

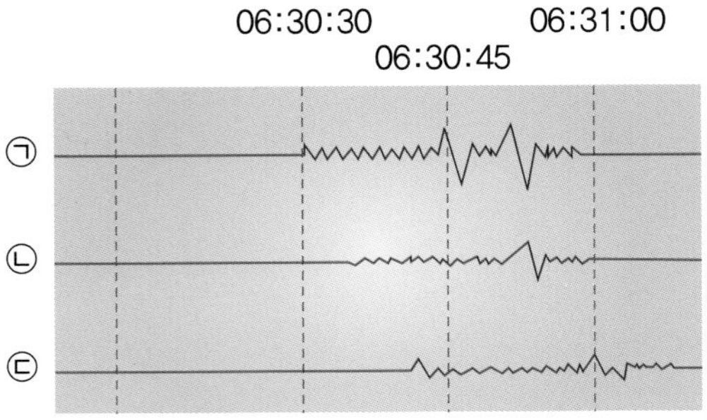

(나)

(1) 지도에 표시된 A ~ C 각 지점에서의 진도와 규모를 등호 또는 부등호를 사용하여 비교하시오.

· 진도 :

· 규모 :

(2) 지진 기록 (나)에 대한 해석으로 옳은 것을 보기에서 모두 고르시오.

보기

ㄱ. 지진은 6시 30분 30초에 발생하였다.
ㄴ. 세 관측소와 지진 기록을 짝지으면, 진앙으로부터 거리가 가장 가까운 A가 가장 먼저 지진이 기록되기 때문에 각각 A - ㉠, B - ㉡, C - ㉢이다.
ㄷ. 지진에 의한 건물의 흔들림이 가장 크게 나타나는 지역은 ㉢이 기록된 지역이다.

STEP BY STEP

10 다음은 지진의 진동을 측정할 수 있는 지진계를 간단히 나타낸 것이다. 다음 물음에 답하시오.

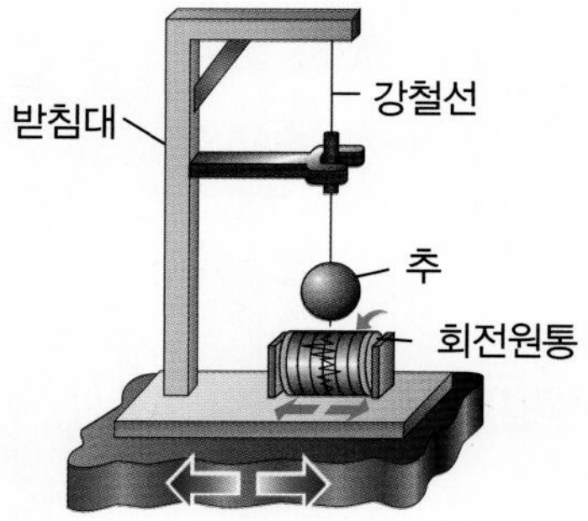

(가)

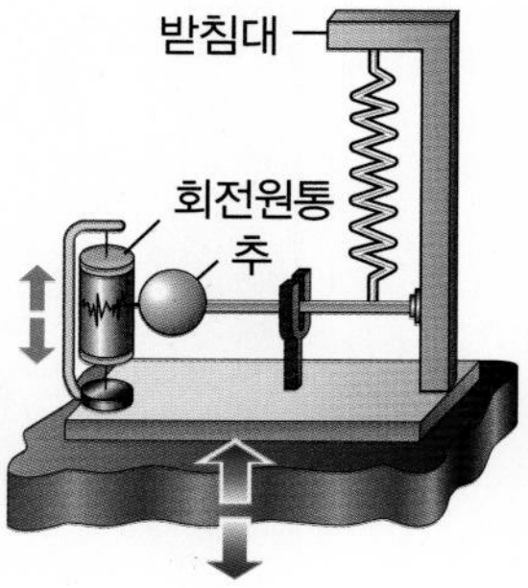

(나)

(1) (가)와 (나)에서 지진이 발생해도 움직이지 않는 것은 무엇인지 쓰시오.

(2) 지진계에서 움직이지 않는 부분을 이용하여 지진계의 원리를 설명하시오.

(3) 지진 측정이 잘 이뤄지기 위해서는 추의 질량을 크게 하는 것이 좋은지, 작게 하는 것이 좋은지 이유와 함께 쓰시오.

문제해결력 키우기

STEP BY STEP

11 다음은 지구 표면을 구성하는 판을 나타낸 것이다. 화살표는 현재 이 판들이 움직이는 방향을 나타낸 것이다. 다음 물음에 답하시오.

(1) 일본에서 화산 활동과 지진이 많이 발생하는 이유를 판의 이동을 고려하여 설명하시오.

(2) 2008년 발생한 중국의 쓰촨성 지진은 근본적으로 두 판이 지속적으로 충돌하는 과정에서 발생한 대규모 지진이다. 쓰촨성 지진의 원인이 된 두 판은 무엇인지 위 그림에서 골라 쓰시오.

STEP BY STEP

12 아래 그림은 지진계에서 측정한 지진파의 모습이다. 다음 물음에 답하시오.

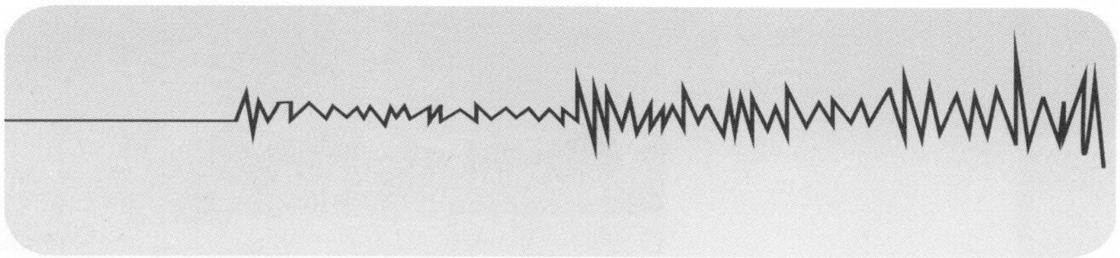

(1) 위 그림에 지진파의 P파가 도착하는 지점과 S파가 도착하는 지점을 표시하시오.

(2) 지진파의 P파는 1초에 8km를 이동하고, S파는 1초에 4km를 이동한다고 할 때, 진원에서 16km 떨어진 지점에 P파와 S파가 도달하는 시간은 각각 얼마인가?

(3) P파가 도착한 후 S파가 도착할 때까지의 시간을 PS시라고 한다. PS시의 길이와 진원과의 거리는 어떤 관계가 있는지 설명하시오.

창의력 키우기

01

다음은 지진이 발생해서 땅이 갈라진 모습을 나타낸 것이다. 다음 물음에 답하시오.

✔ 유창성

✔ 융통성

독창성

정교성

(1) 땅이 갈라지는 것 외에 지진으로부터 발생할 수 있는 피해를 3가지 이상 쓰시오.

(2) (1)에서 발생하는 피해를 줄이기 위해 우리가 할 수 있는 일은 무엇이 있는지 쓰시오.

02

다음은 서기 132년에 중국의 장형(Zhang Heng)에 의하여 제작된 최초의 지진 관측 기구인 '후풍지동의' 에 대한 설명이다.

- 유창성
- 융통성
- 독창성
- ✓ 정교성

이 기구는 지름이 약 2m 인 청동제의 용기 바깥 쪽에 8마리의 용이 8방위에 따라 부착되어 있다. 구슬을 입에 물고 있는 8마리의 용 아래쪽에 8마리의 두꺼비가 입을 벌린 채 배열되어 있다. 지진에 의한 진동이 어느 한계 이상이 되면 용의 입에 있던 구슬이 용의 아래쪽에 있는 두꺼비의 입에 들어가도록 만들어져 있다.

위의 '후풍지동의'와 오늘날 사용하고 있는 지진계를 비교하여 차이점을 서술하시오.

01 지진이 발생하면 수직 방향의 힘보다 수평 방향의 진동이 강하다. 수평 방향으로 건물이 흔들리다 보면 무너지는 경우가 많아 지진에 대비한 내진 설계를 한다. 아래의 그림은 탄성체인 방진패드를 이용하여 지진에 대비한 경우를 나타낸 것이다. 다음 물음에 답하시오.

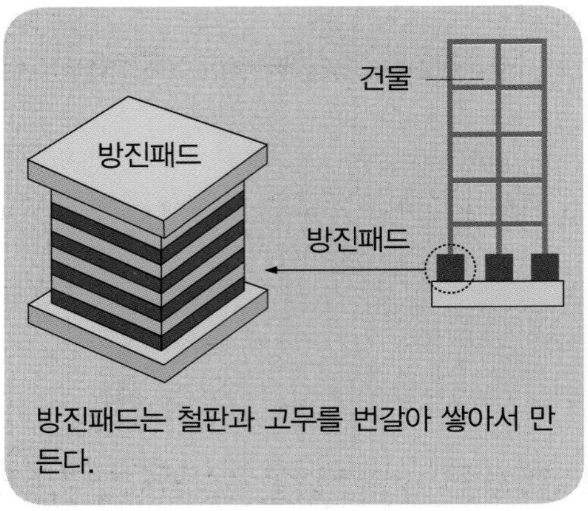

방진패드는 철판과 고무를 번갈아 쌓아서 만든다.

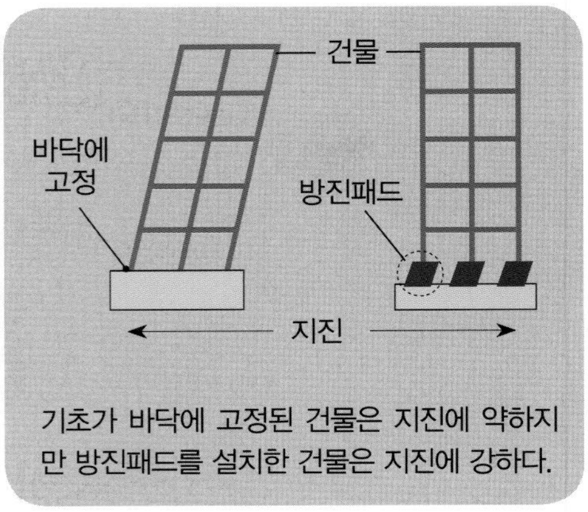

기초가 바닥에 고정된 건물은 지진에 약하지만 방진패드를 설치한 건물은 지진에 강하다.

대형건물의 방진패드 적용 모습

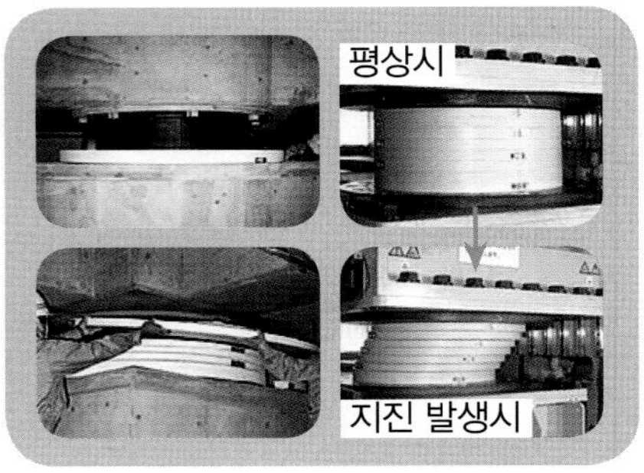

(1) 방진패드 대신 사용할 수 있는 탄성체는 무엇이 있을지 쓰시오.

(2) 다음은 건물 안에 설치되어 있는 스프링 행거 (가), 건물 외벽에 설치된 내진 구조물 (나)을 나타내 것이다. (가)와 (나)가 지진 발생의 피해를 줄일 수 원리를 설명하시오.

(가)

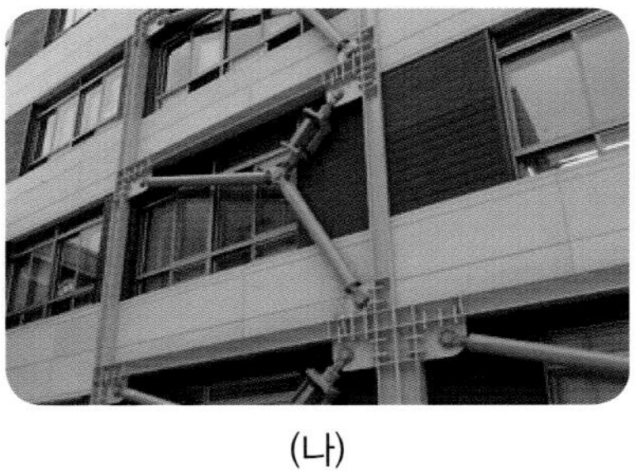
(나)

“

씨앗에서 싹이 나고 잎이 나고?

작은 씨앗이 싹을 틔우고, 자라서 열매를 맺기까지 많은 일이 일어난다.
씨앗의 싹은 어떻게 틔워지며,
그 싹은 어떻게 자라갈까?

”

5

식물의 한살이

개념다지기

쏙쏙 빈칸을 채워 개념을 완성하세요!

● 씨앗

식물의 열매★ 속에 있으며 비교적 단단한 껍질에 싸여 있다. 장차 싹이 터서 새로운 식물로 자랄 수 있는 물질이다.

▲ 사과

● 여러 가지 식물

▲ 강낭콩

▲ 수세미외

▲ 옥수수

▲ 벼

▲ 봉숭아

● 과학단어

★열매 식물이 수정된 후 씨방이 자란 것

★상온 대략 21~25℃의 온도

★싹 씨앗이나 줄기에서 처음으로 나오는 어린잎이나 줄기

❶ 여러 가지 씨앗 관찰

	생김새	색깔	생김새	크기
강낭콩		검붉은 색	둥글고 길쭉함	크다 ↕ 작다
수세미외	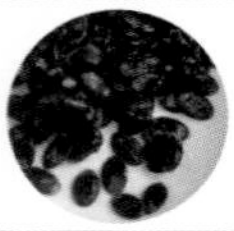	검은 색	표주박 모양으로 납작함	
옥수수		노란색, 붉은색, 자주색 등	윗부분은 둥글고 옆은 모난 끝은 약간 뾰족함	
벼		노란색	길쭉하고 표면이 거침	
봉숭아	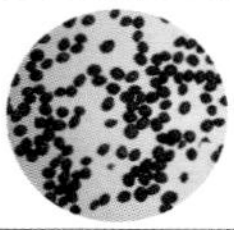	검은색	작고 표면이 거침	

❷ 씨앗이 싹트는 데 필요한 조건 알아보기

	실험 I		실험 II	
다르게 할 조건	물		온도	
같게 할 조건	온도, 공기		물, 공기	
실험 방법	 물을 주지 않음	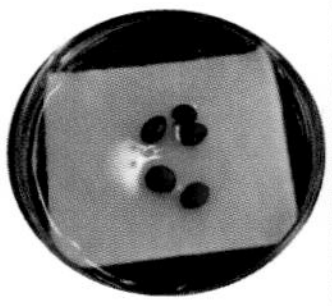 물을 적당히 줌	 냉장고 안에 둠	 상온★에 둠
실험 결과	 싹★이 트지 않음	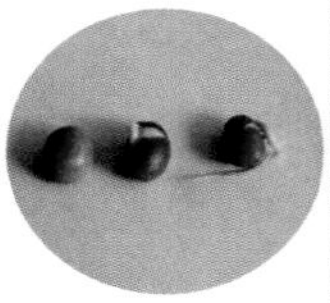 싹이 틈	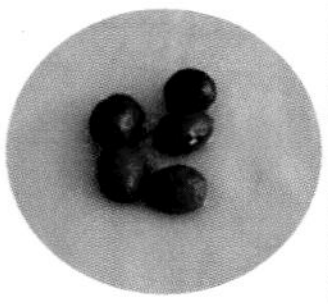 싹이 트지 않음	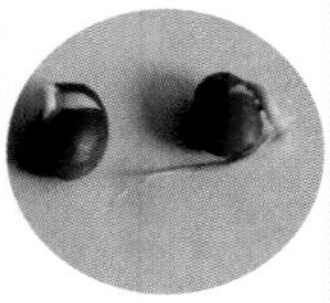 싹이 틈
알 수 있는 사실	씨앗의 싹이 트기 위해서는 적당한 물이 필요하다.		씨앗의 싹이 트기 위해서는 알맞은 온도가 필요하다.	

씨앗이 싹트는 데는 ❶ ______, ❷ ______, ❸ ______ 등이 필요하다.

❸ 강낭콩의 겉모양과 속모양

	싹이 튼 강낭콩	싹이 트지 않은 강낭콩
겉모양	강낭콩이 부풀어 커지고 부드러워져서 껍질이 벗겨지면서 어린뿌리가 밖으로 나와서 자란다. 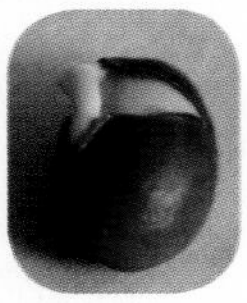	강낭콩 크기가 작아지고 납작하게 말랐다. 
속모양	연한 노란색의 어린 잎이 있다. 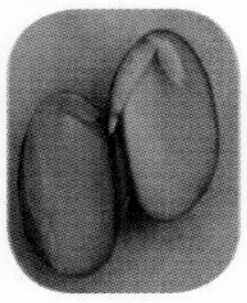	떡잎★ 사이에 작고 연한 어린잎★과 어린뿌리★가 말라붙어 있다. 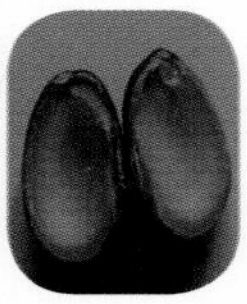

씨앗 속에는 ❹ ______ 이 될 부분이 들어 있다.

❹ 식물이 자라는 데 필요한 조건 알아보기

	실험 I		실험 II	
다르게 할 조건	햇빛을 받는 양		물을 주는 시기와 양	
같게 할 조건	물을 주는 시기와 양, 화분의 크기, 강낭콩의 크기		햇빛을 받는 양, 화분의 크기, 강낭콩의 크기	
실험 방법	 햇빛 가리개를 씌움	 햇빛을 잘 받도록 둠	 물을 주지 않음	 물을 충분히 줌
실험 결과	 줄기가 약하고 가늘며, 잎과 줄기의 색이 연함	 줄기가 튼튼하고 굵으며 잎은 진한 녹색임	 잎과 가는 줄기가 아래로 쳐지고 힘이 없음	 잎과 줄기가 싱싱하고 굵고 튼튼함
알 수 있는 사실	식물이 잘 자라려면 햇빛이 필요하다.		식물이 자라는 데는 충분한 양의 물이 필요하다.	

식물이 잘 자라기 위해서는 ❺ ______, ❻ ______, ❼ ______ 등이 필요하다.

여러 가지 씨앗의 속모양

씨앗 속에는 자라서 어린 식물이 될 배(씨눈)가 있고, 배가 자라는 데 필요한 영양분을 공급하는 배젖이나 떡잎이 있다.

▲ 감 씨앗의 속모양

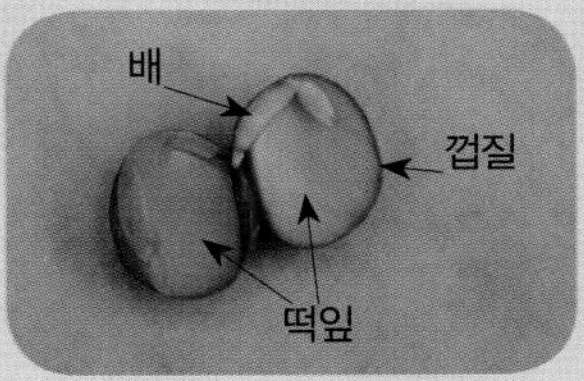

▲ 강낭콩의 속모양

화분에 씨앗 심기

화분의 밑 구멍 막기 → 흙 채우기 → 씨앗 심기 → 흙덮기 → 물 주기 → 팻말 꽂기

강낭콩의 자람 측정하기

① 줄기의 길이와 굵기
② 잎의 개수와 크기
③ 가지의 수와 크기
④ 꼬투리의 수와 크기

과학단어

★떡잎 처음 싹트는 잎으로 식물에 따라 한장 또는 두장이 나옴

★어린잎 새로 나온 연한 잎

★어린뿌리 처음 나온 뿌리로 싹이 튼 후 뿌리가 됨

개념다지기

쏙 쏙 빈칸을 채워 개념을 완성하세요!

● 식물의 기관

① 잎
풀과 나무의 줄기나 가지 끝에 붙은 부분으로 대체로 녹색이며 영양분을 만들고 숨을 쉬는 작용을 한다.

▲ 덩굴손 잎

② 줄기
뿌리와 잎을 이어주며 식물의 몸체를 받치는 부분으로 물과 영양분의 통로가 된다.

▲ 명아주 줄기

③ 꽃
식물의 번식을 위한 기관으로 시들어 떨어지면 씨나 열매를 맺는다.

▲ 옥수수 꽃

▲ 벼 꽃

● 과학단어

★식물의 한살이 씨에서부터 새로운 씨앗이 생기기까지 벌어지는 연속 과정

★꼬투리 식물의 열매를 감싸고 있는 기다란 껍질

❺ 식물의 한살이★

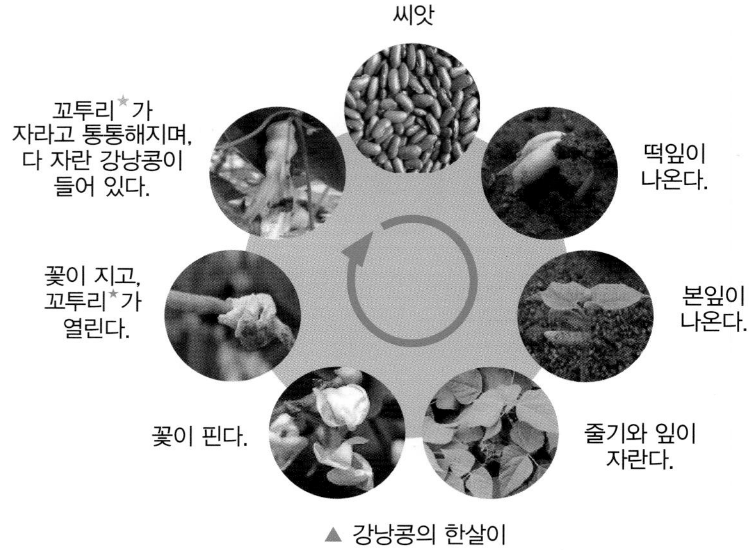

▲ 강낭콩의 한살이

식물의 ❽ :
씨앗 → 싹트기 → 자라기 → 꽃피기 → 열매 맺기 → 새로운 씨앗

❻ 식물의 한살이 비교

(1) 한해살이 식물

① 한살이 과정이 일년 안에 이루어진다.
② 대부분 풀이다.
③ 씨앗 → 잎과 줄기 → 꽃 → 열매 → 시들어서 죽음

▲ 벼의 한살이

(2) 여러해살이 식물

① 한살이 과정이 여러해동안 되풀이되어 일어난다.
② 여러해살이 식물(풀)의 한살이
씨앗 → 잎과 줄기 → 꽃 → 열매 → 잎과 줄기만 시듦 → 새순이 돋아남
③ 여러해살이 식물(나무)의 한살이
씨앗 → 잎과 줄기 → 꽃 → 열매 → 잎만 시듦 → 새순이 돋아남

▲ 비비추의 한살이

▲ 감나무의 한살이

(3) 한해살이 식물과 여러해살이 식물의 공통점과 차이점

	한해살이 식물 (풀)	여러해살이 식물	
		풀	나무
공통점	· 한살이 과정이 같다. · 씨앗이 싹틈 → 잎과 줄기가 자람 → 꽃이 핌 → 열매 맺음 · 씨앗으로 대를 이어간다.		
차이점	씨앗이 싹트고 자라서 꽃을 피워 열매를 맺으면 시들어 죽음	씨앗이 싹트고 자라서 꽃을 피워 열매를 맺으면 땅 위의 잎과 줄기는 시들지만 다음해에 다시 새순이 나와 한살이 반복	씨앗이 싹트고 자라서 꽃을 피워 열매를 맺으면 잎은 시들지만 나뭇가지로 겨울을 버티고 다시 새순이 나와 한살이 반복
종류	강낭콩, 벼, 나팔꽃, 옥수수 등	비비추, 국화, 연꽃, 다알리아 등	감나무, 사과나무, 은행 나무 등

여러해살이 식물의 겨울나기

① 땅속 뿌리로 겨울 나는 풀
땅 위의 줄기와 잎은 시들고 땅속 뿌리만 남아 겨울을 나고 봄이 되면 뿌리에서 새싹이 나온다.
예) 쑥, 도라지, 더덕, 인삼 등

▲ 더덕의 뿌리와 새싹

② 땅속 줄기로 겨울 나는 풀
땅속에 길게 줄기가 남아 겨울을 나고 봄이 되면 줄기에서 새싹이 나온다.
예) 토란, 연, 나리 등

▲ 연의 줄기(연근)와 새싹

③ 겨울눈으로 겨울 나는 나무
잎은 시들고 겨울눈으로 겨울을 나고 봄이 되면 겨울눈에서 새싹이 나온다.
예) 개나리, 버드나무 등

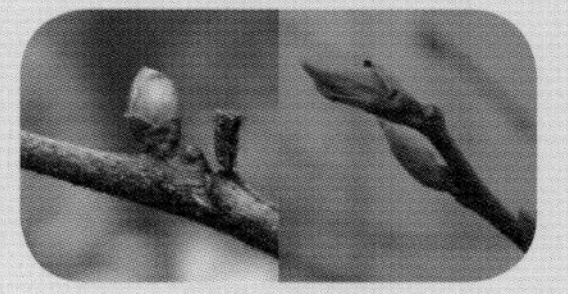

▲ 겨울눈과 새싹

SPEED CHECK!
기본확인문제

1. 페트리 접시에 마른 솜을 깐 후 강낭콩을 놓고, 일주일이 지나면 싹이 튼다. (O / X)
2. 강낭콩 씨앗의 싹을 틔우기 위해서는 물, 적당한 온도, 공기가 있어야 한다. (O / X)
3. 식물이 자라는 데는 햇빛과 물이 필요하다. (O / X)
4. 햇빛을 받은 강낭콩은 햇빛을 받지 못한 강낭콩보다 잎이 작고 얇다. (O / X)
5. 강낭콩이 자람에 따라 가지와 잎의 수가 많아진다. (O / X)
6. 씨앗에서 싹이 트고 새로운 씨앗이 생길 때까지를 식물의 한살이라고 한다. (O / X)
7. 풀의 한살이는 모두 일년 안에 이루어진다. (O / X)
8. 나무는 한살이 과정이 여러해 동안 되풀이되어 일어난다. (O / X)

개념다지기 정답 | ❶❷❸ 물, 공기, 적당한 온도 ❹ 어린 식물 ❺❻❼ 햇빛, 물, 양분 ❽ 한살이

탐구1. 콩나물 기르기

탐구과정

준비물
콩, 페트병, 검은 비닐

① 콩을 물에 불려 준비하다.(4~12시간)

② 페트병 바닥에 구멍을 뚫은 후 불린 콩을 넣어 준다.

③ 검은 비닐을 씌운 후 물을 자주 주면서 관찰한다.

탐구문제

1. 싹이 트는 데 필요한 것 3가지를 쓰시오.

2. 콩에서 싹이 트는 순서를 적으시오.

3. 오른쪽 그림은 검은 비닐을 씌워 키운 콩나물의 모습을 나타낸 것이다. 검은 비닐을 씌우지 않는다면 어떤 결과가 나올지 쓰시오.

탐구2. 씨앗에 들어 있는 영양분

탐구과정

준비물
물에 불린 강낭콩, 아이오딘–아이오딘화 칼륨 용액, 페트리 접시

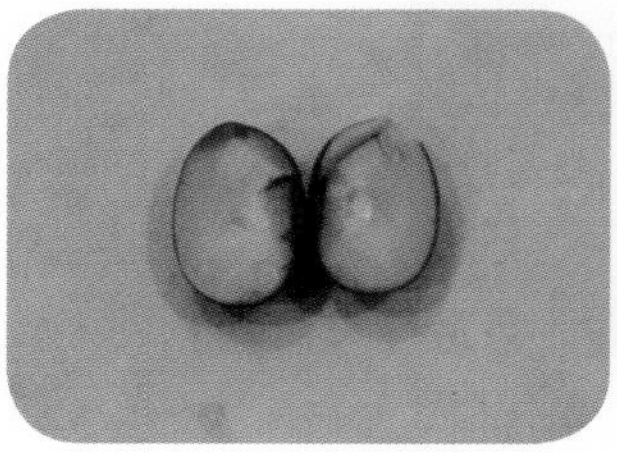

① 물에 불린 강낭콩을 반으로 갈라 놓는다.

② 강낭콩에 아이오딘-아이오딘화 칼륨 용액을 한 방울 떨어뜨린다.

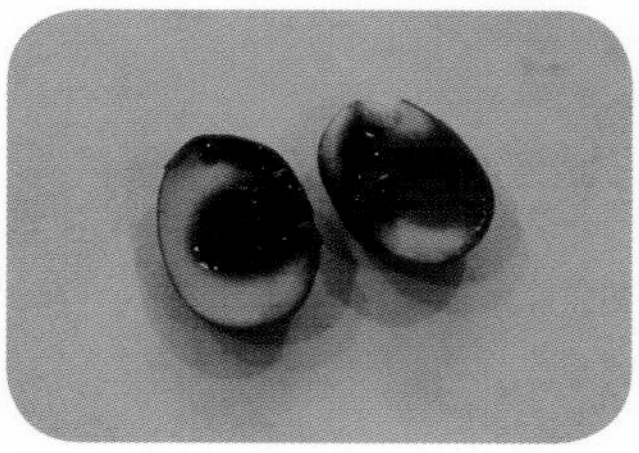

③ 색이 변하는 부분을 관찰한다.

탐구문제

1. 아이오딘–아이오딘화 칼륨 용액에 의해 청남색으로 변하는 영양소는 무엇인가?

2. 강낭콩에서 청남색으로 변한 부분은 어디인가?

3. 싹이 트는데 양분을 따로 주지 않아도 되는 이유를 설명하시오.

01 수정이는 씨앗의 싹을 틔우기 위해 여러 가지 준비물을 준비하였다. 다음에서 씨앗의 싹을 틔우기 위해 반드시 필요한 것을 모두 고르시오.

① 흙 ② 공기 ③ 비료
④ 햇빛 ⑤ 15~20℃의 물

02 흙이 담긴 화분에 강낭콩의 2~3배 정도의 깊이로 씨앗을 심고, 흙을 덮은 다음 물을 주었더니 강낭콩이 싹을 틔웠다. 강낭콩이 자라는 것을 측정하고 기록하기 위해 관찰해야 할 것을 모두 고르시오.

① 새로 난 잎의 수를 기록한다.
② 새로 난 가지의 수를 기록한다.
③ 새로 난 잎의 색을 관찰한다.
④ 열린 꼬투리의 개수를 관찰하여 기록한다.
⑤ 잎의 크기가 변하는 것을 알기 위해 모눈종이에 잎을 대고 그린다.

03

다음은 싹이 튼 강낭콩과 싹이 트지 않은 강낭콩의 겉모습과 속모습이다. 싹이 튼 강낭콩과 싹이 트지 않은 강낭콩의 차이점을 3가지 쓰시오.

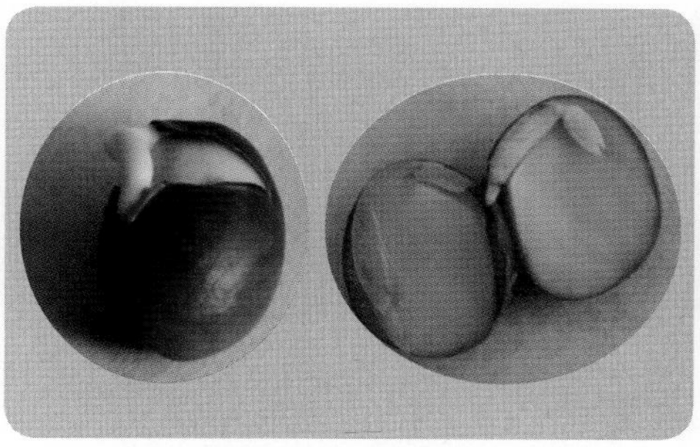

〈싹이 튼 강낭콩〉

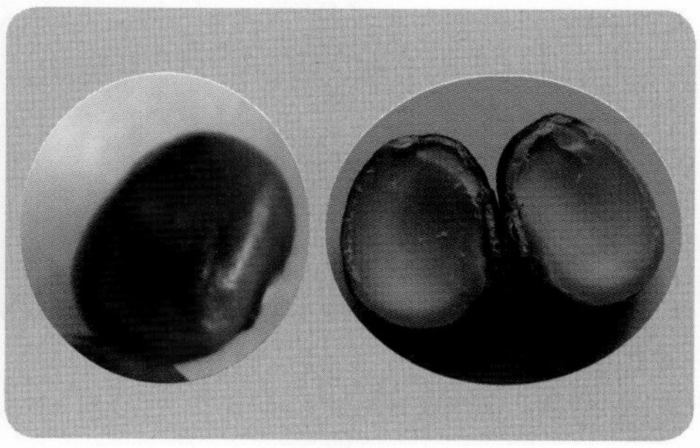

〈싹이 트지 않은 강낭콩〉

04

연옥이는 '식물이 자라는 데는 물이 필요할 것이다.' 라고 가설을 세운 후, 가설을 증명하기 위한 실험을 하려고 한다. 화분에 심은 강낭콩을 여러 개 준비하여 조건을 달리 하여 실험하였다. 다음 연옥이의 실험 내용 중 알맞은 것을 모두 고르시오.

① 강낭콩의 종류와 화분의 크기는 달라도 상관없다.
② 줄기의 굵기와 길이를 관찰하여 식물의 자람을 비교한다.
③ 비슷한 크기의 강낭콩 화분을 2개 준비하여 물을 주는 양을 다르게 한다.
④ 비슷한 크기의 강낭콩 화분을 2개 준비하여 햇빛을 받는 양을 같게 한다.
⑤ 비슷한 크기의 강낭콩 화분을 2개 준비하여 한쪽 화분에 햇빛 가리개를 씌운다.

05 다음에 주어진 그림은 샐러드나 아이스크림에 넣어 먹거나 화장품 재료로 사용되는 치아씨드이다. 치아씨드는 식물 치아의 씨앗이다. 치아씨드를 보고 나눈 여러 친구들의 대화를 읽고 옳지 않은 말을 한 친구를 모두 고르시오.

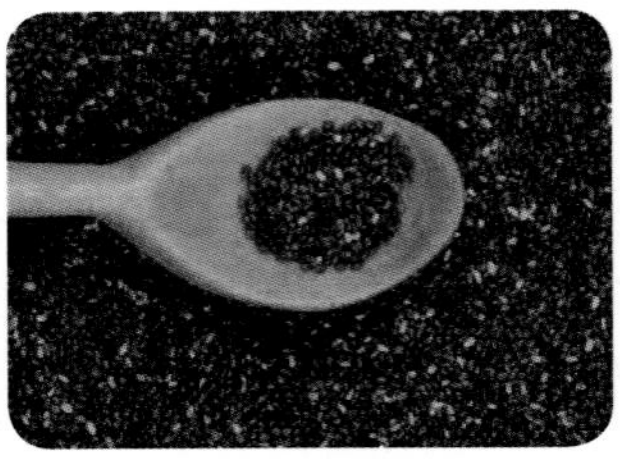

현주 : 씨앗이 작은 걸 보니 치아라는 식물은 풀임이 틀림 없어.

지현 : 씨앗이 작지만 그래도 그 안에는 싹이 될 부분이 들어 있을거야.

주희 : 씨앗이 작아서 배젖이나 떡잎이 없어서 싹을 틔우려면 양분을 따로 주어야 될 거야.

희수 : 사람들이 먹거나 화장품으로 사용하는 것을 보면 씨앗에는 양분이 많이 저장되어 있을거야.

06 윤정이는 햇빛이 식물의 성장에 영향을 주는지 알아보는 실험을 하기로 하였다. 두 개의 크기가 비슷한 식물 화분을 선택하여, 하나는 햇빛이 잘 드는 창가에 두고, 다른 하나는 밀폐된 상자로 가려서 방 안에 두었다.

햇빛 드는 창가에 둔 화분

상자로 덮어 방 안에 둔 화분

윤정이의 실험 설계 중 잘못된 곳을 찾아 바르게 고치시오.

07 씨앗으로부터 다음 세대의 새로운 씨앗을 만드는 과정을 식물의 한살이라고 한다. 다음은 강낭콩의 한살이 과정을 순서에 관계없이 나열한 것이다. 순서에 맞게 기호를 쓰시오.

(가)

(나)

(다)

(라)

08 수진이는 강낭콩의 싹을 틔우기 위해서 물이 필요하다는 것을 알았다. 그래서 다음과 같이 페트리 접시 위에 솜을 깔고, 씨앗이 잠기도록 물을 가득 부어 주었다.

일주일이 지난 후 물에 잠긴 강낭콩을 살펴보니 썩어 있었다. 수진이가 한 잘못은 무엇인지 쓰시오.

STEP BY STEP

09

시후는 씨앗이 싹트는 데 필요한 조건을 알아보기 위한 실험을 하고, 다음과 같은 결과를 얻었다. 물음에 답하시오. (단, (가)는 씨앗이 물에 잠기도록 물을 넣었고, (나)는 씨앗의 아랫부분까지 물을 넣었으며, (다)는 물을 넣지 않았다.)

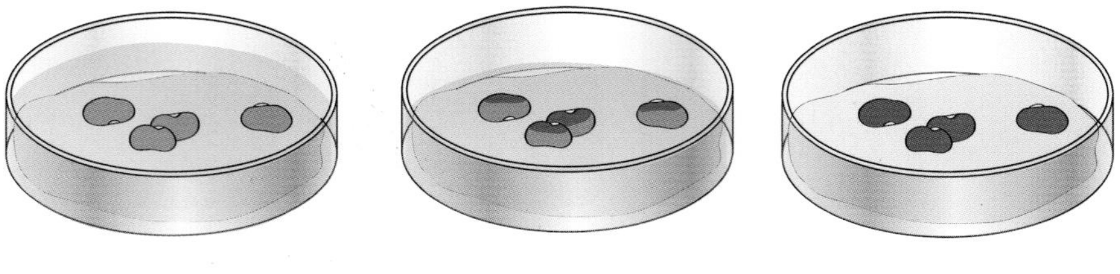

구분	실험 계획	실험 결과
실험 1	물의 온도가 3~5℃, 햇빛을 비추어 준다.	모두 싹이 트지 않음
실험 2	물의 온도가 15~20℃, 햇빛을 비추어 준다.	(나)만 싹이 틈
실험 3	물의 온도가 3~5℃, 햇빛 가리개를 씌웠다.	모두 싹이 트지 않음
실험 4	물의 온도가 15~20℃, 햇빛 가리개를 씌웠다.	(나)만 싹이 틈

(1) 시후는 씨앗이 싹트는데 필요한 조건이 무엇이라고 생각하고 위와 같은 실험을 하였는지 모두 쓰시오.

(2) 위의 실험 결과로 보아 씨앗이 싹트는데 필요한 조건은 무엇인지 모두 쓰시오.

(3) 위 (가)의 씨앗을 싹트게 하려면 어떻게 해야 하는지 2가지만 쓰시오.

STEP BY STEP

10 페트리 접시에 솜을 깐 다음 강낭콩을 놓고, 물을 조금 부어놓았더니 며칠 후 강낭콩의 크기가 커지고 껍질이 벗겨졌다. 수진이는 강낭콩의 크기가 커진 이유가 다음과 같다고 생각하였다. 다음 물음에 답하시오.

(1) 수진이의 생각을 증명하기 위한 실험 방법을 쓰시오.

(2) 강낭콩의 크기가 커진 이유를 생각해 보고, 2가지만 쓰시오.(단, 위에 제시된 수진이의 생각은 제외한다.)

STEP BY STEP

11 아래 그림은 가을에 한해살이 식물인 강낭콩과 여러해살이 식물인 비비추가 씨앗을 만든 후 잎이 시든 모습을 나타낸 것이다.

〈수확이 끝난 후 강낭콩〉

〈씨앗을 만든 후 비비추〉

(1) 한해살이 식물과 여러해살이 식물이 겨울을 지내는 방법의 차이점을 쓰시오.

(2) 여러해살이 식물들이 겨울을 나는 방법을 3가지 이상 쓰시오.

STEP BY STEP

12

송이는 화분에 심은 강낭콩 씨앗이 싹이 트자 햇빛이 드는 창가로 옮기고 창문을 열어주고 물도 주면서 정성껏 키웠다. 강낭콩에 잎이 생기기 시작하자 송이는 강낭콩이 자라는 것을 측정하여 기록하기로 마음먹었다.

(1) 강낭콩이 자랄 때 어떤 부분을 관찰할지 쓰시오.

(2) 강낭콩이 자라고 있다는 것을 측정할 수 있는 방법을 3가지 이상 쓰시오.

창의력 키우기

01

유창성
융통성
독창성
정교성

로즈마리는 씨앗으로부터 새로운 식물체로 자라는 것 외에, 가지를 꺾어 물에 꽂아 두면 뿌리가 나면서 새로운 식물체로 자라나기도 한다. 이렇게 가지를 꺾어 새로운 식물체로 키우는 것을 꺾꽂이라고 한다.

• 씨앗으로부터 싹이 나서 자랐다.

• 가지를 꺾어 물에 꽂아 뿌리를 내린 후 흙에 심어 주었다.

(1) 식물체가 씨앗으로부터 자라나는 것과 꺾꽂이로부터 자라나는 것의 차이점을 쓰시오.

(2) 꺾꽂이 외에 식물을 씨앗 없이 번식시킬 수 있는 방법은 무엇이 있을지 한 가지만 쓰시오.

02 우리 주변에는 많은 종류의 씨와 열매가 있다. 우리 생활에서 씨와 열매를 이용하는 예를 5가지 이상 쓰시오.

- ✓ 유창성
- ✓ 융통성
- 독창성
- 정교성

STEAM융합형 문제 해결하기

01 대부분의 식물은 전형성능(全形成能, Totipotency)이라는 특성을 가지고 있다. 전형성능이란 뿌리, 줄기, 잎, 꽃가루 등의 다양한 식물 조직세포에서 완전한 식물체를 재생하는 능력을 말한다. 식물의 전형성능을 이용해 식물 조직의 일부나 세포를 떼어내 인공적인 환경에서 키우고 증식시키는 것을 조직 배양이라고 한다.

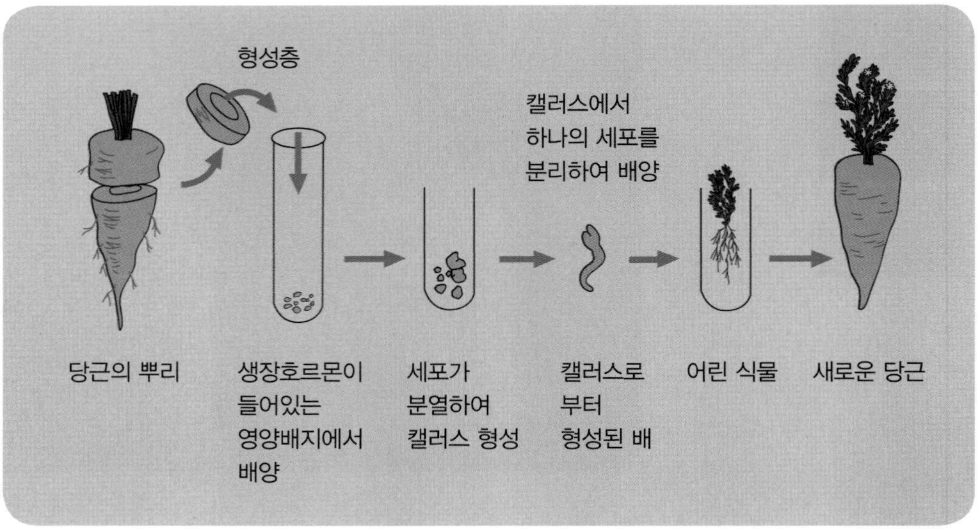

(1) 다음 그림은 무균 배양중인 산삼과 딸기의 모습을 나타낸 것이다. 조직 배양을 통해 식물을 키우는 것의 이로운 점은 무엇인지 쓰시오.

〈배양 중인 산삼 뿌리〉

〈배양 중인 딸기 묘종〉

(2) 조직 배양을 통해 키우고 싶은 식물은 어떤 것이 있는지 선택하고, 선택한 이유도 쓰시오.

“

모래에서 금이 나온다고?

금광석이 풍화 작용을 받으면 하천의 하류 등에서 사금이 발견되기도 한다.
사금을 모래에서 분리하는 방법은 무엇이 있을까?
사금이 섞여 있는 모래를 큰 그릇의 물속에서 흔들어 보는 것은 어떨까?
밀도 차이를 이용하여 어떤 혼합물을 분리할 수 있을까?

”

6

섞여 있는 알갱이의 분리

개념다지기

쏙 쏙 빈칸을 채워 개념을 완성하세요!

● 자석에 붙는 물체와 붙지 않는 물체

자석에 붙는 물체	자석에 붙지 않는 물체

❶ 철가루와 모래의 혼합물 분리

(1) 철가루와 모래의 성질 비교

철가루	모래
 검은색, 자석에 붙는다.	 희거나 누런색, 자석에 붙지 않는다.

(2) 철가루와 모래의 혼합물을 분리

① 분리하는 데 이용한 성질 : 철가루는 ❶ ______ 에 붙고 모래는 자석에 붙지 않는 성질을 이용한다.

② 분리 방법 및 결과 : 자석에 비닐을 씌운다. → 철가루와 모래 혼합물에 자석을 넣고 휘젓는다. →비닐을 벗겨 내어 철가루를 분리한다.

③ 자석에 붙은 철가루를 쉽게 떼어 내는 방법 : 자석에 비닐이나 종이를 싼 후 자석을 이용하면 철가루를 쉽게 떼어 낼 수 있다.

● 깡통에 있는 재활용★ 표시

❷ 철 깡통과 알루미늄 깡통 분리하기

(1) 철 깡통과 알루미늄 깡통의 성질 비교

철	알루미늄
 • 녹이 잘 슨다. • 무겁다. • 단단하다. • 가격이 싸다. • 자석에 붙는다.	 • 녹이 잘 슬지 않는다. • 가볍다. • 무르다. • 가격이 비싸다. • 자석에 붙지 않는다.

(2) 철 깡통과 알루미늄 깡통 분리하기

① 철 깡통과 알루미늄 깡통의 혼합물★을 이동 벨트 위에 놓는다.

② 벨트가 이동하면서 먼저 자석에 붙지 않는 ❷ ______ 깡통이 앞쪽 상자로 떨어진다.

③ 철 깡통은 자석에 붙은 채로 벨트 아래쪽으로 이동한 후, 벨트가 자석에서 멀어짐에 따라 뒤쪽 상자로 떨어진다.

● 과학단어

★재활용 폐품 따위의 용도를 바꾸거나 가공하여 다시 씀

★혼합물 두 가지 이상의 물질이 각각의 성질을 지니면서 서로 뒤섞인 물질

❸ 모래와 자갈의 혼합물 분리

(1) 모래와 자갈의 다른 점 : 자갈은 알갱이의 크기가 크고, 모래는 알갱이의 크기가 작다.

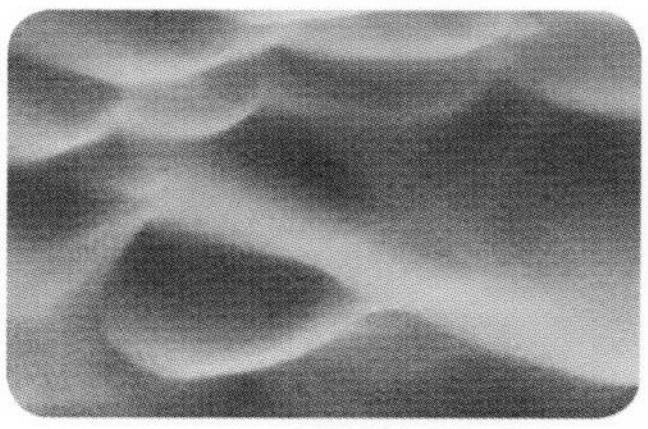

▲ 모래

▲ 자갈

(2) 모래와 자갈의 혼합물을 분리

① 분리하는 데 이용한 성질 : 모래와 자갈의 ❸ ________가 다른 점을 이용한다.

② 분리에 사용한 도구 : 눈의 크기가 자갈보다 작고, 모래보다 큰 체

③ 분리 방법 및 결과 : 자갈과 모래의 혼합물을 준비한다. → 체에 혼합물을 넣고 흔들어 준다. → 모래만 체를 빠져 나와 분리된다.

④ 체 눈의 크기에 따른 모래와 자갈 혼합물의 분리 결과

체의 눈 크기	분리 결과
체 눈의 크기 < 모래의 크기	모래와 자갈 모두 체에 걸림
모래의 크기 < 체눈의 크기 < 자갈의 크기	모래는 체를 빠져나오고 자갈은 체에 걸림
자갈의 크기 < 체 눈의 크기	모래와 자갈 모두 체를 빠져 나와 분리할 수 없음

(3) 체와 비슷한 역할을 하는 예

고기잡이 그물

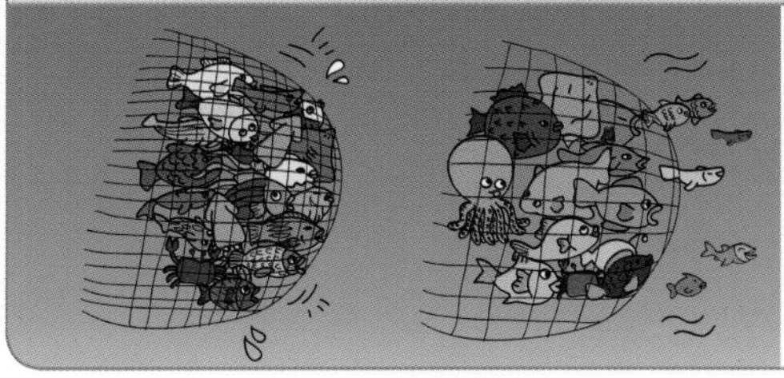

그물★ 구멍의 크기에 따라 잡을 수 있는 물고기의 크기가 달라짐

공사장의 체

공사장에서 자갈이나 굵은 모래를 골라내고 고운 모래만 통과함

방충망★

공기는 통과하고 해충은 통과하지 못함

● 입자의 크기에 따른 토양의 분류

이름		크기
자갈	왕자갈	64~256mm
	잔자갈	2.0~64mm
모래	거친 모래	2.0~0.2mm
	고운 모래	0.2~0.02mm
실트		0.02~0.002mm
점토		0.002mm이하

● 여러 가지 체

체는 작은 구멍이 많이 나 있어 알갱이의 크기가 다른 혼합물을 분리할 때 이용하는 도구이다. 구멍의 크기가 다양하므로, 분리하려는 알갱이의 크기에 따라 체의 구멍의 크기를 선택한다.

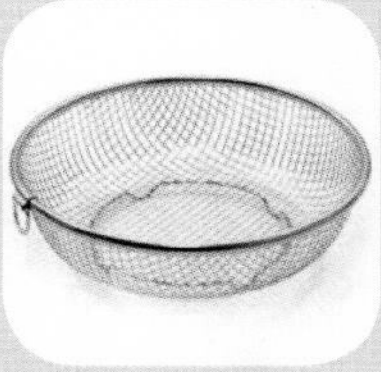

● 과학단어

★그물 여러 개의 구멍으로 이루어진 줄이나 실이 얽혀져 있는 것으로, 날짐승이나 물고기를 잡는 데 쓰임

★방충망 해로운 벌레들이 날아 들어오지 못하도록 치는 망

개념다지기

쏙쏙 빈칸을 채워 개념을 완성하세요!

● 과일이나 채소를 크기별로 나누는 방법

① 방울토마토, 피망, 양파, 유자, 감자 등의 과일이나 채소의 크기가 다른 성질을 이용한다.
② 여러 가지 크기의 과일이나 채소를 구멍의 크기가 작은 체부터 시작하여 점차 구멍의 크기가 큰 체를 통과시킨다.
③ 가장 작은 구멍을 통과할 수 있는 작은 토마토들이 가장 먼저 아래로 나오고, 마지막에는 가장 큰 토마토들이 한 군데로 모이게 된다.

▲ 다목적 형상 선별기★

● 좁쌀

크기가 작고 둥글며, 노란색인 조의 열매

● 과학단어

★선별기 물건을 크기 또는 무게에 따라 분류하기 위하여 사용하는 기구

❹ 콩, 쌀, 좁쌀의 혼합물 분리

(1) 콩, 쌀, 좁쌀의 성질 비교

	콩	쌀	좁쌀
모양	둥글다	타원형이다	둥글다
색깔	누런색 또는 검은색	흰색	노란색
크기	쌀보다 크다	콩보다 작고 좁쌀보다 크다	쌀보다 작다

(2) 콩, 쌀, 좁쌀의 혼합물을 분리

① 분리하는 데 이용한 성질 : 콩, 쌀, 좁쌀 알갱이의 ❹ ________ 차이
② 분리에 사용한 도구 : 눈의 크기가 다른 2개의 체
- 눈이 큰 체 : 쌀의 크기 < 체의 눈 크기 < 콩의 크기
- 눈이 작은 체 : 좁쌀의 크기 < 체의 눈 크기 < 쌀의 크기

③ 분리 방법

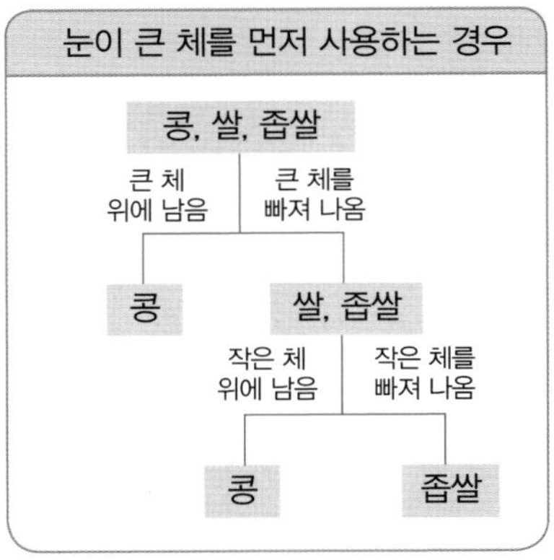

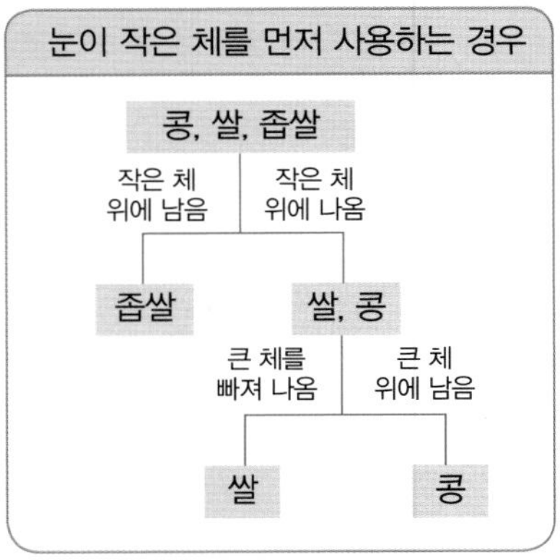

❺ 여러 가지 고체 혼합물의 분리

(1) 콩, 쌀, 좁쌀, 철가루의 혼합물의 분리

① 분리하는데 이용한 성질 : 철가루가 자석에 붙는 성질과 콩, 쌀, 좁쌀 알갱이의 크기 차이
② 분리에 사용한 도구 : 눈의 크기가 다른 2개의 ❺ ________, ❻ ________, 쟁반 등
③ 분리 방법
- 자석으로 철가루를 분리해 낸다.
- 눈이 큰 체에 나머지 혼합물(콩, 좁쌀, 쌀)을 넣고, 콩을 분리해 낸다.
- 눈이 작은 체에 나머지 혼합물을 넣고, 쌀과 좁쌀을 분리해 낸다.

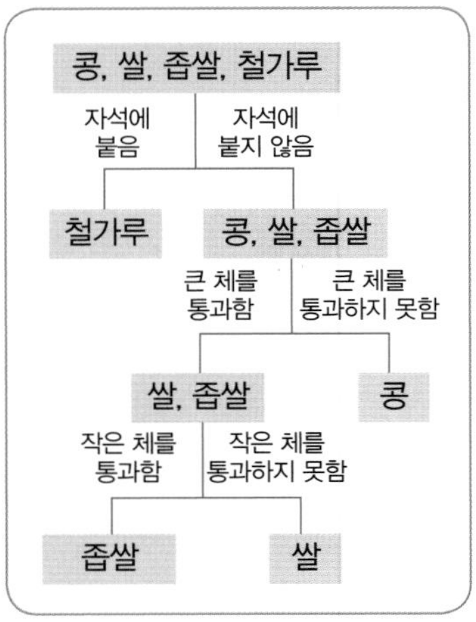

▲ 혼합물의 분리 과정

(2) 우리 조상들이 이용한 혼합물 분리 방법

풍구

❼ ________ 의 힘으로 곡식과 쭉정이★, 겨★ 등을 분리한다.
곡물에 섞인 쭉정이나 먼지 등이 바람에 의해 날아간다.

키

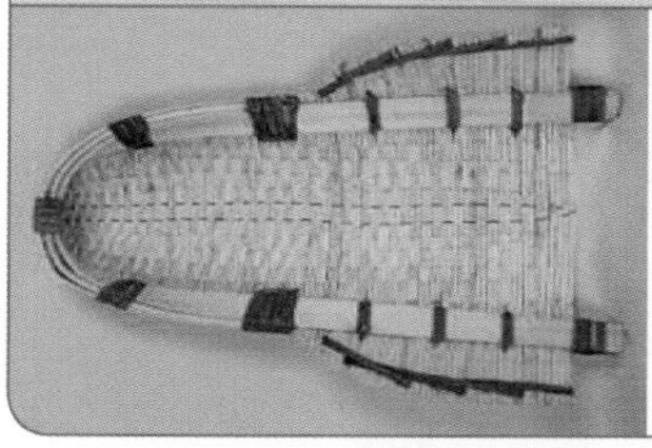

무게 차이를 이용하여 곡물에 섞인 쭉정이를 분리한다.
가벼운 것은 날아가거나 앞쪽에 남고, 무거운 것은 뒤로 모인다.

조리

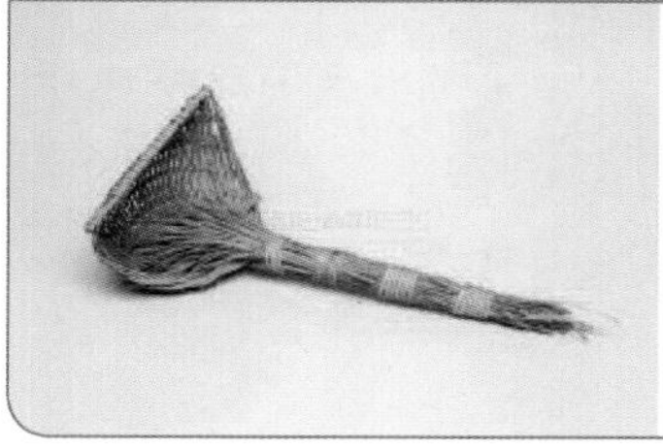

무게 차이를 이용하여 쌀과 돌을 분리한다.
무거운 돌은 가라앉고 쌀은 물에 떠 조리 위에 모인다.

종이컵을 이용하여 체 만들기

송곳으로 종이컵의 바닥에 구멍을 뚫어 체를 만든다. 구멍의 크기, 구멍의 수에 따라 분리되는 정도가 다를 수 있다. 종이컵 체로 빨리 분리하려면, 종이컵을 많이 흔들어 주고, 구멍을 많이 뚫는다. 종이컵의 안쪽에서 바깥 쪽을 향하여 구멍을 뚫는 것이 좋다.

과학단어

★쭉정이 껍질만 있고 알맹이가 들어있지 않은 곡식

★겨 벼, 보리, 조 등 곡식의 낟알을 찧어 벗겨낸 껍질

SPEED CHECK!

기본확인문제

1. (알루미늄, 철) 깡통은 자석에 붙는다.
2. 알갱이의 (크기, 무게)가 다른 두 가지 물질의 혼합물을 분리할 때 체를 사용하면 편리하다.
3. 체를 이용하여 빨리 분리하기 위해 체를 (흔들어, 뒤집어) 준다.
4. 콩, 쌀, 좁쌀의 혼합물을 눈이 큰 체로 분리하면, 체 위에 (콩, 쌀과 콩)이 남는다.
5. 곡식과 쭉정이의 무게 차이를 이용하여 분리하는 기구는 (키, 체)이다
6. 두 가지 이상의 서로 다른 물질이 각각의 성질을 잃지 않고 섞여 있는 것을 화합물이라 한다. (O / X)
7. 철가루와 모래의 혼합물을 분리할 때는 자석을 이용한다. (O / X)
8. 알루미늄 깡통과 철 깡통은 크기가 다른 성질을 이용하여 분리한다. (O / X)
9. 모래와 자갈의 혼합물을 분리할 때 이용하는 도구는 체이다. (O / X)
10. 모래와 자갈의 혼합물을 분리할 때 이용하는 체의 눈 크기는 자갈보다 크면 된다. (O / X)
11. 알갱이의 무게가 다른 두 가지 물질의 혼합물을 분리할 때는 체를 사용하면 된다. (O / X)
12. 콩, 쌀, 좁쌀의 혼합물을 분리하기 위해서는 크기가 다른 2개의 체가 필요하다. (O / X)
13. 콩, 쌀, 좁쌀의 혼합물을 분리하는 데 이용한 성질은 무게의 차이이다. (O / X)
14. 콩, 쌀, 좁쌀, 철가루의 혼합물에서 자석을 먼저 이용하면 철가루가 먼저 분리된다. (O / X)

개념다지기 정답 | ❶ 자석 ❷ 알루미늄 ❸ 알갱이 크기 ❹ 크기 ❺ 체 ❻ 자석 ❼ 바람

탐구력 키우기

탐구1. 혼합물 분리하기

탐구과정

준비물
콩, 쌀, 철가루, 소금, 자석, 여러 가지 체

자석

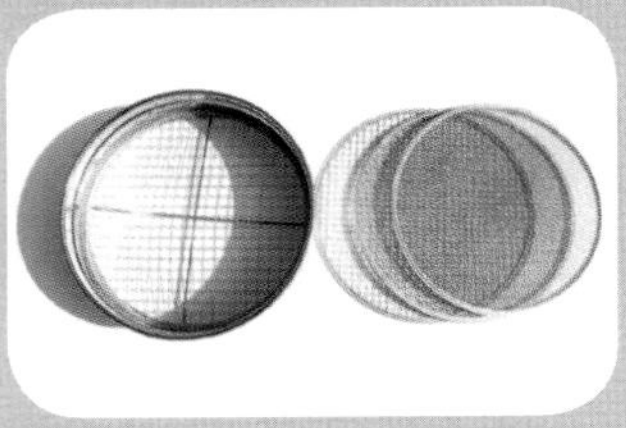

구멍의 크기가 다른
여러 가지 체

① 콩, 쌀, 철가루, 소금이 섞인 혼합물을 준비한다.

② 자석과 여러가지 종류의 체를 사용하여 혼합물을 각각의 물질로 분류할 수 있도록 계획서를 짠다.

③ 실험계획서에 따라 혼합물을 분리한다.

탐구결과

1. 혼합물을 분리하는데 이용한 물질의 성질을 모두 쓰시오.

2. 분리 과정에서 사용할 수 있는 도구를 쓰시오.

3. 자석과 체 이외에 실험 도구를 사용해서 분리하는 방법을 쓰시오.

4. 이 혼합물을 분리하기 위한 실험계획서를 본문의 '혼합물의 분리과정' 을 참조하여 다양하게 쓰시오.

콩, 쌀, 소금, 철가루

콩, 쌀, 소금, 철가루

콩, 쌀, 소금, 철가루

콩, 쌀, 소금, 철가루

01

다음 〈보기〉의 여러 가지 물체들을 보고, 물음에 답하시오.

보기

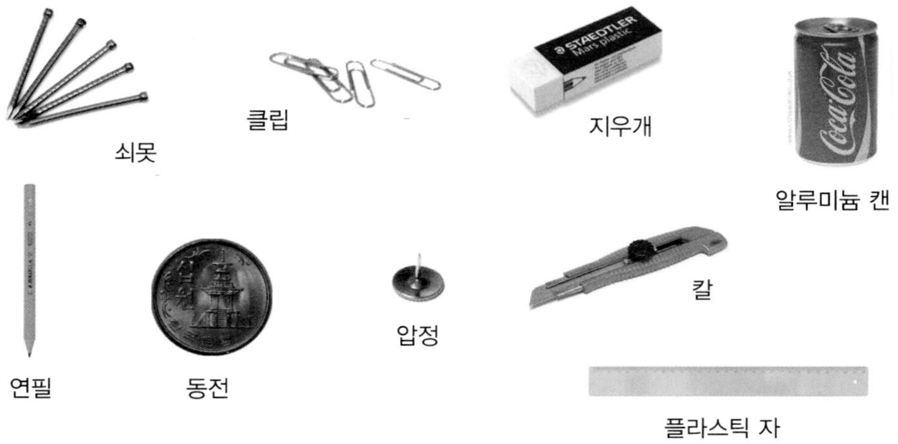

(1) 위 보기의 물체들을 자석에 붙는 물체와 그렇지 않은 물체로 분류하시오.

- 자석에 붙는 물체 :
- 자석에 붙지 않는 물체 :

(2) 자석에 붙는 물체들의 공통점을 쓰시오.

02

도연이는 철가루와 모래의 혼합물을 분리하기 위해 자석을 사용하였다. 그런데 자석에 붙은 철가루가 쉽게 떼어지지 않았다. 도연이가 실험 전 어떻게 하였으면 자석에 붙은 철가루를 쉽게 떼어낼 수 있었을지 쓰시오.

03

다음 그림은 재활용 센터에서 섞여 있던 철 깡통과 알루미늄 깡통이 분리되는 모습이다. 이 모습을 보고 여러 친구들이 철 깡통과 알루미늄 깡통이 분리되는 원리에 대해 이야기한 것이 아래와 같을 때 철 깡통과 알루미늄 깡통이 분리되는 원리로 알맞은 것은?

① 알루미늄 깡통에 철 깡통보다 큰 것을 이용해서 분리한다.
② 철 깡통과 알루미늄 깡통의 색깔이 다른 성질을 이용하여 분리한다.
③ 철 깡통은 단단하고, 알루미늄 깡통은 무른 성질을 이용하여 분리한다.
④ 철 깡통이 무겁고, 알루미늄 깡통이 가볍기 때문에 무게의 차이를 이용한다.
⑤ 철 깡통은 자석에 붙고, 알루미늄 깡통은 자석에 붙지 않는 성질을 이용한다.

04

다음 민속 공예품 중에서 자갈과 모래의 혼합물을 분리하는 데 필요한 도구로 알맞은 것은 무엇인지 고르시오.

① 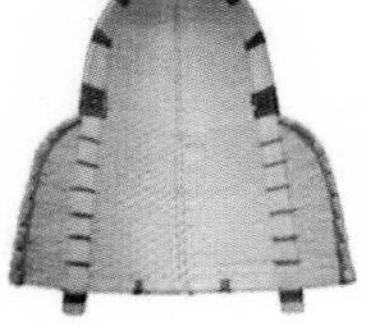
② 
③ 
④ 
⑤ 

05 오른쪽 그림은 농부아저씨가 체를 사용하여 좁쌀과 나뭇가지들을 분리하는 모습을 나타낸 것이다. 다음 중 이 혼합물을 분리하는 데 이용한 성질과 비슷한 성질을 이용하여 혼합물을 분리하는 방법을 모두 고르시오.

① 키질을 하여 곡식과 쭉정이를 분리한다.

② 재활용 센터에서 철 깡통과 알루미늄 깡통을 분리한다.

③ 선별기를 이용하여 과일을 분리한다.

④ 원유를 정제한다.

⑤ 진공 청소기의 필터에 먼지가 낀다.

06 체를 이용하여 콩, 쌀, 좁쌀의 혼합물을 분리하려고 한다. 다음 물음에 답하시오.

(1) 몇 종류의 체가 필요한가?

(2) 체의 눈 크기는 각각 어떠해야 하는지 쓰시오.

07

희진이와 친구들은 민속촌에 가서 다음과 같은 기구를 보았다. 이 기구에 대해 여러 친구들이 한 이야기 중 옳은 것을 모두 고르시오.

① 이 기구의 이름은 풍구로, 바람의 힘을 이용한 기구이다.
② 곡식을 위쪽에 붓고 손잡이를 돌리면 곡식의 껍질이 벗겨져서 나오는 탈곡기이다.
③ 위쪽에 물을 부으면 안에서 물레방아가 돌아가며 에너지를 얻을 수 있는 기구이다.
④ 기구의 안쪽에 다양한 크기의 구멍이 뚫려 있어, 크기에 따라 과일이나 야채가 분류되어 나온다.
⑤ 쭉정이 등이 섞인 곡물을 위쪽에 붓고 바퀴를 돌리며, 쭉정이들은 날아가고 알맹이만 남는다.

08

준정이는 학교에서 체를 이용하여 모래와 자갈을 분리할 수 있다는 것을 배운 후, 그것에 이용된 원리와 같은 원리가 이용되는 예를 생활 속에서 찾아보았다. 오른쪽 그림은 준정이가 찾은 예이다. 다음 물음에 답하시오.

(1) 준정이가 찾은 예의 각 부분은 모래와 자갈을 분리하는 실험의 어떤 부분에 비유되는지 쓰시오.

(2) 만약, 다음 그림과 같이 고기를 잡는 그물의 눈이 작으면 수자원 보호 측면에서 어떤 일이 일어나게 될지 간단하게 쓰시오.

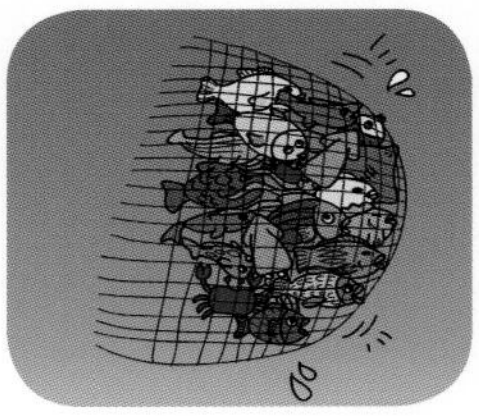

문제해결력 키우기

STEP BY STEP

09 콩, 쌀, 좁쌀, 철가루의 혼합물을 분리하기 위하여, 다음과 같은 실험 계획서를 작성하였다. 다음을 보고, 물음에 답하시오.

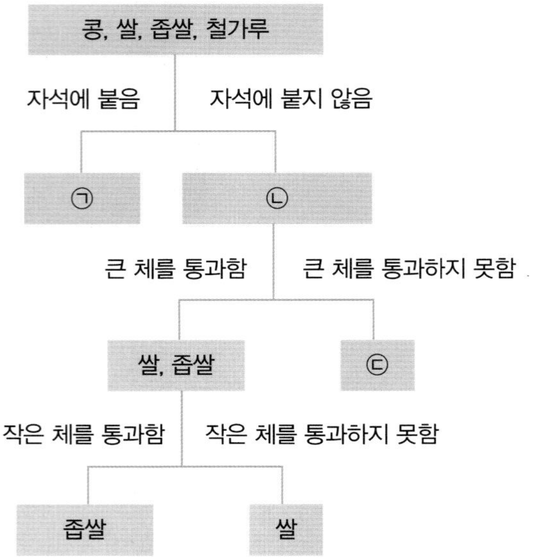

(1) 다음 ㉠ ~ ㉢에 들어갈 알맞은 물질의 이름을 쓰시오.

(2) 작은 체를 가장 먼저 사용하여 혼합물을 분리하면, 어떤 과정을 거쳐야 할지 실험 계획서를 작성하시오.(단, 철가루의 크기는 좁쌀과 비슷하다.)

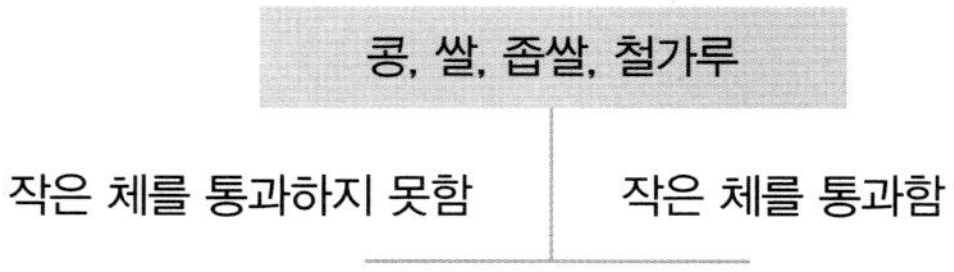

STEP BY STEP

10 다음 콩, 쌀, 좁쌀 혼합물을 분리하는 실험 과정을 읽고 물음에 답하시오.

[실험 과정]

① 콩, 쌀, 좁쌀의 혼합물을 체에 담고 흔들었더니, 체 위에는 A와 B가 남았고, C는 체를 빠져나왔다.

② 체 위의 혼합물을 또 다른 체를 이용해 분리했더니, 체 위에 B가 남았고, A는 빠져나왔다.

(1) ①과 ②에서 사용된 체의 종류는 달랐다. ①과 ②에서 사용된 체 중에서 눈의 크기가 더 큰 체는 어느 것인지 쓰시오.

(2) A, B, C 세 물질의 이름을 각각 쓰시오.

- A :
- B :
- C :

문제해결력 키우기

STEP BY STEP

11 다음은 콩, 쌀, 소금, 철가루가 섞여 있는 혼합물을 분리하는 실험 과정이다. 물음에 답하시오.

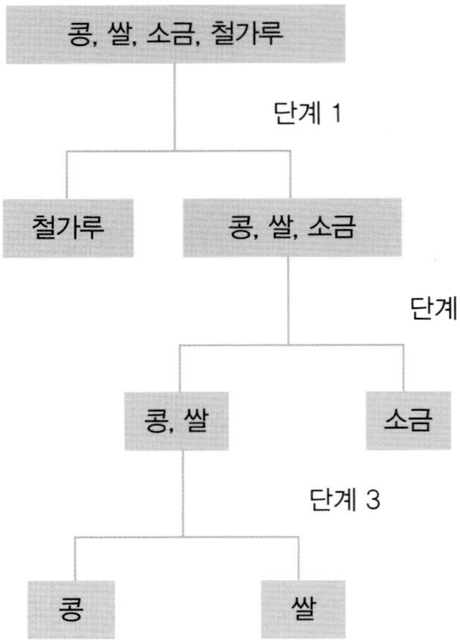

(1) 분리 과정의 1, 2, 3 단계에서 물질의 어떤 성질을 이용하는지 쓰시오.

	분리에 이용한 성질
1단계	
2단계	
3단계	

(2) 아래 보기에서 1, 2, 3 단계와 같은 성질을 이용하여 물질을 분리하는 예를 각각 찾아 기호를 쓰시오.

보기

㉠ 구멍의 크기가 다양한 체로 구성된 기계에서 귤 고르기
㉡ 재활용 기계에서 알루미늄 캔과 철 캔을 분리하기
㉢ 풍구를 이용하여 곡물에 섞인 쭉정이나 먼지를 분리하기
㉣ 조리질을 하여 쌀을 분리하기
㉤ 설탕물에 쭉정이와 알갱이를 넣어 물에 뜬 쭉정이 분리하기
㉥ 철가루와 모래의 혼합물에서 철가루 분리하기
㉦ 공사장에서 사용하는 체로 모래를 고르기
㉧ 설탕과 흙의 혼합물에서 설탕 분리하기

	같은 성질을 이용하는 예
1단계	
2단계	
3단계	

STEP BY STEP

12 다음 그림은 키를 이용하여 곡식과 섞여 있는 잡티나 쭉정이를 곡식과 분리하는 모습을 나타낸 것이다.

(1) 키를 이용한 물질의 분리 방법에서 사용한 물질의 성질은 무엇인지 쓰시오.

(2) 키에서 사용한 물질의 성질을 이용하여 혼합물을 분리하는 도구를 2가지 이상 쓰시오.

창의력 키우기

01

- ✓ 유창성
- ✓ 융통성
- 독창성
- 정교성

책상 위에 똑같은 모양, 색깔, 크기를 가진 구슬이 3개 있다. 이 구슬들은 각각 쇠구슬, 스타이로폼 공, 그리고 사탕이다. 어떤 것이 쇠구슬, 사탕, 스타이로폼 공인지 알 수 있는 방법을 3가지 쓰시오.

02

- 유창성
- 융통성
- ✓ 독창성
- 정교성

평소에 저금통에 저축을 열심히 한 승희는 저금통을 뜯어 안에 든 동전을 은행에 저금하기로 하였다. 동전들이 모두 얼마나 되는지 알기 위해, 힘들게 동전을 분리하던 승희는 '이러한 불편함을 없애기 위해 동전을 넣으면 자동으로 분리해 주는 저금통이 있으면 얼마나 좋을까?'라는 생각을 하였다.

(1) 동전을 분리하는데 사용할 수 있는 동전들의 특성은 무엇이 있는지 쓰시오.

(2) 동전의 특성 중 하나를 선택하여 동전을 분리하는 저금통을 설계하고, 간단한 원리를 쓰시오.

01 다음은 냉동실에 넣어 두었던 콜라캔이 폭발한 모습을 나타낸 것이다. 폭발하면서 터진 알루미늄 캔이 종이처럼 찢어져 있는 것을 볼 수 있다. 2012년에는 중국의 6살 난 아이가 냉동실에 잠깐 넣어 두었던 콜라 캔을 따다가 콜라 캔이 폭발하면서 다쳐서 36바늘을 꿰맨 사건도 있었다.

콜라 등의 탄산 음료를 냉동실에 넣으면 음료수 속의 물이 얼면서 물에 녹아 있던 기체가 캔에 가득 차서 캔 안의 압력이 커지면서 폭발하는 것이다. 그렇다면 탄산 음료를 무른 알루미늄이 아닌 단단한 철로 만든 캔에 넣으면 좋을 것 같은데, 탄산이 들어 있는 음료는 철 캔이 아닌 알루미늄 캔에 담는다. 그 이유는 무엇인지 쓰시오.

▲ 탄산 음료가 들어 있는 알루미늄 캔

▲ 탄산이 없는 음료가 들어 있는 철 캔

바다에 유출된 기름을 제거하는 방법은?

2007년 12월에는 태안 앞바다에서 기름 유출 사고가 발생하여
많은 생물들이 죽고, 아직도 많은 사람들이 이로 인해 고통을 받고 있다.
기름 유출 사건이 발생하면 피해를 최소화하기 위해서 기름을 빨리 제거해야 한다.
어떤 방법이 있을까?

7

혼합물 분리하기

개념다지기

쏙쏙 빈칸을 채워 개념을 완성하세요!

크기 차이를 이용하여 물질을 분리하는 예

▲ 체

▲ 커피 거름 장치

물질의 밀도 차이를 이용해 분리한 예

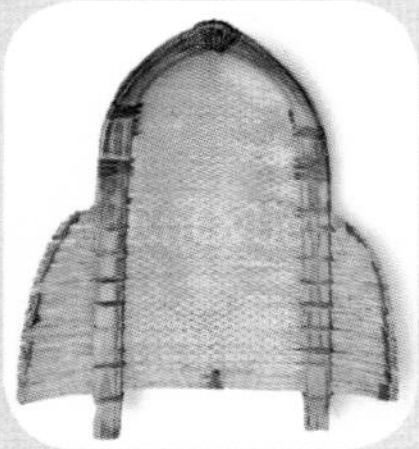

▲ 키

▲ 석발기★

❶ 순물질과 혼합물

- 물질
  - 순물질 : 철, 은, 구리, 물 등
  - 혼합물
    - 균일 혼합물 : 소금물, 공기 등
    - 불균일 혼합물 : 흙탕물, 우유 등

❷ 흙탕물 분리하기

(1) 흙탕물을 그대로 두어 분리하기(침전★시켜 분리하기)

[실험 방법]

① 흙탕물을 비커에 담아 흙이 비커 바닥에 가라앉을 때까지 가만히 놓아 둔다.
② 비커를 조심스럽게 기울여 윗물만 따라낸다.

[실험 결과] : 따라낸 물이 완전히 맑지는 않다.

혼합물 분리에 이용한 성질	알갱이의 ❶ ______ 차이를 이용하여 분리한다.

(2) 거름 장치로 걸러서 분리하기

[실험 방법]

① 깔때기와 거름종이가 들뜨지 않도록 물을 묻혀 붙인다.
② 물이 튀지 않도록 깔때기 끝의 뾰족한 부분이 비커의 옆면에 닿아 액체가 흘러내리도록 장치한다.
③ 흙탕물이 유리 막대를 타고 흐르도록 천천히 부어 준다. 이때 흙탕물이 거름종이 위로 넘치지 않도록 한다.

과학단어

★석발기 곡식의 밀도 차이를 이용해 곡물에 섞여 있는 이물질을 분리할 때 사용하는 기계

★침전 액체 속에 있는 물질이 밑바닥에 가라앉음

[실험 결과] : 흙은 거름종이 위에 남고, 맑고 투명한 물이 빠져나온다.

혼합물 분리에 이용한 성질	알갱이의 ❷ ______ 차이를 이용하여 분리한다.

❸ 증발 장치를 이용하여 소금물 분리하기

[실험 방법]

증발 장치를 꾸민다.

증발접시★에 소금물을 $\frac{1}{3}$정도 담는다.

알코올램프로 증발접시를 가열하며 변화를 관찰한다.

[실험 결과] : 물은 증발하고, 증발 접시 안에 소금이 남는다. 계속 가열하면 흰 가루 물질이 '탁탁'소리를 내며 튄다.

혼합물 분리에 이용한 성질	소금물을 가열하면 ❸ ______ 이 증발하고 소금은 남는다.

❹ 소금과 모래의 혼합물 분리하기

[실험 방법]

소금과 모래의 혼합물을 물에 넣고 유리 막대로 젓는다.

거름 장치에 소금과 모래의 혼합물을 거른다.

걸러진 용액을 증발접시에 $\frac{1}{3}$ 정도 넣고 가열한다.

[실험 결과]

거름 장치	증발 장치
알갱이의 크기 차이를 이용함	물이 증발하는 성질을 이용함
· 거름종이 위에 남은 물질 : 모래 · 거름종이를 통과한 액체 : 소금물	· 증발 접시에 남은 물질 : 소금 · 증발한 물질 : 물

혼합물 분리에 이용한 성질	① ❹ ______ 은 물에 녹고, ❺ ______ 는 물에 녹지 않는다. ② 소금물을 가열하면 물은 증발하고 소금은 남는다.

● 증발★을 이용한 예

① 염전에서 바닷물을 이용해 소금을 얻는다.

② 사탕수수즙을 증발시켜 설탕을 얻는다.

③ 우유를 아주 작은 방울로 만든 후, 뜨거운 공기를 가하면 물이 증발되어 분유가 된다.

● 과학단어

★증발 액체가 기체로 되면서 공기 중으로 날아가는 현상

★증발 접시 액체를 증발시켜 결과물을 얻기 위한 얇은 접시

개념다지기

쏙쏙 빈칸을 채워 개념을 완성하세요!

❺ 물과 식용유의 혼합물 분리하기(밀도차에 의한 분리)

(1) 물과 식용유의 혼합물 만들어 관찰하기

[실험 방법]

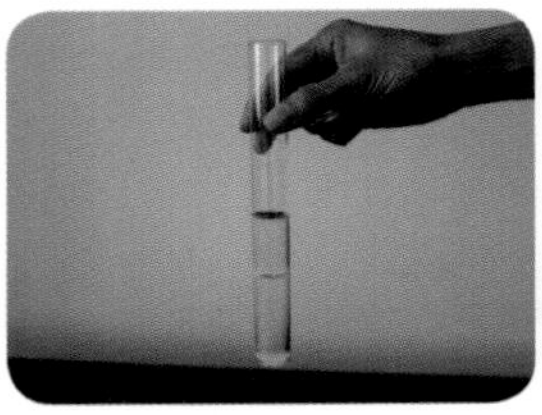

물과 식용유를 시험관에 각각 $\frac{1}{4}$ 씩 따른다.

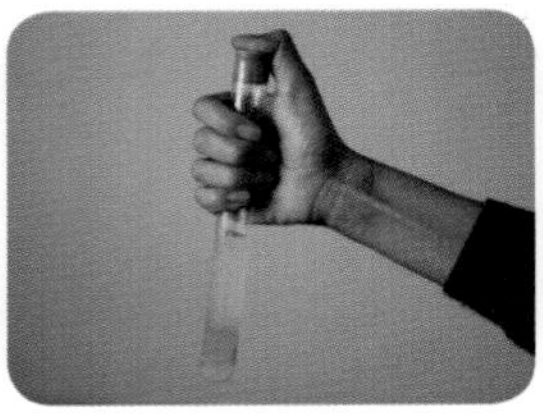

시험관을 고무마개로 막고 흔든 후, 가만히 놓아둔다.

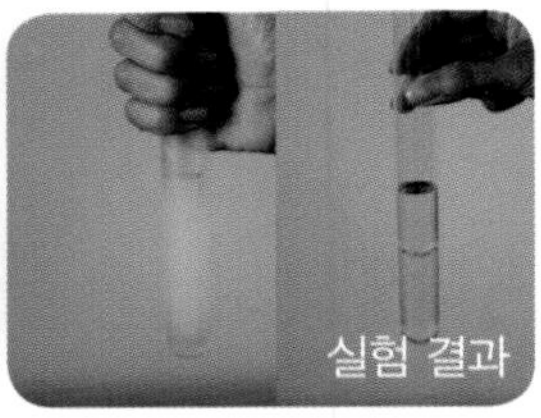

처음에는 뿌옇다가 식용유가 물 위에 떠서 두 개의 층으로 나뉜다.

(2) 물과 식용유의 혼합물 분리하기

[실험 방법]

시험관을 기울여 위층의 식용유를 천천히 따라낸다.

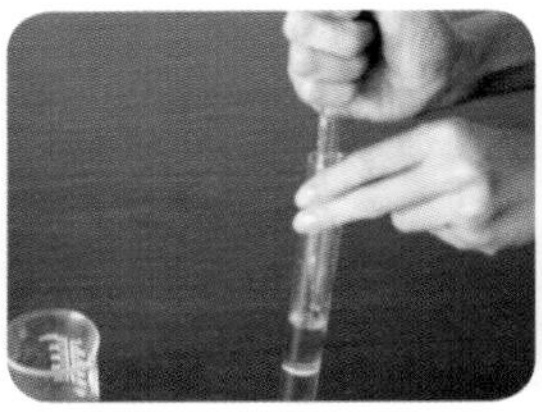

스포이트를 이용하여 위층의 식용유를 빨아들인다.

분별 깔때기★의 콕을 열어 아래층에 있는 물이 나오게 한다.

혼합물 분리에 이용한 성질	① 물과 식용유는 섞이지 않는다. ② 식용유가 물보다 ❻ ______.

❻ 크로마토그래피★

거름종이를 이용하여 색소 분리하기

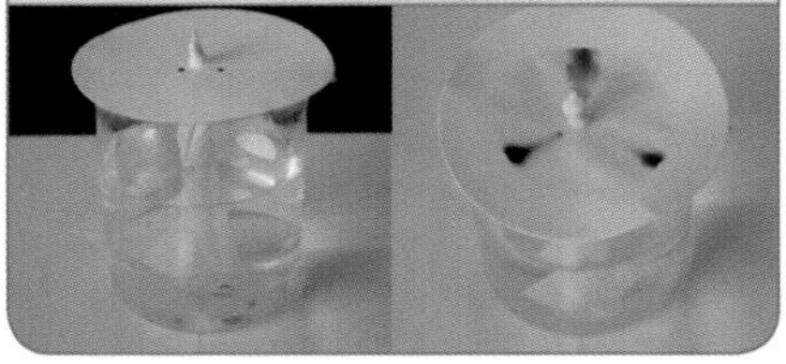

분필을 이용하여 색소 분리하기

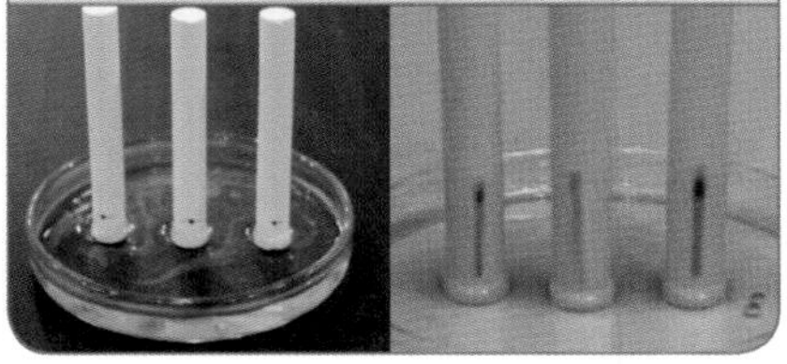

혼합물 분리에 이용한 성질	① 수성 싸인펜의 잉크는 물에 녹아 잘 번지는 성질이 있다. ② 색소마다 물에 번지는 ❼ ______가 다르다.
알 수 있는 사실	수성 싸인펜의 잉크는 여러 가지 색소로 이루어진 혼합물이다.

● 스포이트 사용법

① 스포이트를 잡을 때에는 엄지 손가락과 집게 손가락으로 고무를 가볍게 잡고, 나머지 세 손가락으로 유리 부분을 편하게 잡는다.

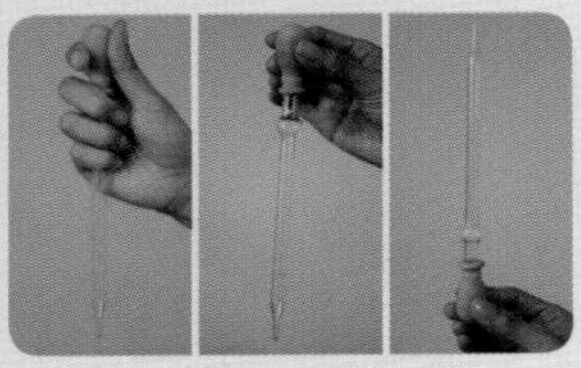

O X X

② 스포이트 고무 꼭지 속으로 액체가 들어가는 일이 없도록 하며, 스포이트를 사용하지 않을 때는 세워 놓는다.

● 바다를 오염시키는 기름을 제거하는 방법

① 유화제★ 이용 : 유화제를 뿌려 기름 덩어리를 잘게 쪼갠 후, 쪼개진 기름 알갱이는 물 속의 기름을 분해하는 박테리아를 이용해 제거한다.

② 오일 펜스 이용 : 기름이 퍼져 나가지 못하도록 오일 펜스를 친 뒤 오일 스키머를 이용해 기름만 빨아들인다.

③ 닭털과 오리털 이용 : 닭털이나 오리털은 털 무게의 10배 정도의 기름을 흡수할 수 있다.

● 과학단어

★분별 깔때기 섞이지 않는 두 액체를 분리할 때 쓰는 기구로, 콕을 열면 무거운 액체가 먼저 흘러 내림

★크로마토그래피 혼합물의 성분 물질이 거름 종이 등에 번지는 속도 차이를 이용해 혼합물을 분리하는 방법

★유화제 어떤 액체 속에서 그것과 잘 섞이지 않는 다른 액체를 잘게 부수어 서로 섞이게 하는 약품

❼ 두부 만들기

① 물에 불려 믹서에 간 콩에 물을 붓고 끓인다.

② 끓인 콩물이 어느 정도 식었을 때 헝겊에 걸러준다.

③ 헝겊에 걸러낸 콩물을 냄비에 부어 끓인다.

④ 끓인 콩물에 간수★를 넣어 준 후 잘 저어준다.

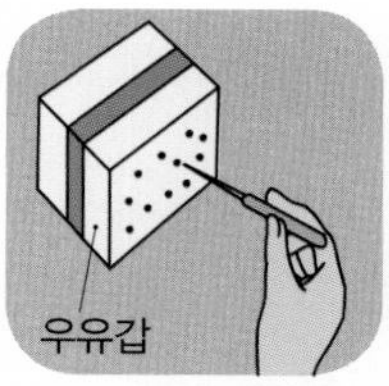

⑤ 우유갑에 작은 구멍을 여러 개 뚫어 준비한다.

⑥ 덩어리 진 콩물을 우유갑에 붓고 헝겊으로 잘 감싸준다.

⑦ 물이 든 컵을 우유갑 위에 올려놓는다.

⑧ 우유갑에서 두부를 꺼내어 찬물에 담근 후 건져낸다.

헝겊의 역할	❽ ________ 의 역할처럼 콩물과 콩 찌꺼기를 분리한다.
간수의 역할	콩물에서 ❾ ________ 을 응고시켜 분리한다.

● 크로마토그래피의 장점

① 적은 양의 혼합물도 분리할 수 있다.
② 성질이 비슷한 성분의 물질이 섞여 있어도 효과적으로 분리할 수 있다.
③ 많은 종류의 성분이 혼합되어 있어도 한번에 분리가 가능하다.
④ 분리 조작이 비교적 간단하며, 소요 시간이 짧다.

● 과학단어

★간수 바닷물로 소금을 만들 때 나오는 쓴 맛이 나는 액체로, 단백질을 엉기게 하는 성질이 있음

SPEED CHECK!

기본확인문제

1. 성질이 다른 두 가지 이상의 물질이 고루 섞여 있는 것을 순물질이라고 한다. (O / X)
2. 흙탕물을 거름 장치로 걸렀을 때 거름종이 위에 남는 것이 흙이다. (O / X)
3. 소금물을 가열하면 물이 증발하여 소금을 얻을 수 있다. (O / X)
4. 소금과 모래의 혼합물을 물에 녹인 후, 거름 장치로 거르면 거름종이 위에는 소금이 남는다. (O / X)
5. 식용유가 든 시험관에 물을 넣으면, 물이 식용유 위에 뜬다. (O / X)
6. 완벽하지는 않으나 물과 식용유는 두 액체의 밀도 차이를 이용해서 분리할 수 있다. (O / X)
7. 물질의 이동 속도 차이를 이용해서 혼합물을 분리하는 방법을 크로마토그래피라고 한다. (O / X)
8. 수성 사인펜은 여러 가지 색소의 혼합물이다. (O / X)
9. 두부를 만들 때 간수를 이용하여 콩 속의 탄수화물을 분리한다. (O / X)

개념다지기 정답 | ❶ 무게 ❷ 크기 ❸ 물 ❹ 소금 ❺ 모래 ❻ 가볍다 ❼ 속도 ❽ 거름종이 ❾ 단백질

탐구력 키우기

탐구1. 우유 속의 단백질 분리하기

탐구과정

준비물
우유, 식초, 거름종이, 비커, 깔때기, 링클램프, 스탠드, 알코올램프 가열장치

① 비커에 우유를 조금 붓고 가열한다.

② 우유가 끓으면 식초를 넣고 덩어리가 생길 때까지 저어주면서 가열한다.

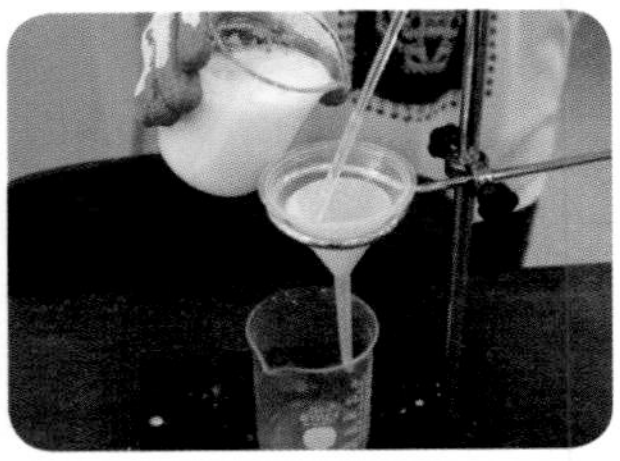

③ 식초와 함께 끓인 우유를 거름장치로 거른다.

탐구결과

1. 거름 종이 위에 다음과 같이 흰색 물질이 생겼다. 이것은 무엇인지 쓰시오.

탐구문제

1. 거름 종이를 사용하여 물질을 분리할 때 이용된 물질의 성질 차이는 무엇인지 쓰시오.

2. 거름 종이 외에 이 혼합물을 분리하기 위해 사용할 수 있는 다른 방법은 무엇이 있는지 쓰시오.

탐구2. 종이크로마토그래피

탐구과정

준비물
종이 크로마토그래피 용지, 눈금실린더, 수성 싸인펜

① 크로마토그래피 용지의 한쪽 끝에서 1cm되는 곳에 선을 긋고, 수성 싸인펜으로 선의 가운데에 점을 찍는다.

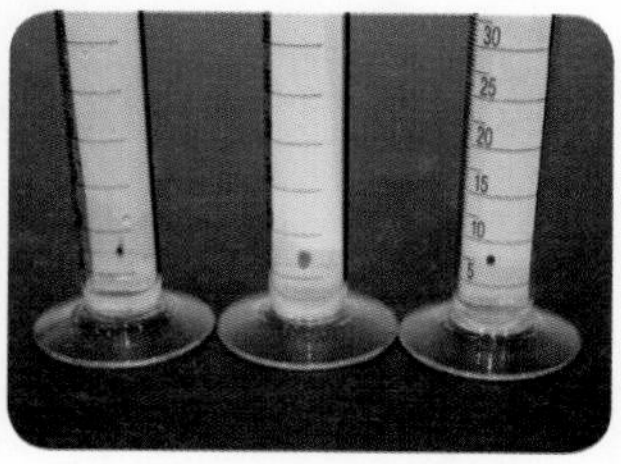

② 눈금실린더에 0.5cm정도 물을 넣고, 점을 찍은 크로마토그래피 용지를 넣고 끝 부분 5mm 정도를 물에 잠근다.

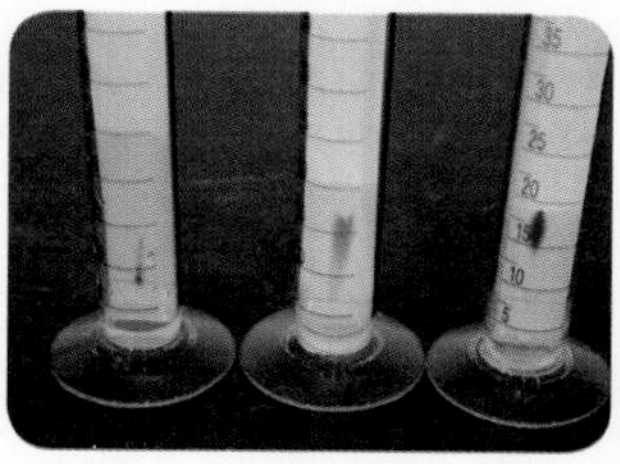

③ 크로마토그래피 용지를 고정하고 시간이 지나면서 아래 부분에서 변화되는 모습을 관찰한다.

탐구결과

1. 다음 빈 칸에 알맞은 말을 써 넣으시오.

종이에 수성싸인펜으로 점을 찍어 물에 담가 놓으면 물이 종이를 따라 위로 올라간다. 싸인펜의 점이 물을 따라 위로 ㉠ ______ 종이 위에 여러 가지 색이 나타난다. 이것으로 수성싸인펜은 여러 가지 색소가 섞여 있는 ㉡ ______ 이라는 것을 알 수 있다.

탐구문제

1. 유성싸인펜으로 위의 실험을 한다면 똑같은 결과가 나올지, 안 나올지 이유와 함께 쓰시오.

2. 눈금실린더에 물 대신 알코올을 넣는다면 어떻게 될지 이유와 함께 쓰시오.

01 다음 그림은 화강암의 모습이다. 화강암은 순물질인지 혼합물인지 그 이유와 함께 쓰시오.

02 영주는 다음과 같이 콩, 쌀, 철가루, 소금이 섞인 혼합물을 분리하려고 한다. 영주가 이 혼합물을 분리하기 위해 이용해야 할 성질을 모두 고르시오.

① 알갱이의 크기가 다른 성질
② 물에 녹는 성질과 녹지 않는 성질
③ 자석에 붙는 성질과 붙지 않는 성질
④ 색소가 물에 번지는 속도가 다른 성질
⑤ 식초를 만나면 흰색 덩어리가 되는 성질

03

영진이는 다음과 같이 물과 식용유의 혼합물을 분리하려고 한다. 영진이가 이 혼합물을 분리하는데 이용할 수 있는 방법을 모두 고르시오.

① 혼합물에 비눗물을 넣고 마개를 막아 흔든다.
② 스포이트를 이용해 위층의 식용유를 빨아들인다.
③ 시험관을 기울여 위층의 식용유를 천천히 따라낸다.
④ 스포이트를 깊숙히 넣어 아래층의 물을 빨아들인다.
⑤ 분별깔때기의 콕을 열어 식용유를 흘러내리게 한다.

04

가연이가 소금물을 증발 접시에 넣고 가열했더니, 증발 접시 위에 다음과 같은 흰색의 가루 물질이 생겼다. 가연이는 이 물질이 소금이라고 생각하였다. 가연이가 이 물질이 소금임을 확인할 수 있는 방법을 2가지 쓰시오.

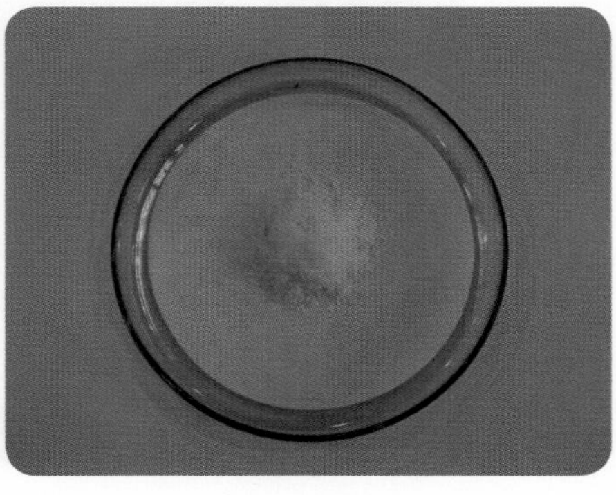

①

②

05 다음 그림은 소금과 모래의 혼합물을 나타낸 것이다. 이 혼합물을 분리할 때 이용되는 성질을 모두 고르시오.

① 물은 가열하면 증발한다.
② 거름종이의 틈은 모래보다 작다.
③ 소금과 모래의 알갱이의 크기는 비슷하다.
④ 소금은 물에 녹고, 모래는 물에 녹지않는다.
⑤ 소금 알갱이의 모양은 거의 일정하고, 모래 알갱이의 모양은 일정하지 않다.

06 얼마전 ○○시에서 물 부족 현상을 해결하기 위해 바닷물을 식수로 만든다는 내용을 발표하였다. 어떻게 하면 바닷물을 이용해 식수를 만들 수 있을지 간단히 쓰시오.

07

우리 조상들은 다음과 같은 과정을 거쳐서 두부를 만들었다.

다음 중 두부를 만드는 과정에 대한 설명으로 바른 것을 모두 고르시오.

① 헝겊은 증발 접시와 같은 역할을 한다.
② 간수를 넣어 콩물 속의 단백질을 분리한다.
③ 요즘은 맷돌 대신 믹서기를 주로 사용한다.
④ 헝겊은 알갱이의 크기 차이를 이용하여 물질을 분리한다.
⑤ 맷돌로 콩을 가는 것은 각설탕보다 가루 설탕이 물에 더 빨리 녹는 원리를 이용한 것이다.

08

다음 그림은 물과 식용유가 들어 있는 시험관을 고무 마개로 막고 흔들었더니 액체가 뿌옇게 되었다가 다시 2개의 층으로 분리된 모습을 나타낸 것이다. 이 실험의 결과를 통해 물과 식용유에 대해 알 수 있는 사실을 2가지 쓰시오.

STEP BY STEP

09

다음은 일본 원숭이들이 흙 속에 떨어진 낱알들을 골라먹는 방법이다. 물음에 답하시오.

일본 원숭이들은 흙 속에 떨어진 낱알들을 재미있는 방법으로 골라먹는다. 원숭이들이 땅에 떨어진 낱알들을 주워 그대로 먹게 되면, 원숭이는 낱알뿐만 아니라 흙도 함께 먹게 된다. 그래서 원숭이들은 얕은 물 웅덩이에 흙과 함께 주운 낱알들을 떨어뜨린 후, 물 위에 뜬 낱알이 바닥에 가라앉기 전에 빨리 다시 주워 먹는다.

(1) 원숭이가 흙과 낱알의 혼합물을 분리하는데 사용한 성질은 무엇인지 쓰시오.

(2) 다음은 혼합물을 분리하는 여러 가지 기구이다. 원숭이가 흙과 낱알을 분리하는 방법과 같은 원리로 혼합물을 분리하는 기구를 모두 고르시오.

①

②
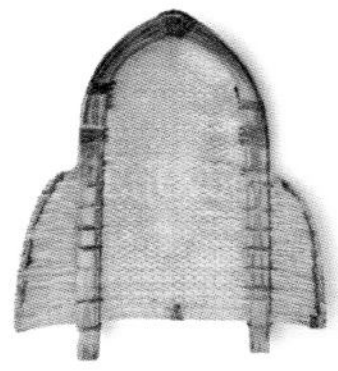

③

④

⑤

STEP BY STEP

10

그림 (가)와 (나)는 잉크 A 와 잉크 B 에 들어 있는 색소를 분리하기 위해 분필에 각 잉크를 찍은 후 분필을 물과 알코올에 담그고 실험한 결과를 나타낸 것이다. 물음에 답하시오.

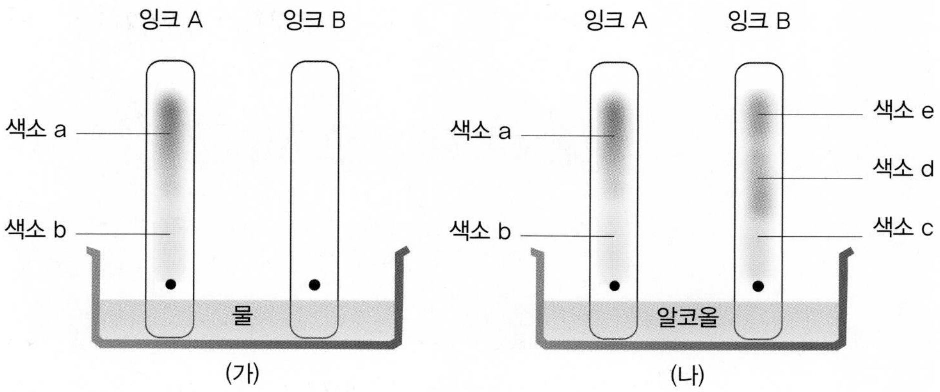

(1) 잉크 A 와 잉크 B 는 각각 몇 가지 이상의 색소로 이루어져 있는지 쓰시오.

- (가) 잉크 A :
- (나) 잉크 B :

(2) 이 실험의 결과를 보고, 물에 녹지 않는 색소를 모두 쓰시오.

(3) 위의 (가)에서는 잉크 A 만 분리됐지만, (나)에서는 잉크 A, B 가 모두 분리되었다. 잉크 A 와 B 는 어떤 성질을 가진 잉크인지 쓰시오.

11 다음은 복잡한 혼합물을 분리하는 과정이다. (　　)안에는 혼합물의 분리 방법을 쓰고, 각 칸에는 분리되거나 남은 물질을 쓰시오.

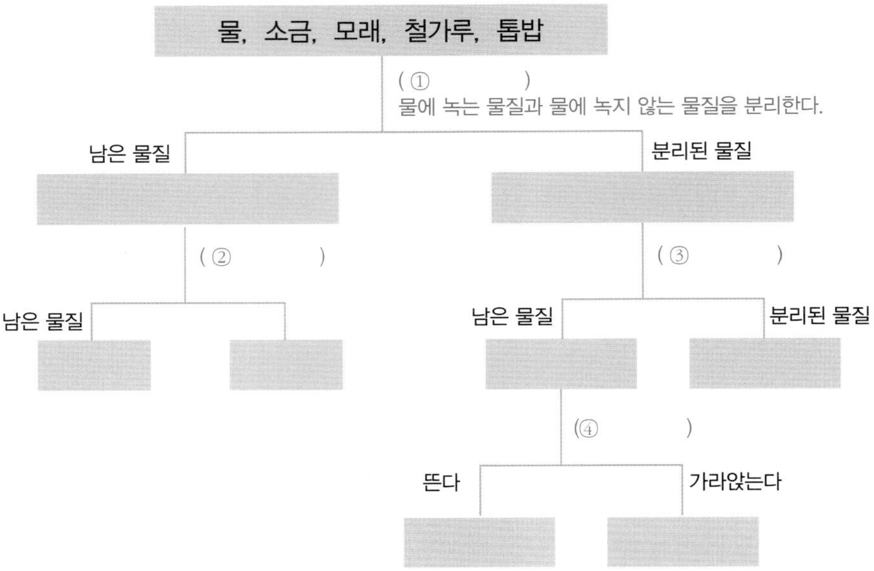

STEP BY STEP

12 우리 생활에서 사용되는 휘발유, 등유, 경유, 가스 등은 정유 공장에서 원유를 분리해 낸 것이다. 다음은 정유 공장에서 원유를 분리하는 모습을 그림으로 나타낸 것이다. 다음 물음에 답하시오.

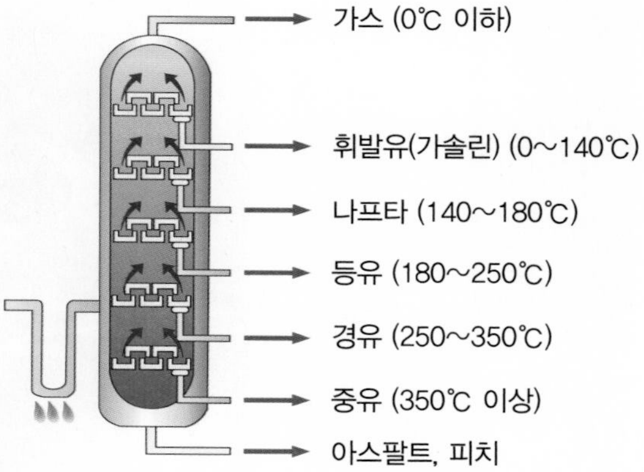

* 끓는점 : 액체가 기체로 변하는 온도이다. 괄호 안의 온도 범위는 그 물질의 끓는점 범위이다.

(1) 원유를 분리할 때 이용하는 물질의 성질은 무엇인지 쓰시오.

(2) 원유를 분리하는 방법을 설명하시오.

창의력 키우기

01 다음 그림은 육상의 한 종목인 장애물 경기로, 여러 명의 선수들이 트랙별로 장애물을 뛰어 넘는 달리기 경기를 하고 있는 모습을 나타낸 것이다.

- ✔ 유창성
- ✔ 융통성
- 독창성
- 정교성

(1) 장애물 경기와 크로마토그래피 원리의 유사점은 무엇인지 쓰시오.

(2) 장애물 경기와 크로마토그래피 원리의 차이점은 무엇인지 쓰시오.

02

기름을 싣고 가던 유조선의 사고로 기름이 흘러나와 바다가 오염되는 사건이 종종 발생되고 있다. 물음에 답하시오.

- 유창성
- ✓ 융통성
- ✓ 독창성
- 정교성

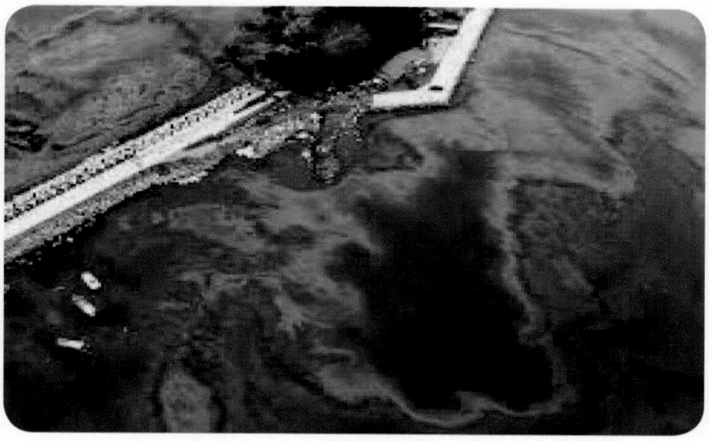

(1) 기름이 바다에 유출되었을 때 발생할 수 있는 문제점들을 3가지 이상 쓰시오.

(2) 바다에 유출된 기름을 제거할 수 있는 방법을 2가지 쓰시오.

01 다음 그림은 아프리카의 건기에 사람들이 웅덩이에서 물을 긷고 있는 모습을 나타낸 것이다. 아프리카 사람들은 비가 오지 않는 건기에는 물 부족이 더욱 심해지기 때문에 오염된 물인줄 알면서도 그 물을 마실 수 밖에 없다고 한다. 오염된 물로 인해 많은 질병에 노출되는데, 오염된 물속에 있던 기생충의 알이 사람 몸속에서 1m가 자라서 살을 뚫고 나오기도 한다.

아프리카 사람들을 위하여 물속의 오염 물질을 거르고 흡착하여 물을 깨끗하게 해 주는 정수기를 만들려고 한다. 우리 주변에서 쉽게 구할 수 있는 다음 재료들을 이용하여 간단한 정수기를 설계하여 설계도를 그리고, 그 원리를 쓰시오.

준비물

페트병

헝겊

숯

굵은 자갈

작은 자갈

모래

"

낙엽이 지는 이유는?

나무는 봄이 되면 싹을 틔우고, 여름에는 푸르름을 자랑하고,
가을이 되면 알록달록 물들고, 겨울이 되면 잎을 하나 둘씩 떨어뜨려 앙상한 가지만 남는다.
나뭇잎은 왜 떨어지는 것일까?

"

8

식물의 세계

개념다지기

쏙 쏙 빈칸을 채워 개념을 완성하세요!

● 잎의 앞면과 뒷면의 다른 점

① 앞면과 뒷면의 색깔이 다르다.
② 뒷면의 잎맥이 더 뚜렷하다.
③ 뒷면에 작은 털이 나 있는 경우가 있다.

● 식물의 잎맥 본뜨는 방법

① 물감으로 본뜨기
나뭇잎 위에 화선지 올려놓기 → 물을 뿌린 후, 솔로 화선지 두드리기 → 먹솜에 물감을 묻혀 화선지 두드리기
② 색연필로 본뜨기
나뭇잎 위에 흰 종이 올려놓기 → 잎맥을 가로질러 색연필로 칠하기

● 잎맥의 생김새에 따른 분류

그물 모양인 것 (그물맥)

잎맥이 그물처럼 얽혀 있다.

나란한 모양인 것 (나란히맥)

잎맥이 줄을 선 것처럼 나란하다.

● 떡잎★과 잎맥의 모양

강낭콩처럼 싹이 틀 때 떡잎이 2장 나오는 식물을 쌍떡잎식물이라고 하며, 대부분 잎맥이 그물 모양이다. 옥수수처럼 떡잎이 1장 나오는 식물을 외떡잎식물이라고 하며, 대부분 잎맥이 나란한 모양이다.

● 과학단어

★마디 식물의 줄기에서 가지나 잎이 붙어 있는 부분
★너비 넓은 물체의 가로 길이를 잰 것
★떡잎 씨앗에서 싹이 트면서 처음으로 나오는 잎

❶ 잎의 구조

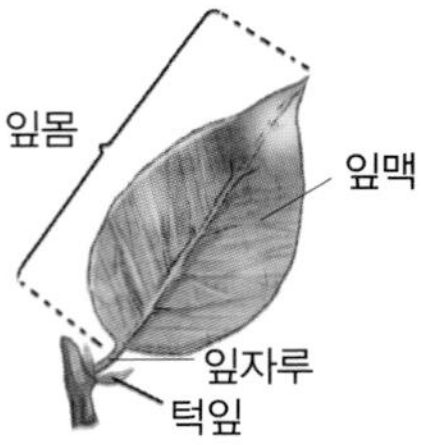

① 잎몸 : 잎의 가장 중요한 부분으로 태양 복사 에너지를 받아 식물이 살아가는 데 필요한 에너지를 만든다.
② 잎맥 : ❶ ____ 과 ❷ ____ 이 지나가는 통로이다.
③ 잎자루 : 잎몸과 줄기를 연결시켜 준다.
④ 턱잎 : 어린 싹을 보호한다.

❷ 잎의 생김새에 따른 분류

❸ ____ 에 따라	잎의 너비★에 따라	잎 가장자리 모양에 따라
한 장인 것(홑잎) 예) 무궁화, 떡갈나무, 느티나무 등	잎이 좁은 것 예) 소나무, 조릿대, 전나무, 대나무 등	가장자리가 갈라진 것 예) 쑥, 엉겅퀴, 떡갈나무, 느티나무, 단풍나무 등
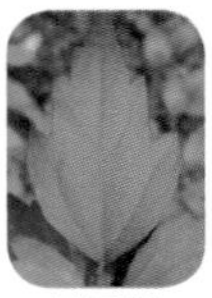 무궁화 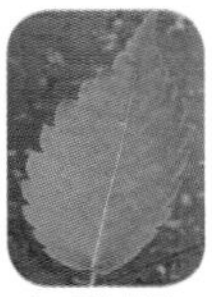 느티나무	 소나무  대나무	 쑥  단풍나무
한 장이 아닌 것(겹잎) 예) 아까시나무, 장미, 토끼풀 등	잎이 좁지 않은 것 예) 머루, 튤립나무, 동백나무 등	가장자리가 갈라지지 않은 것 예) 동백나무, 목련, 토끼풀 등
 아까시나무  장미	 머루  동백나무	 목련  토끼풀

❸ 잎이 줄기에 붙어 있는 모양(잎차례)

어긋나기	마디★ 한 개에 잎이 한 장씩 어긋나게 붙어 있다. 예) 밤나무, 느티나무, 해바라기, 갈대 등
마주나기	마디 한 개에 잎이 두 장씩 마주나게 붙어 있다. 예) 백일홍, 개나리, 회양목, 패랭이꽃 등
돌려나기	마디 한 개에 잎이 세 장 이상 돌려나 있다. 예) 쇠뜨기, 검정말, 삿갓나물 등
뭉쳐나기	여러 개의 잎이 짧은 줄기에 뭉쳐나 있다. 예) 민들레, 은행나무, 소나무 등

어긋나기-느티나무

마주나기-회양목

돌려나기-삿갓나물

뭉쳐나기-소나무

❹ 명아주와 강아지풀 관찰

	명아주	강아지풀
같은점	뿌리끝 부분에 솜털 같은 뿌리털이 많이 나 있음	
뿌리	가운데에 원뿌리가 있고, 그 주위에 가는 곁뿌리가 많이 나 있음(곧은뿌리) 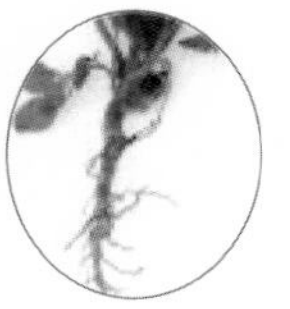	원뿌리와 곁뿌리의 구별이 없음 (수염뿌리) 
잎	둥글고 큰 모양	가늘고 긴 모양
	그물맥	나란히맥

❺ 여러 가지 변형 뿌리

기생 뿌리	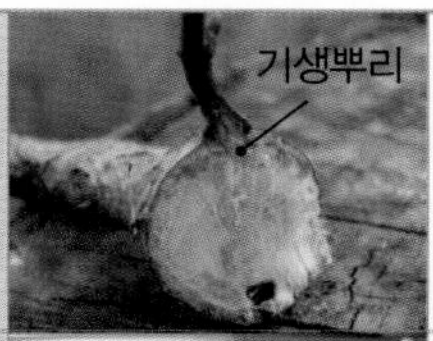	다른 식물의 줄기나 가지에 뿌리를 내어 파고 들어가 기생★ 하여 양분을 빨아들인다. 예) 겨우살이, 새삼 등
수중 뿌리		물 속에서 늘어진 뿌리로 양분을 흡수하고, 몸이 뒤집히지 않게 한다. 예) 개구리밥, 부레옥잠 등
부착 뿌리		줄기에서 뿌리를 내어 다른 것에 달라붙는다. 예) 담쟁이덩굴 등
호흡 뿌리		식물의 뿌리가 물 밖으로 올라가 있어 호흡을 할 수 있게 한다. 예) 맹그로브, 낙우송 등
버팀 뿌리		아래쪽 줄기 마디에서 뿌리를 내어 몸을 지탱한다. 예) 옥수수, 수수 등

❻ 여러 가지 식물의 줄기 관찰

(1) 풀 줄기와 나무 줄기의 비교

	(초본)	나무 줄기(목본)
특징	· 나무 줄기에 비해 단단하지 않다. · 키가 작고 가지가 적다. · 바람에 잘 흔들린다. · 나이테가 없다.	· 풀 줄기에 비해 굵고 단단하다. · 키가 크고 가지가 많다. · 바람에 잘 흔들리지 않는다. · 나이테가 있다.
식물	메꽃, 딸기, 잔디, 해바라기, 봉숭아, 토끼풀 등	담쟁이덩굴, 장미, 단풍나무, 은행나무, 벚나무, 무궁화 등

뿌리털의 역할

뿌리털은 흙 속의 물과 양분을 흡수하는 작용을 한다. 뿌리털의 수가 많을수록 접촉하는 표면적이 넓어지므로 물과 양분을 많이 흡수할 수 있다.

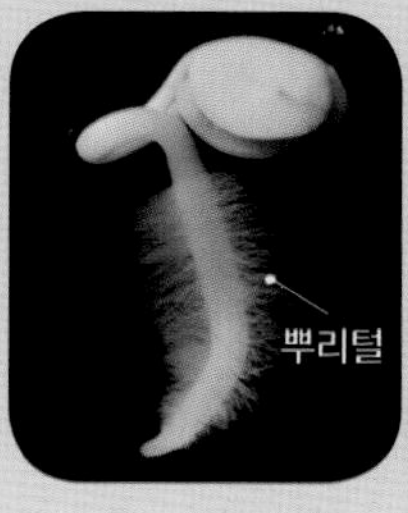

뿌리의 구조

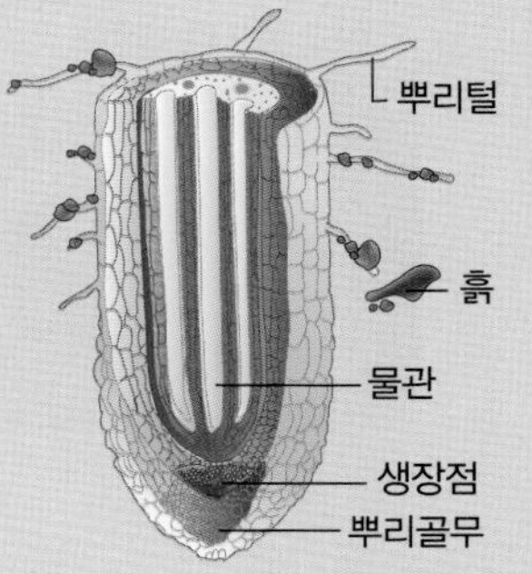

① 뿌리털 : 땅 속에서 물과 양분 흡수
② 생장점 : 세포 분열을 일으켜 생장하게 하는 부분
③ 뿌리골무 : 생장점을 보호
④ 물관 : 물이 이동하는 통로

뿌리가 하는 일

① 지지 작용
외부의 힘에 의해서 식물이 쓰러지는 것을 막고 식물을 지탱해 주는 역할을 한다.
② 흡수 작용
땅 속의 물과 양분을 흡수하여 식물이 시들지 않고 건강하게 자라도록 한다.
③ 저장 작용
뿌리에 양분을 저장하는 식물도 있다.

과학단어

★기생 다른 생물에 붙어 영양을 빼앗는 것

개념다지기

쏙쏙 빈칸을 채워 개념을 완성하세요!

● 나무의 나이테와 나이

① 봄·여름에는 나무가 빨리 자라서 옅은 색깔을 띠게 되고, 가을·겨울에는 천천히 자라서 짙은 색깔을 띠게 된다. 그래서 1년에 옅은 색과 짙은 색 무늬 한 쌍이 만들어진다.
② 사계절이 뚜렷한 우리나라에서 나이테는 1년에 1개씩 생기기 때문에 나이테를 세면 나무의 나이를 알 수 있다.
③ 나무는 주변 환경의 변화에 따라 성장 속도에 영향을 받으므로 나이테가 만들어진다.

▲ 나무의 나이테

● 줄기가 하는 일

① 지지 작용
잎과 꽃을 받쳐주고, 식물체를 지탱한다
② 운반 작용
물과 양분을 이동시킨다.
③ 저장 작용
일부 양분을 저장하기도 한다.
④ 호흡 작용
나무 줄기의 경우, 피목★을 통해 호흡을 한다.

● 여러 가지 꽃 분류하기

① 꽃이 줄기에 붙은 모양에 따라
② 꽃의 구조에 따라
③ 꽃잎의 모양에 따라
④ 꽃가루받이 방법에 따라
⑤ 꽃이 피는 계절에 따라

● 과학단어

★변형 모양이나 형태가 달라지는 것

★피목 겉질눈(나무의 줄기나 뿌리에 코르크 조직이 만들어진 후 기공 대신 공기의 통로가 되는 조직)

(2) 여러 가지 식물의 줄기 모양

곧은 줄기		위로 곧게 자란다. 예) 해바라기, 소나무 등
❺ ______ 줄기		주변의 물체나 다른 식물을 감으며 뻗어 나간다. 예) 나팔꽃, 메꽃 등
기는 줄기		땅바닥을 기며 자란다. 예) 딸기, 잔디, 고구마 등
다육 줄기		양분과 물을 저장한다. 예) 선인장 등
덩이 줄기		땅 속에 있는 일부가 변형★되어 양분을 저장한다. 예) 감자, 양파, 토란 등

(3) 줄기의 겉모양 관찰 : 식물은 종류에 따라 줄기 겉면의 생김새, 색깔, 촉감이 서로 다르며, 같은 줄기에서도 위,아래 위치에 따라서 그 특징에 차이를 보인다.

❻ 꽃 관찰하기

(1) 꽃의 구조

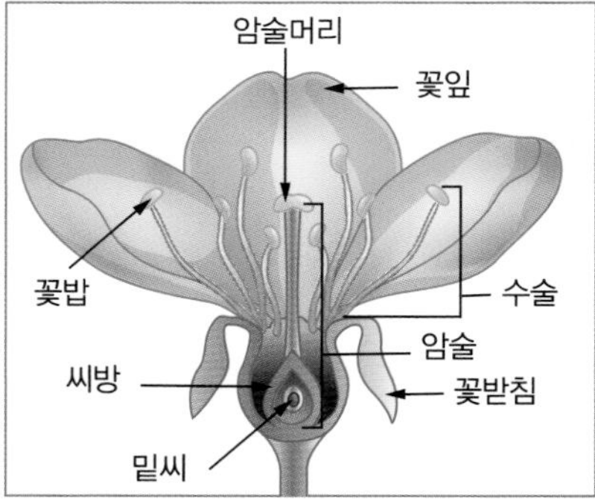

❻ ______	외부 환경의 변화로부터 암술과 수술을 보호한다.
꽃받침	꽃잎을 받쳐서 모아 주어 꽃을 보호한다.
암술	암술머리와 씨방이 암술대에 의해 연결되어 있으며, 꽃가루가 암술머리에 떨어져 수분이 이루어진다.
수술	꽃가루를 만드는 꽃밥과 수술대로 구성되어 있다.

① 갖춘꽃 : 꽃잎, 꽃받침, 암술, 수술이 모두 있는 꽃
예) 개나리, 해바라기 등
② 안갖춘꽃 : 꽃잎, 꽃받침, 암술, 수술 중 한 가지 이상이 없는 꽃
예) 벼(꽃잎이 없음), 호박(암꽃 : 수술 없음, 수꽃 : 암술 없음) 등

❻ 열매와 씨

(1) 열매와 씨

① 식물은 꽃이지고 나면, 열매와 씨를 맺는다.

② 식물의 종류에 따라 열매와 씨의 ❼ ______ 이 다양하다.

(2) 열매 속 씨가 퍼지는 방법

퍼지는 방법	씨의 특징	식물의 예
동물에게 먹혀서	씨가 들어 있는 열매의 맛이 좋다.	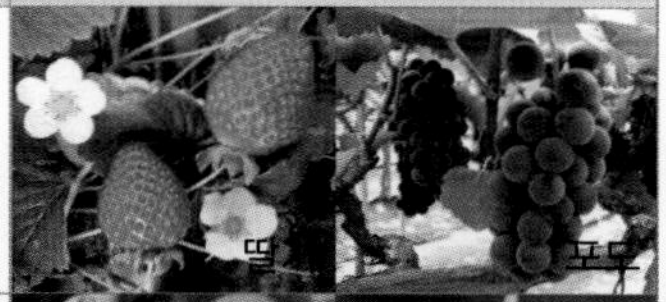
꼬투리가 터져서	꼬투리에 싸여 있다가 건조해지면 껍질이 비틀리면서 터져 씨앗이 튕겨 나간다.	
바람에 날려서	털이나 날개 같이 바람에 잘 날릴 수 있는 구조로 되어 있다.	
동물의 몸에 붙어서	바늘이나 갈고리가 있거나, 끈끈한 물질이 있다.	
물 위에 떠서	열매 속에 공기 주머니 같은 것이 있어서 다른 곳으로 이동될 때까지 물에 떠 있을 수 있다.	

씨와 열매의 모양이나 퍼지는 방법을 적용한 예

① 벨크로(일명 찍찍이) : 도깨비풀, 우엉 씨의 생김새

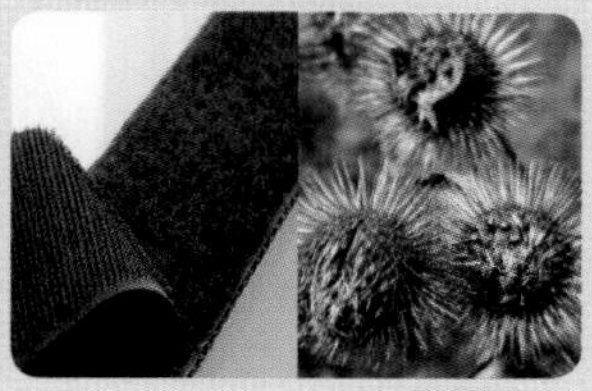

▲ 벨크로 ▲ 우엉씨

② 낙하산 : 민들레의 씨앗의 퍼짐

▲ 낙하산 ▲ 민들레씨

③ 헬리콥터의 날개 : 단풍나무 씨가 퍼지는 방법

▲ 헬리콥터 ▲ 단풍나무 씨

SPEED CHECK!

기본확인문제

1. 식물은 잎, 줄기, 뿌리, 꽃과 열매로 이루어졌다. (O / X)
2. 잎의 뒷면보다 앞면에서 잎맥이 더 잘 드러난다. (O / X)
3. 잎맥의 생김새에 따라 나란한 모양인 것과 그물 모양인 것으로 나눌 수 있다. (O / X)
4. 잎을 생김새에 따라 나눌 때에는 기준이 필요하다. (O / X)
5. 마디 한 개에 잎이 두 짝씩 마주나게 붙어 있는 것을 '어긋나기'라고 한다. (O / X)
6. 잎차례는 모든 잎들이 햇빛을 골고루 받기 위해 식물이 적응한 형태이다.. (O / X)
7. 식물의 줄기가 뻗는 모양에 따라 곧은 줄기, 감는 줄기, 기는 줄기 등으로 나눌 수 있다. (O / X)
8. 식물의 뿌리가 흡수한 물은 줄기를 통해 꽃과 잎으로 이동한다. (O / X)
9. 사계절이 뚜렷한 우리나라에서 나이테를 세어보면 나무의 나이를 알 수 있다. (O / X)

개념다지기 정답 | ❶❷ 물, 양분 ❸ 잎의 수 ❹ 풀 줄기 ❺ 감는 ❻ 꽃잎 ❼ 모양

탐구력 키우기

탐구1. 우리 주변의 식물 잎 관찰

탐구과정

준비물
여러 종류의 잎

1. 학교(또는 주변)에서 여러 종류의 잎을 모은다.
2. 다양한 기준을 세워 잎을 분류해 본다.

탐구결과

1. 잎을 분류할 수 있는 기준을 3가지 이상 쓰시오.

2. 잎의 잎맥을 관찰해 보니 크게 다음 두 가지의 잎맥으로 분류할 수 있었다. 각 잎맥의 이름과 특징을 각각 쓰시오.

		이름	특징
(가)			
(나)			

탐구2. 꽃의 관찰

탐구과정

준비물
장미, 백합(능소화), 핀셋, 돋보기

1. 장미와 백합을 준비한다.
2. 겉모습으로 꽃을 이루는 각 부분의 이름을 알아본다.
3. 꽃을 꽃을 이루는 각 부분으로 분리하면서 내부 각 부분의 이름을 알아본다.
4. 장미와 백합의 공통점과 차이점을 비교해서 기록한다.

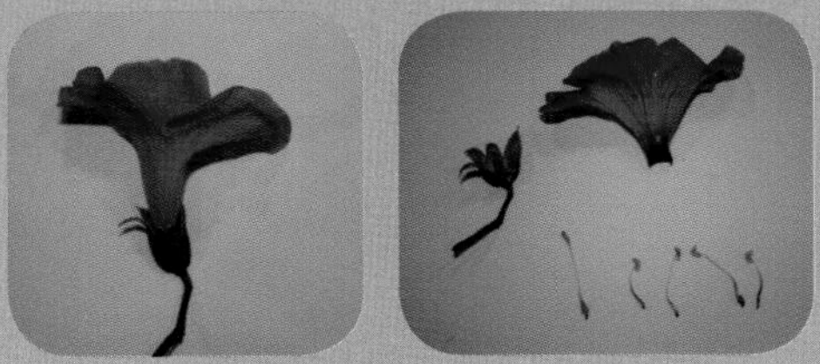
능소화

장미

탐구결과

1. 두 꽃의 공통점과 차이점을 쓰시오.

- 공통점 :

- 차이점 :

2. 다음 중 꽃에 대한 설명으로 옳은 것을 모두 고르시오.

① 꽃은 주로 봄이나 여름에 핀다.
② 암술이나 수술이 없는 꽃도 있다.
③ 모든 꽃은 지고 나면 열매나 씨를 맺는다.
④ 모든 꽃은 화려한 색의 꽃잎을 가지고 있다.
⑤ 꽃잎, 꽃받침, 암술, 수술이 모두 있는 꽃을 갖춘꽃이라고 한다.

01 다음 그림과 같이 식물의 모습을 관찰하여 그림으로 나타내었다. (가)~(마)의 명칭을 바르게 쓰시오.

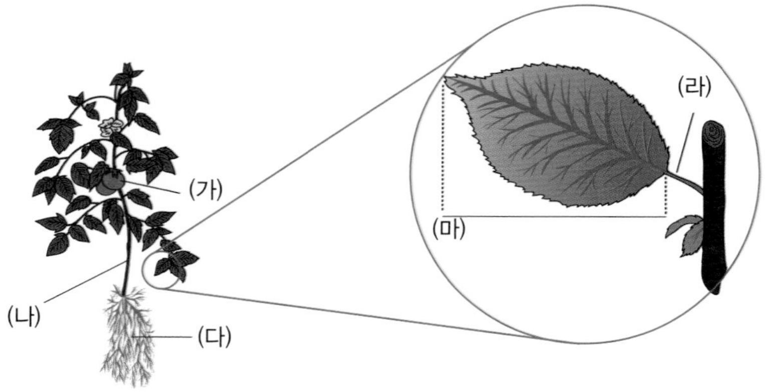

02 태희는 다양한 방법으로 식물의 잎을 관찰하고 기록하였다.

다음 중 태희가 잎을 관찰하는 방법으로 옳은 것을 모두 고르시오.

① 전체적인 것에서부터 부분적인 것으로 관찰한다.
② 잎의 색깔, 모양, 크기, 길이, 냄새, 촉감 등을 관찰한다.
③ 잎을 만져본 느낌은 사람마다 다르므로 관찰하지 않는다.
④ 관찰한 내용을 간략하게 적고, 알고 있는 지식을 많이 적는다.
⑤ 잎을 그릴 때는 가는 잎맥 → 굵은 잎맥 → 잎 가장자리 순으로 그린다.

03 다음 그림과 같이 색연필을 이용하여 식물의 잎을 본뜨려고 한다.

잎을 본 뜰 때 앞면과 뒷면 중 어느 쪽이 위를 향하게 놓아야 하는지, 그 이유와 함께 쓰시오.

04 선경이는 나무의 잎이 가지에 붙어 있는 모습을 관찰하였다. 선경이가 관찰한 내용으로 바른 것을 모두 고르시오.

① 마디 한 개에 잎이 세 장 돌려져 있다.
② 여러 개의 잎이 줄기 주변에 뭉쳐 나 있다.
③ 햇빛을 골고루 받을 수 있는 형태로 붙어 있다.
④ 마디 한 개에 잎이 한 장씩 어긋나게 붙어 있다.
⑤ 마디 한 개에 잎이 두 장씩 마주나게 붙어 있다.

05 다음은 사막에서 볼 수 있는 선인장의 모습이다. 선인장에 대한 설명으로 옳은 것을 모두 고르시오.

① 가시는 선인장의 줄기가 변해서 된 것이다.
② 선인장의 줄기에는 물과 양분이 저장되어 있다.
③ 선인장의 뿌리와 줄기는 땅 속에 있고, 잎만 땅 위로 나와있다.
④ 선인장의 가시는 초식 동물로부터 자신을 보호하는 역할을 한다.
⑤ 수분 증발을 막아 사막의 환경에 잘 적응할 수 있도록 잎은 가시 모양이다.

06 다음 그림 (가)는 열대 지방에서 자란 나무의 단면이고, 그림 (나)는 온대 지방에서 자란 나무의 단면을 나타낸 것이다. 이 나무 줄기의 단면을 보고 탐구할 수 있는 주제를 5가지 쓰시오.

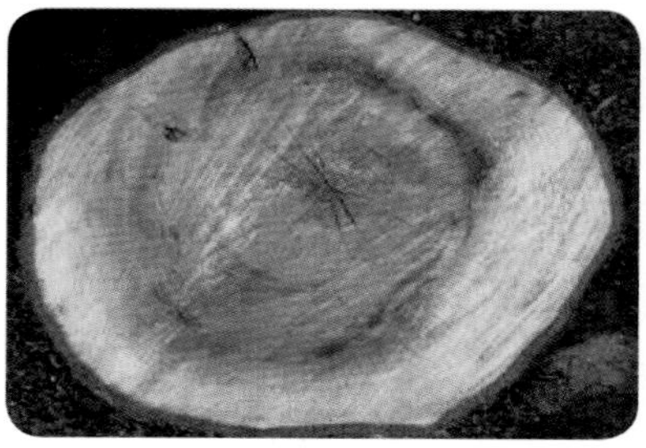

(가)

(나)

07
다음 사진은 강아지풀의 풀줄기와 상수리나무의 나무 줄기를 나타낸 것이다. 풀줄기와 나무 줄기의 차이점을 3가지 쓰시오.

풀줄기(강아지풀)

나무 줄기(상수리나무)

08
수현이는 여러 가지 꽃을 다음과 같이 둘로 나누었다. 수현이가 꽃들을 분류한 기준은 무엇인지 다음에서 고르시오.

장미 벚꽃

진달래 백합

① 꽃의 색깔에 따라
② 꽃잎의 모양에 따라
③ 꽃이 피는 계절에 따라
④ 꽃이 줄기에 붙는 모양에 따라
⑤ 꽃가루가 운반되는 방법에 따라

STEP BY STEP

09

식물의 잎은 잎맥의 모양에 따라 그물맥과 나란히맥으로 분류할 수 있다. 다음 물음에 답하시오.

그물맥

나란히맥

(1) 식물의 잎맥이 하는 일을 쓰시오.

(2) 식물마다 잎맥의 모양이 다른 이유는 무엇인지 쓰시오.

(3) 우리 주변에서 식물의 잎맥과 같은 역할을 하는 것을 찾아서 쓰시오.

STEP BY STEP

10 진이는 다음과 같이 해바라기의 아래쪽부터 위쪽으로 잎에 한 장씩 번호를 매겨가면서 잎 사이의 거리와 틀어진 방향을 기록하였다. 물음에 답하시오.

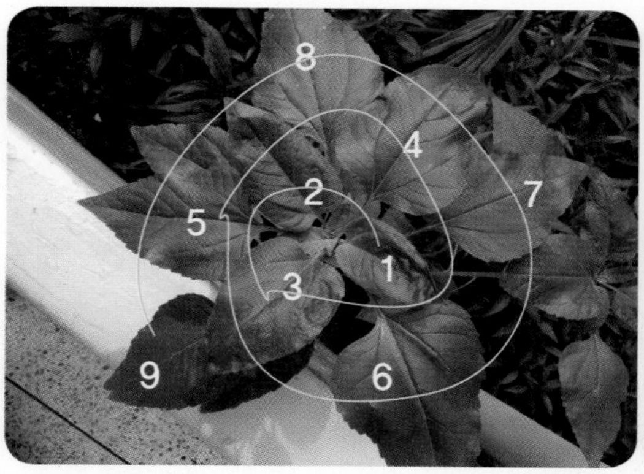

(1) 이 식물의 잎의 배열의 특징에 대해 설명하시오.

(2) 이러한 잎의 배열을 통해 이 식물이 얻을 수 있는 이로운 점은 무엇인지 쓰시오.

STEP BY STEP

11 식물은 자라는 곳의 환경에 알맞게 적응한다. 다음 사진은 갯벌이나 하구에 서식하는 맹그로브 나무의 모습이다. 다음 물음에 답하시오.

(1) 다른 나무 뿌리와 비교했을때 맹그로브 나무 뿌리가 갖는 특징은 무엇이 있는지 쓰시오.

(2) (1)에서의 특징이 나타나게 된 원인을 맹그로브 나무의 서식 환경과 연관지어 설명하시오.

12

우리 주변의 식물 중에는 해바라기와 같이 위로 곧게 자라는 식물과 나팔꽃과 같이 주변의 물체나 다른 식물을 감고 올라가는 덩굴 식물이 있다.

해바라기

나팔꽃

이 두 가지 식물을 비교하여, 식물이 위로 곧게 자라는 것과 다른 식물을 감고 올라가는 것의 유리한 점을 적어 다음 표를 완성하시오.

위로 곧게 자라는 식물이 덩굴식물보다 유리한 점	
덩굴식물이 위로 곧게 자라는 식물보다 유리한 점	

창의력 키우기

01

- 유창성
- ✓ 융통성
- ✓ 독창성
- 정교성

지구상에서 1500만 km^2를 넘는 광대한 면적을 차지하는 사막은 지구에 있는 육지의 10% 이상이나 되며 극히 광범위한 범위에 걸쳐 분포한다. 다음 그림은 사막의 특징을 나타내 것이다.

사막의 특징

- 강한 바람이 자주 분다.
- 밤과 낮의 기온 차이가 매우 심하다.
- 물이 매우 부족하다.
- 비가 오지 않는 기간이 길다.

사막에서 서식하는 식물의 뿌리는 사막의 환경에 적응하기 위해 어떤 특징을 가질지 아래의 그림에 뿌리를 그려 나타내시오.

02

- ✓ 유창성
- 융통성
- ✓ 독창성
- 정교성

연진이는 공원에서 놀다가 여러 가지 모양의 잎을 모아서 집으로 가져왔다. 모아온 나뭇잎들을 기준을 세워 분류하려고 한다. 다음 예와 같이 분류 기준과 그에 대한 설명을 4가지 이상 쓰시오.

	분류 기준	설명
(예)	잎의 너비	잎이 넓은 것과 좁은 것
1		
2		
3		
4		
5		

01 민들레 씨에는 깃털이 달려 있어 바람에 날려서 잘 퍼진다. 낙하산은 민들레가 바람에 의해 퍼지는 모습을 적용한 것이다.

→ 적용

이외에도 우리 생활에는 씨와 열매의 모양이나 퍼지는 방법을 적용한 예가 많다. 다음은 꼬투리를 터뜨려 씨앗을 퍼지게 하는 콩의 모습이다. 콩의 꼬투리가 터지는 모습을 우리 생활에 적용시켜 새로운 장치를 고안해서 대략적인 모습을 그려 보시오.

→ 적용

“

이글루 안에 물을 뿌리는 까닭은 무엇일까?

북극 지방에 사는 이누이트들은 눈으로 만든 '이글루'라는 움집을 짓고 살았다.
그런데 날이 더 추워지면 이누이트인들은 이글루 안에 물을 뿌렸다.
추운 날씨에 물을 뿌린 이유가 무엇일까?

”

9

모습을 바꾸는 물

개념다지기

쏙 쏙 빈칸을 채워 개념을 완성하세요!

● 물의 상태 변화

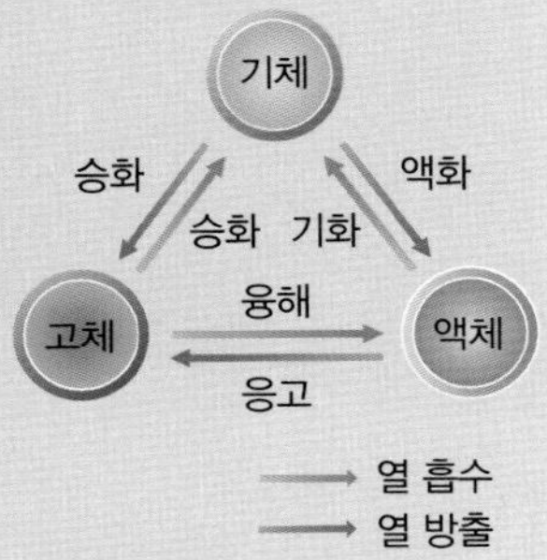

● 물의 활용

① 댐 : 홍수나 가뭄이 생기면 물의 양을 조절하고, 수력 발전을 한다.

② 하수 처리장 : 생활 하수, 강이나 호수의 물에서 더러운 것을 걸러내어 깨끗한 수돗물을 만든다.

● 물을 절약하는 방법

① 컵에 물을 받아서 양치질을 한다.
② 세면대에 물을 받아서 세수한다.
③ 빨래를 모아서 세탁기를 돌린다.
④ 변기의 물통에 벽돌을 넣어둔다.
⑤ 싱크대에 물을 받아서 설거지를 한다.

● 과학단어

★분포 흩어져 퍼져 있는 것

★평균 여러 수치나 양의 중간값

❶ 물의 세 가지 상태

상태	❶	❷	❸
모습			
	얼음, 눈	물	수증기
부피	일정	일정	담는 그릇에 따라 변함
모양	일정	담는 그릇에 따라 변함	
생활에 이용되는 곳	팥빙수 등 음식에 생선을 보관할 때	마시는 물 요리할 때 씻을 때	스팀다리미 떡 등을 찔 때

❷ 소중한 물

(1) 물의 분포★ : 지구 표면의 약 ❹ 는 물로 덮여 있는데, 이 중 97%는 바닷물이고, 나머지 3%는 육지의 물이다. 육지의 물은 대부분 빙산과 빙하의 형태로 존재하며 우리가 실생활에 이용할 수 있는 물은 지구 전체 물의 1%도 되지 않는 아주 적은 양이다.

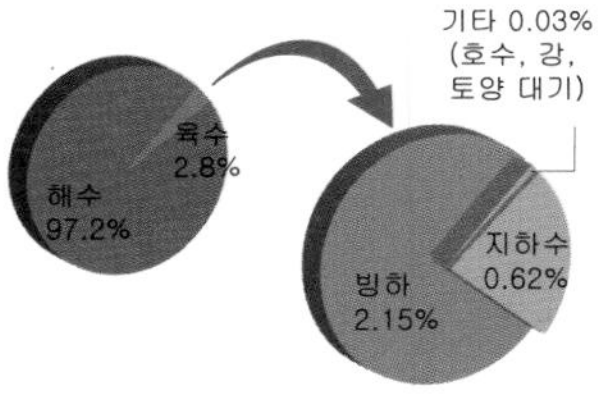

(2) 우리 나라는 물 부족 국가

① 우리 나라는 연평균 강수량은 많지만, 비가 여름에 집중적으로 내리기 때문에 다른 계절의 강수량은 세계 평균★ 이하이다.

② 우리 국민의 1인 하루 물 사용량은 380L 로 다른 나라에 비해 많은 편이다.

(3) 낭비되는 물의 양 조사하기

① 물방울이 떨어지는 수도꼭지 밑에 페트병을 놓아 물방울을 모은다.

② 한 시간이 지난 다음 페트병 속에 담겨진 물의 양을 측정한다.

③ 하룻동안에 버려지는 물의 양과 1년 동안에 버려지는 물의 양을 계산한다.

하룻동안 낭비된 물의 양 (mL) = 한 시간 동안 버려지는 물의 양(mL) × 24(시간)

1년동안 낭비된 물의 양 (mL) = 하룻동안 버려지는 물의 양(mL) × 365(일)

❸ 물과 얼음

(1) 물과 얼음의 상태 변화

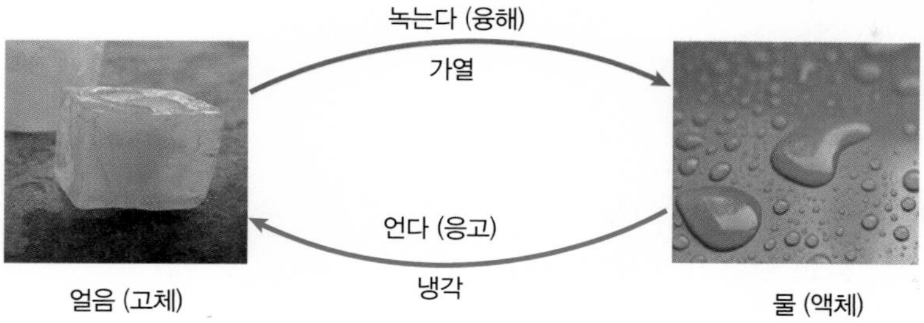

(2) 물이 냉각★ 될 때의 온도 변화 : 물이 든 시험관을 얼음과 소금이 든 비커에 넣고, 일정한 시간 간격으로 온도를 측정한다.

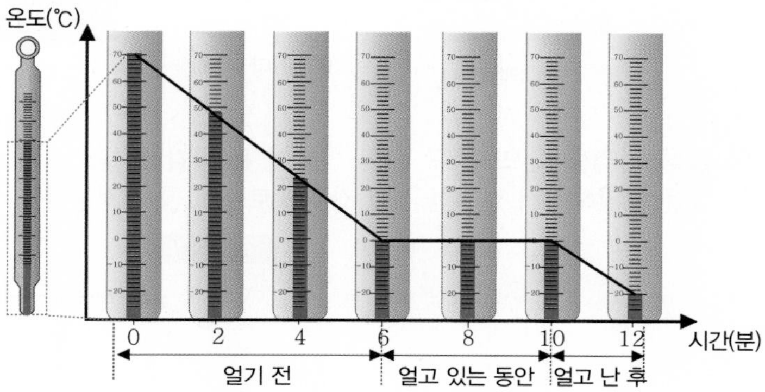

온도변화	· 물을 냉각시키면 온도가 계속 내려간다. · 물이 어는 동안 온도가 ❺ ______. · 물이 완전히 얼면 다시 온도가 내려간다.

(3) 물이 얼기 전과 후의 부피 변화

[결과]
→ 얼음의 높이는 얼기 전 물의 높이보다 ❻ ______.

알 수 있는 사실	· 물은 얼기 전보다 언 후의 부피가 늘어난다. · 같은 양의 얼음은 같은 양의 물보다 부피★가 크다.

(4) 물이 얼기 전과 후의 부피 변화를 볼 수 있는 예

① 추운 겨울날 수도관이 터지는 경우
② 물을 가득 채운 유리병을 냉동실에 넣었을 때 유리병이 깨지는 경우
③ 겨울날 물을 가득 담아 두었던 장독이 깨지는 경우
④ 겨울철 바위 틈새에 스며든 물이 얼면서 바위가 깨지는 경우
⑤ 냉동실에 두었던 요구르트 병이 뚱뚱해 지는 경우

● 어는점

물이 어는 동안 온도가 변하지 않는 구간이 있는데, 이 때의 온도를 어는점이라고 한다. 온도가 변하지 않는 이유는 물이 얼음으로 상태 변화하면서 열(응고열)을 내보내기 때문이다.

● 이누이트들이 이글루 안에 물을 뿌리는 이유

이누이트들이 이글루 안에 물을 뿌리면 물이 얼면서 열이 방출되어 따뜻해진다. 겨울철에 눈이 오는 날 상대적으로 더 포근함을 느끼는 것도 수증기가 승화되어 눈이 되면서 열을 방출하기 때문이다.

● 빙산 만들기

① 실험 방법
플라스틱 컵에 물을 가득 담고 냉동실에 넣어 얼린 다음, 얼음을 꺼내어 물이 들어 있는 큰 그릇에 넣는다.
② 실험 결과
얼음 덩어리는 가라 앉지 않고 물 위에 뜬다. 물에 잠긴 얼음의 양은 물 위에 나와 있는 얼음 양의 6~11배 정도이다.

● 물보다 얼음의 부피가 커져서 생기는 현상

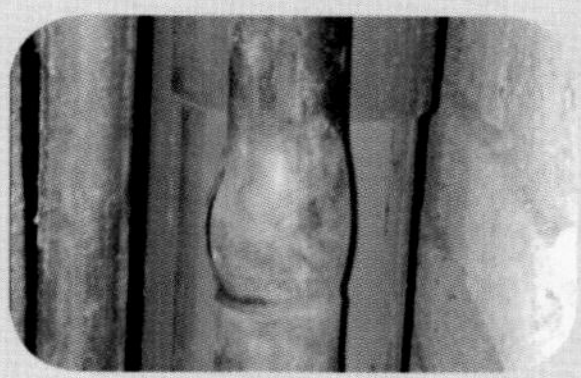

▲ 수도관의 동파★

● 물 이외의 물질이 얼 때의 부피 변화

물 이외의 물질의 부피는 물과는 반대로 고체에서 액체로 될 때 커진다.

● 과학단어

★냉각 물체나 물질의 더운 기운을 잃게 하여 차갑게 함
★부피 넓이와 높이를 가진 물건이 공간에서 차지하는 크기
★동파 얼어서 터짐

개념다지기

쏙쏙 빈칸을 채워 개념을 완성하세요!

● 끓는점

물이 끓고 있는 동안 온도가 변하지 않는 구간이 있는데, 이때의 온도를 끓는점이라고 한다. 물이 흡수한 열에너지를 모두 기체로 상태 변화하는데 사용하기 때문이다.

● 운동 후 땀을 흘리면 시원해 지는 이유

땀(액체 상태)이 수증기(기체 상태)가 되면서 몸의 열을 빼앗아가기 때문에 시원해진다. 더운 여름날 거리에 물을 뿌리면 더위가 가시고, 주사를 맞기 전 알코올 솜으로 팔을 문지르면 시원함을 느끼는 것도 같은 원리이다.

● 증발과 끓음의 차이점

	증발	끓음
장소	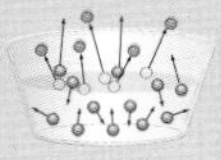 액체 표면★에서의 기화	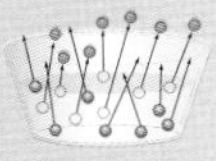 액체 전체에서의 기화
온도	모든 온도	끓는점 이상의 온도
원인	분자가 스스로 운동해서	외부로부터 열을 받아서

● 증발이 잘 일어나는 조건

① 공기가 건조★할 때
② 바람이 많이 불 때
③ 온도가 높을 때
④ 공기와 닿는 면이 넓을 때

● 응결이 일어나는 조건

① 공기 중에 수증기가 많을 때
② 공기의 온도 변화가 클 때

● 과학단어

★표면 물체의 가장 바깥쪽 혹은 위쪽의 부분

★건조 습기가 없거나 아주 적은 상태. 물기나 습기를 말려서 없애는 것

❹ 물과 수증기

(1) 물과 수증기의 상태 변화

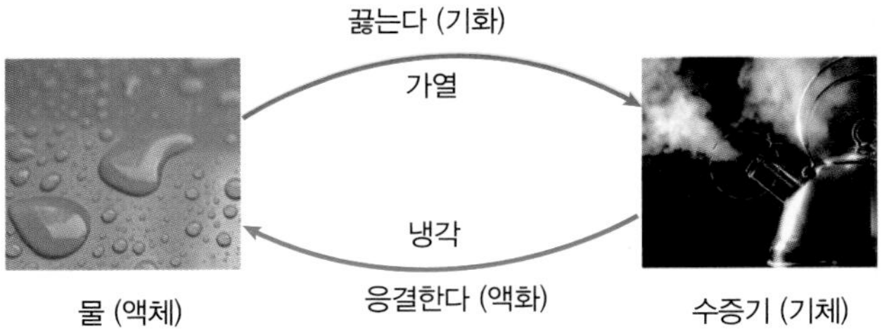

(2) 물을 가열할 때의 온도 변화 : 물이 든 삼각 플라스크에 온도계를 꽂고, 물을 가열하면서 일정한 시간 간격으로 온도를 측정한다.

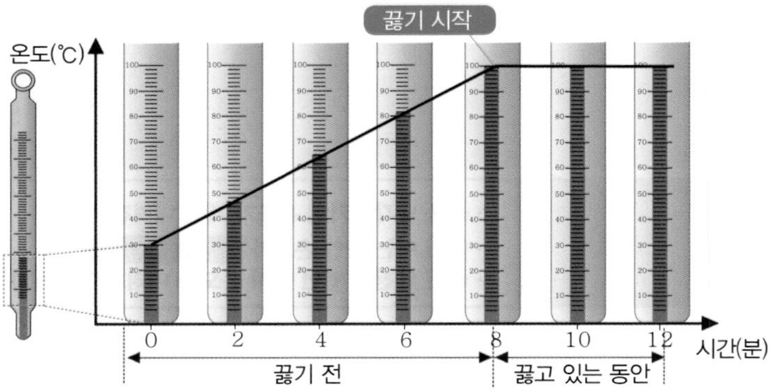

온도 변화	· 물을 가열하면 끓기 전까지 온도가 계속 올라간다. · 물이 끓는 동안은 온도가 더 이상 올라가지 않고 약 100℃ 정도로 일정하게 유지된다.

(3) 물의 ❼ ________ : 물의 표면에 있던 액체 상태의 물이 기체 상태의 수증기가 되어 공기 중으로 사라진다.

어항의 물이 줄어듦

빨래가 마름

젖은 땅이 마름

(4) 수증기의 ❽ ________ : 기체 상태의 수증기가 차가운 물체와 닿거나 온도가 내려가면 액체 상태의 물(물방울)로 상태가 변한다.

김

이슬

안개

❺ 물의 순환*

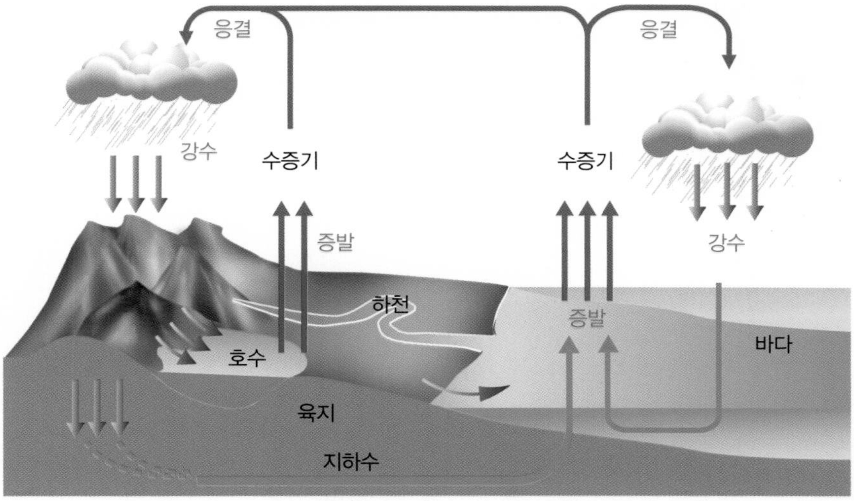

물은 증발하여 공기 속의 수증기가 되고, 수증기는 대기의 흐름을 따라 이동하다가 비나 눈의 모습으로 다시 땅으로 떨어진다. 땅으로 내려온 물은 지표면을 흘러 강을 이루고 바다나 호수로 흘러가기도 한다. 또한 일부는 지하수가 되어 땅 속을 흐르기도 하고, 생물체에 흡수되어 생물체를 이루기도 한다. 이처럼 물은 구름, 비, 눈, 얼음 등으로 모습이 바뀌면서 끊임없이 순환하고 있으며, 물의 순환 과정을 일으키는 근본적인 에너지는 ❾ ______ 이다.

기상* 현상에서의 물의 상태

물의 상태	기상 현상
물 (액체)	안개, 이슬, 비, 구름
얼음 (고체)	눈, 우박

구름과 안개의 구성 성분

구름은 공기중의 수증기가 응결한 물방울과 온도가 낮아지면서 생긴 작은 얼음덩어리(빙정)로 구성되어 있다.

안개는 공기중의 수증기가 응결한 물방울들이 지표면 가까이 떠 있는 것이다.

과학단어

*순환 어떤 현상이나 변화 과정이 주기적으로 반복되거나 되풀이하여 도는 것, 한 번 지나거나 되풀이하여 자꾸 도는 것

*기상 바람, 구름, 비 등 대기 중에서 일어나는 모든 현상

SPEED CHECK!

기본확인문제

1. 물은 얼음, 물, 수증기의 세 가지 상태로 존재한다. (O / X)
2. 우리 나라는 비가 많이 오기 때문에 언제나 물이 풍부하다. (O / X)
3. 지구상의 물은 97%가 바닷물이고, 나머지도 대부분 빙하로 존재하기 때문에 우리가 사용할 수 있는 물은 전체의 1%도 안 된다. (O / X)
4. 물을 가열하면 수증기로 변하고, 냉각하면 얼음이 된다. (O / X)
5. 물이 얼음으로 될 때 부피가 작아진다. (O / X)
6. 물을 냉각시키면 고체 상태인 얼음이 되는데, 이것을 '언다'라고 한다. (O / X)
7. 물을 가열하면 온도가 올라가다가 100℃근처에서 온도가 일정해진다. (O / X)
8. 수증기가 온도가 올라가 응결하면 물로 상태 변화한다. (O / X)
9. 물의 순환을 일으키는 근본적인 원인은 지구 내부 에너지이다. (O / X)

개념다지기 정답 | ❶ 고체 ❷ 액체 ❸ 기체 ❹ 70% ❺ 일정하다 ❻ 녹다 ❼ 증발 ❽ 응결 ❾ 태양 복사 에너지

탐구1. 물을 가열할 때의 온도 변화

탐구과정

준비물
온도계, 삼각플라스크, 가열 장치, 스탠드, 시계

① 알코올램프 가열 장치를 준비한다.
② 삼각플라스크에 따뜻한 물을 넣고 알코올램프 가열 장치 위에 올려 놓는다.
③ 삼각플라스크 안의 물에 온도계의 구부가 잠기도록 준비한다.
④ 알코올램프에 불을 붙이고, 2분 간격으로 온도를 측정한다.

탐구결과

1. 2분 간격으로 온도를 측정하여 다음 표에 기록하시오.

시간(분)	0	2	4	6	8	10	12	14	16	18	20
온도(℃)											

2. 물을 가열했을 때의 온도 변화를 그래프로 나타내시오.

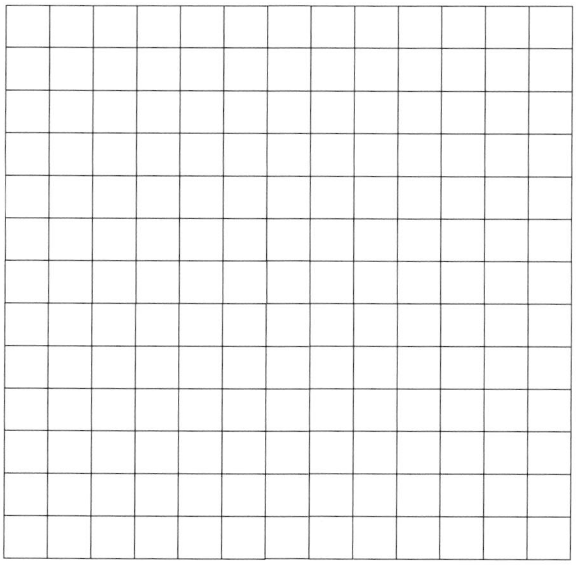

탐구2. 물을 냉각할 때의 온도 변화

탐구과정

준비물
온도계, 스탠드, 시계, 시험관, 얼음, 소금, 비커

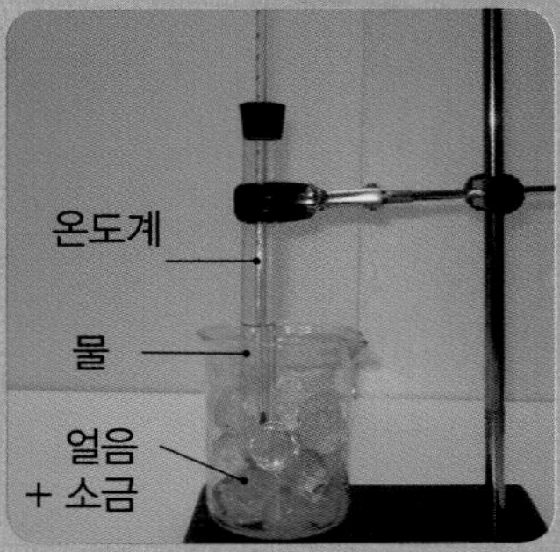

① 시험관에 물을 반쯤 넣는다.
② 시험관 안의 물에 온도계의 구부가 잠기도록 준비한다.
③ 비커에 얼음을 넣고 ②의 시험관을 가운데에 세운다.
④ 비커에 얼음에 소금을 조금 넣어준다.
⑤ 2분 간격으로 온도를 측정한다.

탐구결과

1. 2분 간격으로 온도를 측정하여 다음 표에 기록하시오.

시간(분)	0	2	4	6	8	10	12	14	16	18	20
온도(℃)											

2. 물을 냉각했을 때의 온도 변화를 그래프로 나타내시오.

01

우리는 다양한 상태의 물을 사용하고 있다. 고체 상태인 얼음, 액체 상태인 물 또는 기체 상태인 수증기를 실생활에 사용하고 있다. 우리 주변에서 고체 상태인 얼음을 실생활에 이용하는 경우를 3가지 이상 쓰시오.

02

지구상에는 물이 갖가지 형태로 존재한다. 다음 표는 지구상에서 물이 나타내는 형태의 부피비를 나타낸 것이다. 표의 A, B, C, D, E 에 해당하는 형태를 아래 그림에서 골라 각각 짝 지으시오.

구분	A	B	C	D	E
비율(%)	97.2	2.15	0.62	0.02	0.01

㉠ 해수

㉡ 빙하

㉢ 강물

㉣ 지하수

㉤ 공기 중의 수증기

03
다음 그림은 수도관이 얼면서 터진 모습을 나타낸 것이다. 이런 현상이 일어나는 이유를 물이 상태 변화할 때의 부피 변화를 이용하여 설명하시오.

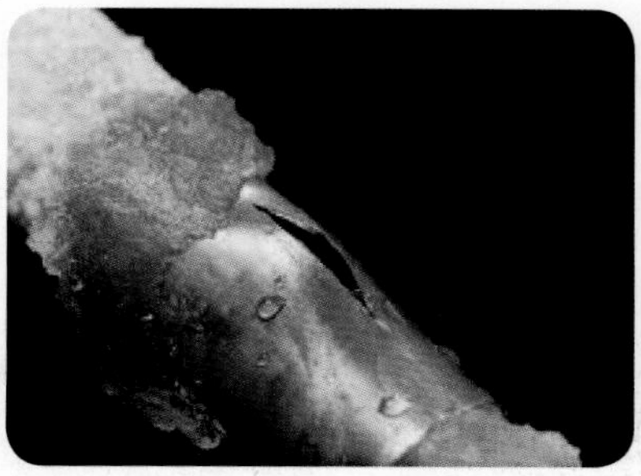

04
공기 속의 수증기가 찬 물체의 표면에 달라붙어 물방울이 맺히는 것을 이슬이라고 한다. 다음 중 이슬이 생기는 원리와 같은 원리로 생긴 물방울을 모두 고르시오.

① 추운날 유리창에 생긴 물방울

② 컵 표면에 생긴 물방울

③ 가습기에서 나오는 물방울

④ 하늘에서 내리는 빗방울

⑤ 맑은 날 아침 거미줄에 맺힌 물방울

05 더운 여름날 길가에 물을 뿌리는 사람들의 모습을 본 적이 있을 것이다. 물을 뿌리고 나면 시원하게 느껴지는 이유는 무엇인지 쓰시오.

06 민경이는 '물을 포함하고 있는 물체가 공기와 닿는 면적이 넓으면 물이 빨리 증발할 것이다.'라는 가설을 세웠다. 다음 중 민경이의 가설을 증명할 수 있는 실험 방법이라고 생각되는 것을 모두 고르시오.

① 똑같은 수건을 세탁기에 넣어 같은 시간 탈수한 다음, 하나는 실내에 두고 다른 하나는 실외에 둔다.
② 같은 부피의 물을 똑같은 눈금 실린더에 각각 담고, 일정한 시간이 지난 후, 물의 부피를 비교해 본다.
③ 같은 부피의 물을 눈금 실린더와 페트리 접시에 각각 담고, 일정한 시간이 지난 후 물의 부피를 비교해 본다.
④ 똑같은 수건을 세탁기에 넣어 같은 시간 탈수한 다음, 하나는 완전히 펴 놓고 다른 하나는 세번 쯤 접어 같은 장소에 둔다.
⑤ 두께가 다른 수건을 세탁기에 넣어 같은 시간 탈수한 다음, 하나는 완전히 펴 놓고 다른 하나는 세 번쯤 접어 같은 장소에 둔다.

07

진성이는 유리 컵 표면에 생긴 물방울을 보고, '유리컵 속의 물이 새어 나와서 생긴 것이다.'라고 생각하였다. 진성이의 생각이 틀리다는 것을 확인시켜 줄 수 있는 실험 방법을 간단히 쓰시오.

08

다음은 물이 순환하는 모습을 나타낸 것이다. 이러한 물의 순환 과정과 각종 기상 현상이 일어나게 하는 근원적인 에너지는 무엇인지 쓰고, 물의 순환 과정을 간단히 설명하시오.

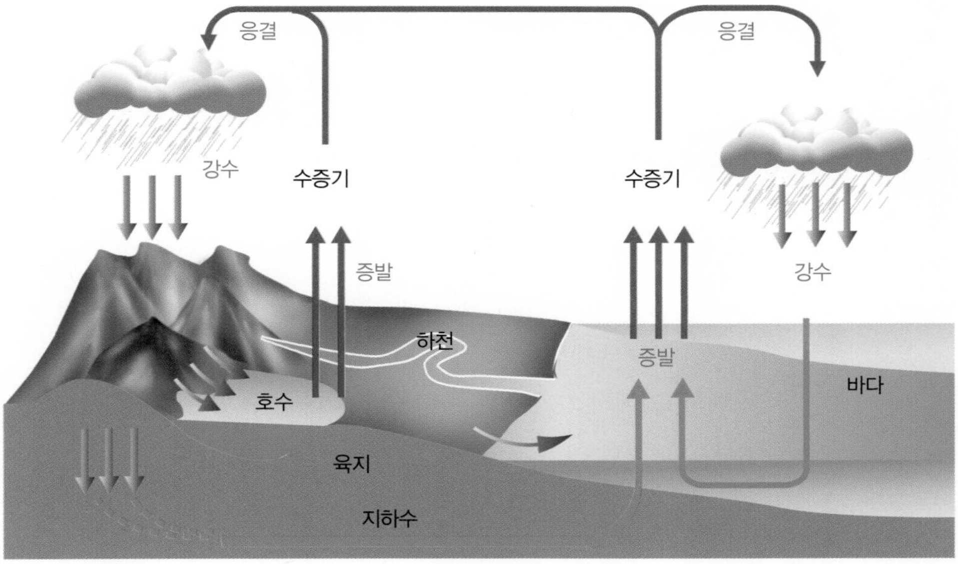

STEP BY STEP

09 영주는 시원한 물을 마시기 위해 물에 얼음을 넣었더니 얼음이 물 위에 떠 있는 것을 발견했다. 다음 물음에 답하시오.

(1) 얼음이 물 위에 떠 있는 이유를 쓰시오.

(2) 물에 떠 있는 얼음을 가라앉힐 수 있는 방법을 쓰시오.

(3) 위의 (2)에서 가라앉은 얼음을 다시 띄울 수 있는 방법을 쓰시오.

STEP BY STEP

10 그림 (가)는 콜라가 들어 있는 캔을 냉동실에 넣었을 때의 변화를 나타낸 것이고, 그림 (나)는 빨대가 꽂힌 요구르트 병을 여름철 차 안에 두었을 때의 변화를 나타낸 것이다.(단, 그림 (나)에서 진한 부분은 요구르트가 채워져 있는 부분을 나타낸다.) 다음 물음에 답하시오.

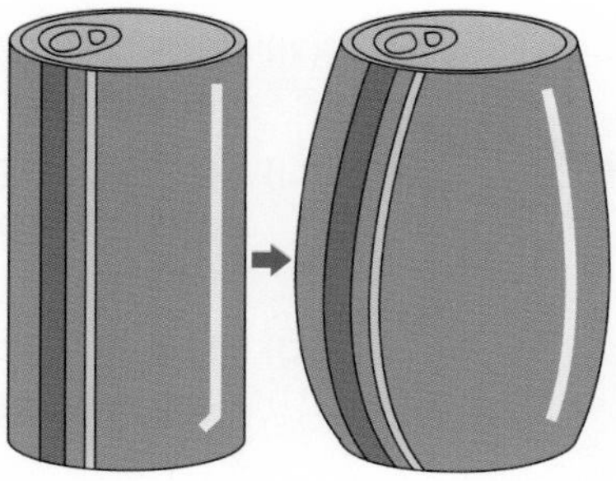

그림 (가)

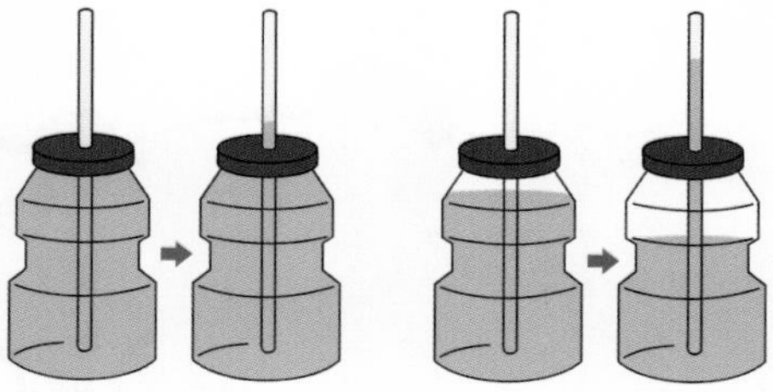

그림 (나)

(1) 그림 (가)의 변화를 보고 콜라를 구성하고 있는 대부분의 액체가 무엇인지 예상하여 쓰고, 이 액체의 성질을 쓰시오.

- 콜라를 구성하는 대부분의 액체 :
- 이 액체의 성질 :

(2) 그림 (나)의 변화를 보고 요구르트 A 보다 요구르트 B 가 빨대로 더 많이 올라오는 이유와 이 현상과 관련된 생활 속의 예를 쓰시오.

- 이유 :
- 생활 속의 예 :

(3) 그림 (나) 의 요구르트 A 에 나타난 변화와 관련된 생활 속의 예를 쓰시오.

STEP BY STEP

11 유적 발굴을 하던 탐험가 키튼 일행은 위구르어로 '살아서 돌아오지 못하는 사막'이라는 뜻의 타클라마칸 사막에서 조난을 당하였다. 마실 물이 떨어지기 직전의 긴박한 상황에서 키튼은 다음과 같은 방법으로 물을 얻었다. 다음을 보고 물음에 답하시오.

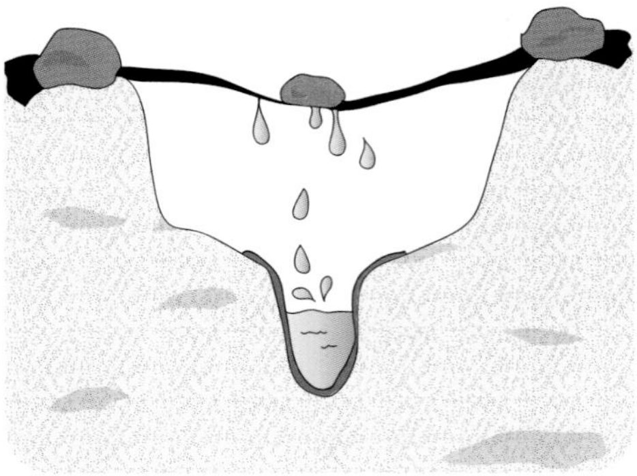

(가) 사막에 웅덩이를 파고 바닥 중앙에 물받이 통을 놓는다.

(나) 늦은 오후가 되면 웅덩이 위에 비닐을 펴서 덮고 가장자리를 큰 돌로 눌러서 고정시킨다.

(다) 비닐의 한 가운데에는 작은 자갈을 올려놓고, 바로 아래 땅 위에 물받이 통을 놓는다.

(라) 다음날 아침 물받이 통에 고인 물을 마신다.

(1) 다음날 아침, 물받이 통에 물이 생기게 된 이유를 쓰시오.

(2) 우리 생활 속에서 위와 같은 원리로 생기는 현상의 예를 3가지 쓰시오.

STEP BY STEP

12 다음 그림은 주전자에 물을 넣고 끓이는 모습을 나타낸 것이다. 물음에 답하시오.

(1) 물을 계속 끓이면서 주전자 속 물의 온도를 측정해 보았다. 온도가 계속해서 올라가다가 100℃가 되자 물의 온도가 더 이상 올라가지 않았다. 그 이유가 무엇인지 쓰시오.

(2) 물을 끓이기 전과 후의 주전자 속의 물의 양을 비교해 보았더니, 끓은 후 물의 양이 더 적었다. 주전자 안의 물은 어디로 갔는지 쓰시오.

(3) 주전자에 물을 넣고 끓일 때, 주전자 입구에서 우리 눈에 하얗게 보이는 물질을 볼 수 있다. 이것은 무엇인지 쓰시오.

01 물은 약 0℃에서 얼기 시작하여 얼음으로 변한다. 만약 물이 5℃에서 얼기 시작한다면 어떤 일이 일어날지 생각해 보고, 5가지만 쓰시오.

- ✓ 유창성
- ✓ 융통성
- 독창성
- 정교성

02

유창성

융통성

독창성

정교성

사람들이 추운 겨울날 호수에서 얼음을 깨고 낚시를 즐기는 모습을 종종 볼 수 있다. 이는 호수의 표면만 얼고 얼음 아래는 얼지 않아서, 얼음 아래의 얼지 않은 물에서 물고기가 살고 있기 때문이다.

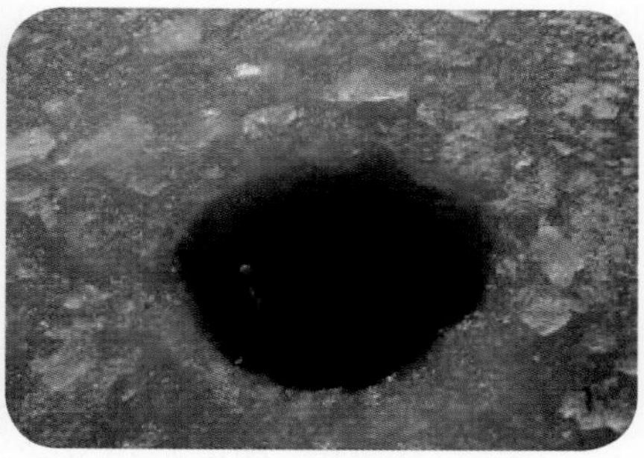

(1) 물이 표면부터 어는 이유를 얼음의 부피 변화와 관련지어 설명하시오.

(2) 물이 표면부터 얼지 않고 바닥부터 언다면 어떤 변화가 생길지 3가지 쓰시오.

01 다음 그림은 하늘에서 하얗게 내리는 눈의 결정체를 나타낸 것이다. 자연에서 내리는 눈은 기온이 0℃ 이하가 되었을 때 만들어진다. 공기 중의 차가운 수증기가 모래, 먼지 등의 입자와 충돌해 빙정핵을 만든다. 이 빙정핵 주위로 수증기가 승화하여 얼음이 되면서 커지고 무거워져서 아래로 떨어지면 눈이 되는 것이다. 눈은 빙정핵을 중심으로 조금씩 자라면서 주로 육각형의 가지 모양을 나타내게 된다.

다음 그림은 스키장에서 인공눈을 만들어내는 휀 타입의 제설기를 나타낸 것이다. 대형 휀이 엄청난 속도로 돌면서 강한 바람을 일으키면 노즐에서 분사되는 물이, 이 바람의 영향으로 하늘을 향해 쏘아 올려지고, 온도가 낮아져 순간적으로 눈이 만들어 지는 것이다. 이 인공눈은 영하 2℃일 때 잘 만들어진다.

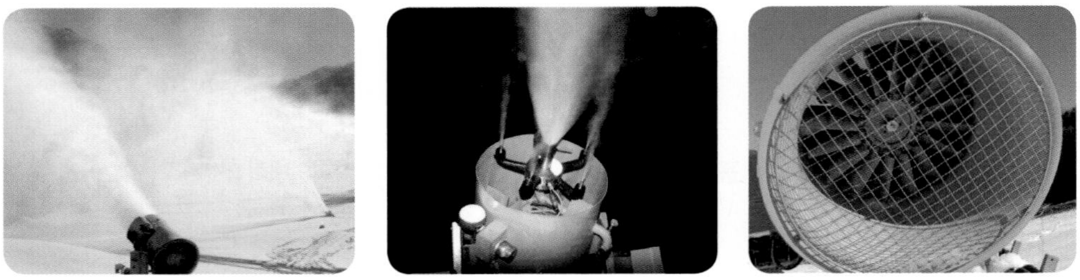

(1) 제설기에서 만들어지는 눈의 결정도 자연 눈의 결정처럼 여러 가지 모양을 가지고 있을지 아니면 단순한 모양일지 이유와 함께 쓰시오.

(2) 자연 눈은 밟으면 뽀드득뽀드득 소리가 나는데 인공 눈은 이런 소리가 나지 않는다고 한다. 인공 눈의 모양과 관련하여 이를 설명하시오.

“

빛이 전혀 진행하지 않을 때 그림자가 될까?

그림자는 아침에 키가 컸다가 낮에는 작아지고,
저녁 노을이 질 때 즈음에는 다시 키가 커진다.
빛이 전혀 진행하지 않으면 그림자가 되는 걸까?

”

10

빛의 나아감

개념다지기

쏙 쏙 빈칸을 채워 개념을 완성하세요!

● 태양과 달

태양은 스스로 빛을 내는 광원이지만, 달은 광원이 아니다. 달도 빛을 내는 것처럼 보이지만, 달이 스스로 빛을 내는 것이 아니라 태양빛이 반사되어 우리 눈으로 들어오는 것이다.

태양

달

● 투명색?

빛이 통과되면 투명하다고 한다. 투명한 것이 색을 나타내는 것은 아니므로 투명한 물체 중에는 색이 있는 것도 있다.

● X-선★

X-선은 불투명한 물체도 통과할 수 있는 빛이기 때문에 X-선 촬영 등에 사용한다.

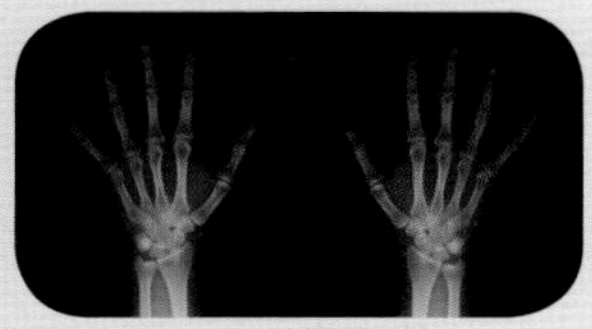
▲ X-선으로 촬영한 손

● 과학단어

★반사 빛이 진행하다가 물체 표면에서 방향이 바뀌어 나오는 현상

★X-선 파장이 짧은 빛이며 우리 눈에는 보이지 않는다.

❶ 빛을 내는 물체와 빛을 내지 않는 물체

(1) 스스로 빛을 내는 물체(광원) : 전구, 촛불, TV 화면, 장작불, 별, 태양, 등대, 컴퓨터 모니터, 가로등 등

장작불

태양

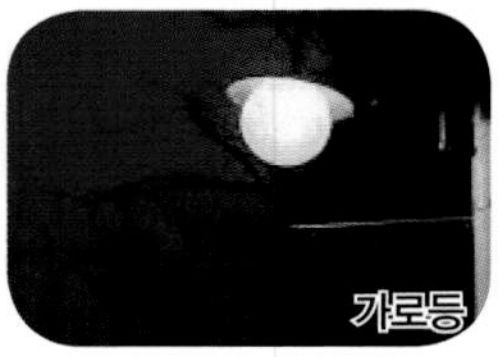
가로등

(2) 스스로 빛을 내지 않는 물체 : 책, 의자, 책상, 연필, 어항, 거울, 달 등

책

달

거울

① 거울 - 물체로부터 오는 빛을 반사★한다.
② 달 - 태양으로부터 오는 빛을 반사한다.
③ 대부분의 물체 - 광원으로부터 오는 빛을 반사한다.

우리가 물체를 볼 수 있는 이유	❶ ________ 이 있기 때문이다.

❷ 투명한 물체와 불투명한 물체

(1) 투명한 물체와 불투명한 물체

구분	투명한 물체	불투명한 물체
특징	· 빛이 물체를 통과한다. · 건너편의 물체가 보인다.	· 빛이 물체를 통과하지 못한다. · 건너편 물체를 볼 수 없다.
예	유리, 투명 비닐, 투명 플라스틱 등  유리컵 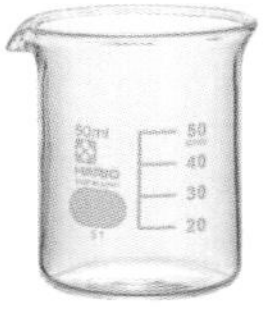 비커	책상, 칠판, 종이, 블라인드 등  머그컵  종이컵

(2) 투명한 물질과 불투명한 물질의 이용

① 투명한 물질의 이용

가게 진열장	유리창	유리병

물건을 꺼내지 않고 볼 수 있게 한다.	햇빛이 잘 들어오고, 밖을 내다 볼 수 있다.	안에 들어 있는 내용물을 알 수 있다.

② 불투명한 물질의 이용

화장품병	파라솔	블라인드

햇빛을 차단시켜 화장품이 변질되지 않게한다.	햇빛을 막아 그늘을 만들어준다.	햇빛을 막아주고, 밖에서 안이 보이지 않게 한다.

(3) 빛을 비추는 방향에 따른 물체의 모습

① 빛을 비추는 방향에 따라 물체의 모습이 다르게 보인다.

② 빛을 비추는 부분은 밝고, 빛을 비추지 않은 부분은 어둡게 나타난다.

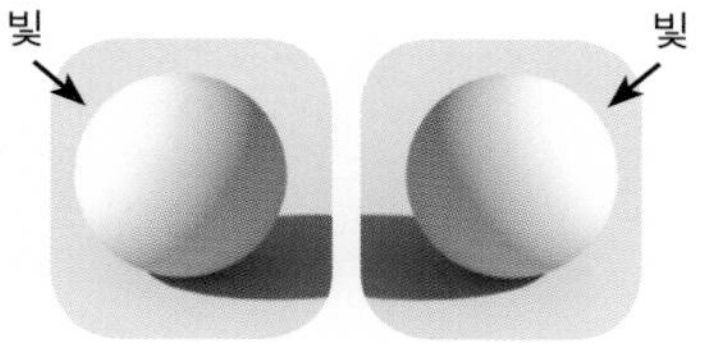

❸ 그림자의 모양과 크기

(1) 그림자가 생기는 이유 : 직진★하는 빛이 지나가는 길에 불투명한 물체를 두면, 물체가 막아 ❷ ______이 도달하지 못하는 부분에 그림자가 생긴다.

(2) 그림자의 모양 변화

① 물체의 모양에 따라 달라진다.

② 물체와 광원과의 거리에 따라 달라진다.

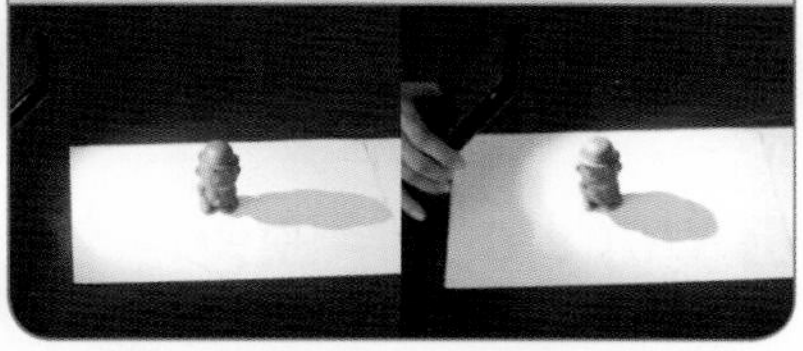

③ 물체를 비추는 광원의 고도★에 따라 달라진다.

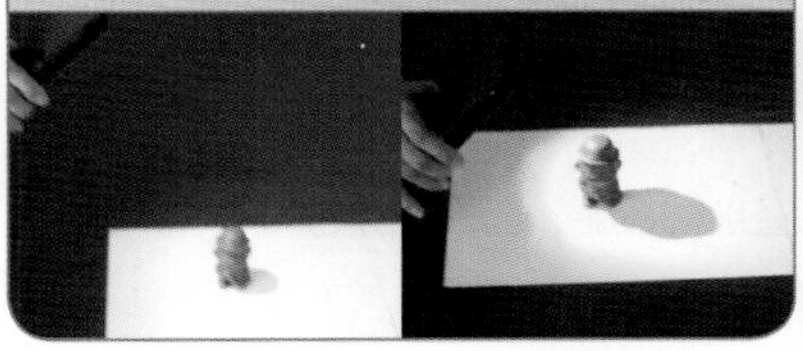

④ 광원의 위치에 따라 달라진다.

● 색깔이 있는 그림자도 있다.

● 광원의 종류에 따른 그림자

· 광원의 종류에 따라서도 그림자의 모양이 달라진다.
· 태양에 의한 그림자는 어느 것이나 같은 방향으로 하나가 생긴다.
· 전등에 의한 그림자는 전등을 중심으로 하여 반대 방향으로 퍼진다.

▲ 전등에 의한 그림자

▲ 햇빛에 의한 그림자

● 아이작 뉴턴 (Newton, 1643~1727)

영국의 물리학자, 수학자, 천문학자, 자연 철학자이자 연금술사로, 운동, 역학, 빛 등을 연구한 위대한 과학자이다.

● 과학단어

★고도 얼마나 높이 있는가를 나타내는 단어

★직진 똑바로 나아가는 것

개념다지기

쏙쏙 빈칸을 채워 개념을 완성하세요!

● 빛이 나아가는 모양(직진)을 관찰할 수 있는 곳

▲ 레이저 빛

▲ 숲 속, 나무 사이로 들어오는 빛

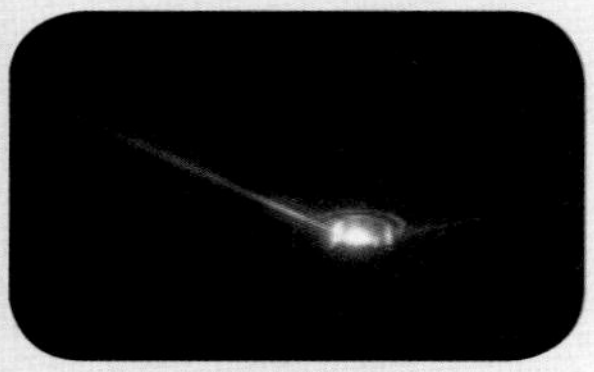

▲ 등대의 불빛

● 바늘 구멍 사진기

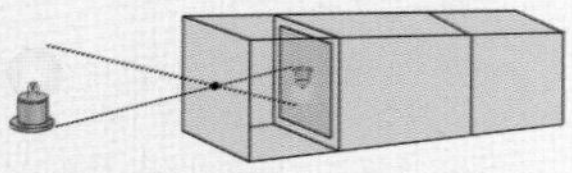

· 결과 : 바늘 구멍 사진기를 통해 물체를 보면 물체의 상하 좌우가 바뀌어 거꾸로 보인다.
· 까닭 : 물체에서 나온 빛이 곧게 나아가서, 사진기의 작은 구멍을 통과하여 스크린에 상을 맺는다.

● 백색광

흰색으로 보이는 빛을 프리즘이나 분광기를 통해서 보면 무지개와 같이 여러 색깔의 빛으로 나뉘어 보인다.

▲ 프리즘을 통해서 본 백색광

● 과학단어

★스크린 그림자 실험에서 물체의 상이 맺히는 면

(3) 그림자의 크기 변화 : 스크린★ - 물체 - 손전등(광원)의 위치 변화를 통해 그림자의 크기 변화를 알아본다.

① 손전등의 위치가 다를 때

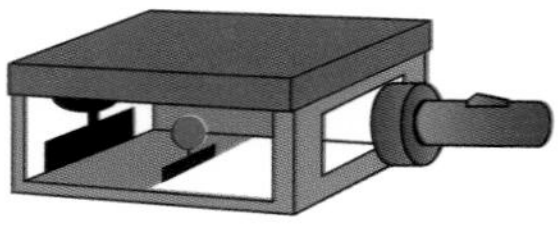

손전등을 물체에 가까이 할 때

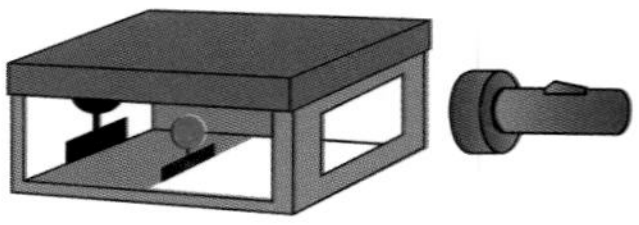

손전등을 물체에 멀리 할 때

스크린과 물체 사이의 거리가 일정할 때, 손전등(광원)을 물체에 가까이 하면 그림자가 ❸ , 멀리하면 그림자가 ❹ .

② 물체의 위치가 다를 때

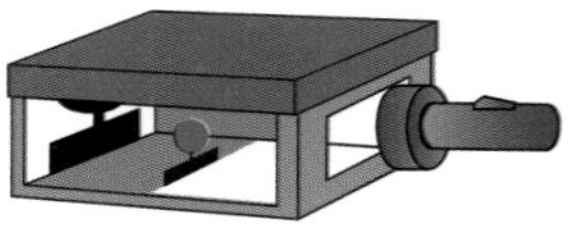

물체를 손전등에 가까이 할 때

물체를 손전등에서 멀리 할 때

손전등과 스크린 사이의 거리가 일정할 때, 물체를 손전등에 가까이 하면 그림자가 ❺ , 멀리하면 그림자가 ❻ .

(4) 햇빛으로 만든 그림자의 크기

물체를 스크린에 가까이 할 때

물체를 스크린에서 멀리 할 때

햇빛으로 만든 그림자의 크기가 변하지 않는 이유	태양은 아주 멀리 있기 때문에 지구에 도달하는 빛은 거의 퍼지지 않는 평행 광선이 된다. 그래서 햇빛에서는 물체의 거리가 달라져도 그림자의 크기가 변하지 않는다.

❹ 빛이 나아가는 모양

구분	태양빛	전등빛
빛이 나아가는 모양		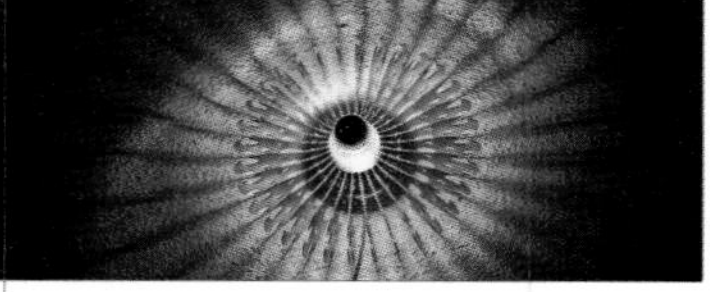
차이점	빛이 평행하게 나아간다.	전등을 중심으로 퍼지면서 나아간다.
공통점	빛이 곧게 나아간다.	

❺ 물체의 색

(1) 빛의 3원색 : 빨간빛, 녹색빛, 파란빛은 합하면 백색광이 된다. 이 세 가지 빛을 빛의 3원색이라고 한다.

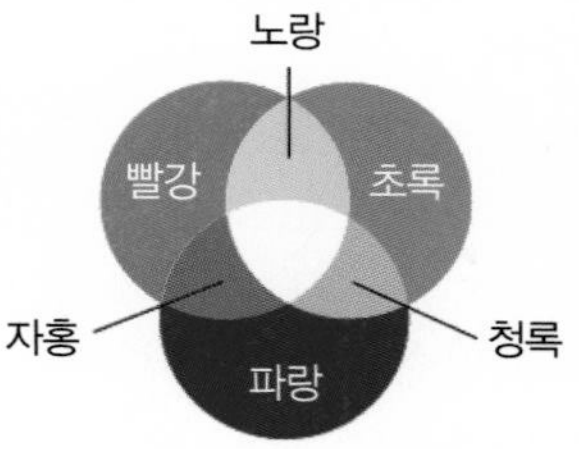

(2) 불투명한 물체가 특정색으로 보이는 이유 : 다른 빛은 모두 흡수하고 특정한 빛만 반사하기 때문이다.

① 빨간색 물체 : 빨간색 빛은 반사하고, 다른 빛은 모두 흡수한다.
② 파란색 물체 : 파란색 빛은 반사하고, 다른 빛은 모두 흡수한다.
③ 흰색 물체 : 모든 색의 빛을 반사한다.
④ 검은색 물체 : 모든 색의 빛을 흡수한다. 반사되는 빛이 없다.

(3) 투명한 물체가 특정색으로 보이는 이유 : 다른 빛은 모두 흡수하고 특정한 빛만 투과★ 시키기 때문이다.

① 빨간색 물체 : 빨간색 빛은 투과시키고, 다른 빛은 모두 흡수한다.
② 파란색 물체 : 파란색 빛은 투과하고, 다른 빛은 모두 흡수한다.
③ 투명한 무색 물체 : 모든 색의 빛을 투과한다.

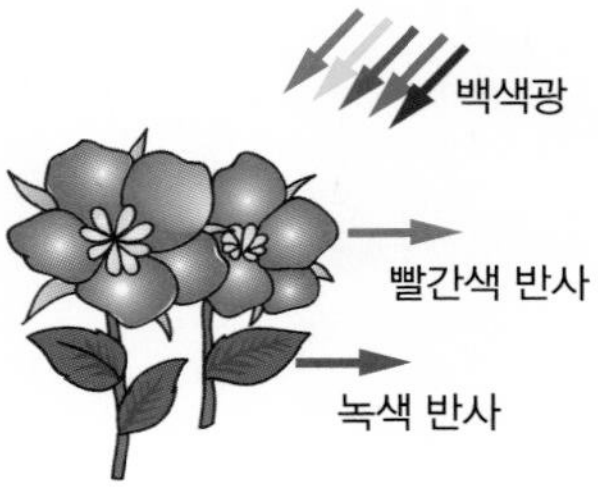

▲ 불투명한 물체의 색

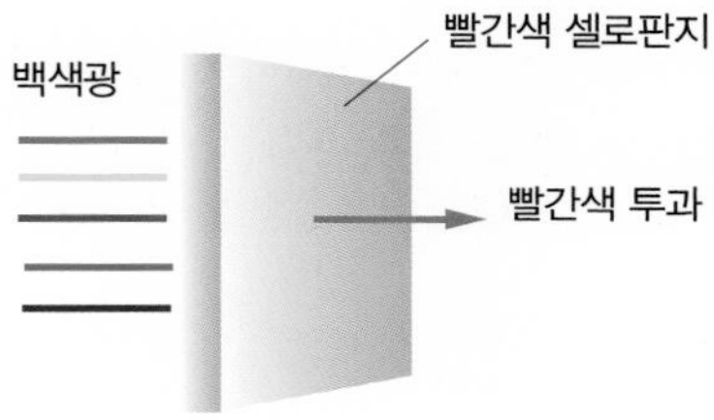

▲ 투명한 물체의 색

빛을 이용하여 신호를 보내는 예

▲ 등대 불빛 – 배에 신호

▲ 자동차 방향 지시등 – 뒷차에 신호

▲ 전화기 램프

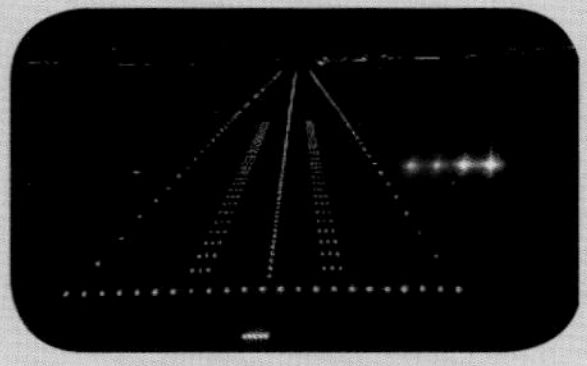

▲ 비행기 활주로★ 불빛 – 비행기에 신호

과학단어

★투과 물질의 내부를 뚫고 지나가는 것

★활주로 비행기가 뜨고 내리는 길

SPEED CHECK!

기본확인문제

1. 빛이 통과하여 건너편의 물체를 볼 수 있는 것은 (투명한, 불투명한) 물체이다.
2. 스스로 빛을 내는 물체는 (모니터 화면, 달)이다.
3. 투명한 물질을 이용한 경우는 (가게 진열장, 약병)이다.
4. 빛이 나아가는 중간에 물체가 있을 때 생기는 것은 (그림자, 스크린)이다.
5. 그림자 놀이 상자에서 막과 물체를 고정시키고, 손전등을 물체에서 멀리하면 그림자의 크기는 (커진다, 작아진다).
6. 물체의 위치가 달라져도 그림자의 크기가 변하지 않는 것은 (햇빛, 전등)에 의한 그림자이다.
7. 빛은 진행할 때 (직선, 곡선)으로 나아간다.
8. 태양에서 지구에 도달하는 빛은 매우 멀리서 온 것이므로 (평행한, 퍼진) 빛으로 보인다.
9. 바늘 구멍 사진기로 물체를 보면 물체가 거꾸로 보이는 까닭은 빛이 (직진, 반사)하기 때문이다.

개념다지기 정답 | ❶ 빛 ❷ 빛 ❸ 커지고 ❹ 작아진다 ❺ 커지고 ❻ 작아진다

탐구력 키우기

탐구1. 빛의 합성

탐구과정

준비물
손전등 3개, 셀로판지(파랑, 빨강, 초록)

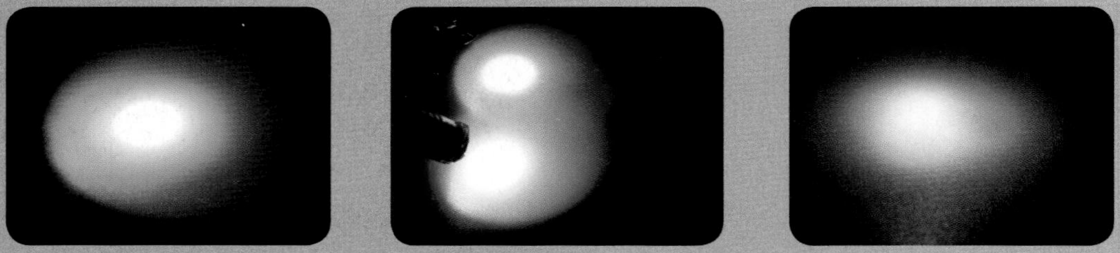

① 손전등을 3개의 불빛이 나오는 부분에 빨간색 셀로판지, 파란색 셀로판지, 초록색 셀로판지를 각각 붙인다.
② 불빛의 색을 두 가지씩 선택하여 비추면서 겹쳐진 부분의 빛의 색을 관찰한다.
③ 세 가지 불빛을 합친 후 색을 관찰한다.

탐구결과

1. 합성된 빛의 색을 다음 표에 써 넣으시오.

빛의 색	파랑 + 빨강	파랑 + 초록	빨강 + 초록	파랑 + 빨강 + 초록
합성된 빛의 색				

2. 아래 그림은 빛의 3원색의 합성을 나타낸 것이다. 이 표를 참고하여 흰 색의 빛을 만들어 낼 수 있는 빛의 쌍을 모두 고르시오.

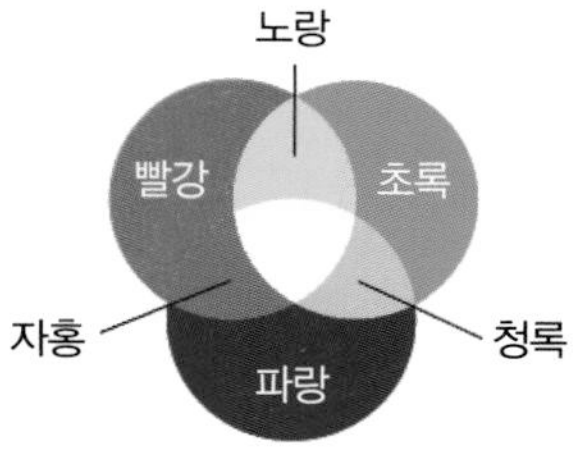

탐구2. 색 그림자

탐구과정

준비물
손전등 3개, 셀로판지(파랑, 빨강, 초록), 스크린, 인형

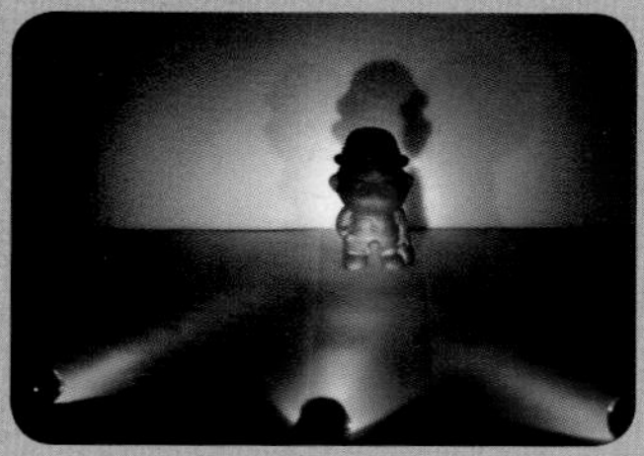

① 손전등을 3개의 불빛이 나오는 부분에 빨간색 셀로판지, 파란색 셀로판지, 초록색 셀로판지를 각각 붙인다.
② 흰색 스크린을 세우고 그 앞에 인형을 세워둔다.
③ 불빛을 하나씩 물체에 비춘 후 그림자의 색을 확인한다.
④ 불빛 색을 두 가지씩 선택하여 물체를 비춘 후 그림자의 색을 확인한다.
⑤ 세 가지 색의 빛을 모두 물체에 비춘 후 그림자의 색을 확인한다.

탐구결과

1. 한 가지 색의 불빛을 비추었을 때의 결과를 다음 표에 써 넣으시오.

빛의 색	빨강	파랑	초록
스크린의 색			
그림자의 색			

2. 다음은 과정 ④에서 빨강과 파랑 불빛을 비추었을 때의 결과를 나타낸 것이다. 두 개의 그림자가 색이 다른 이유를 설명하시오.

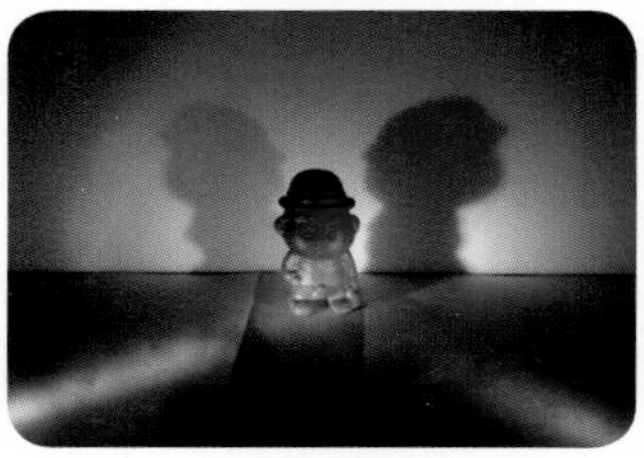

문제해결력 키우기

01

다음 중 스스로 빛을 내는 물체를 모두 고르시오.

①

②

③

④

⑤
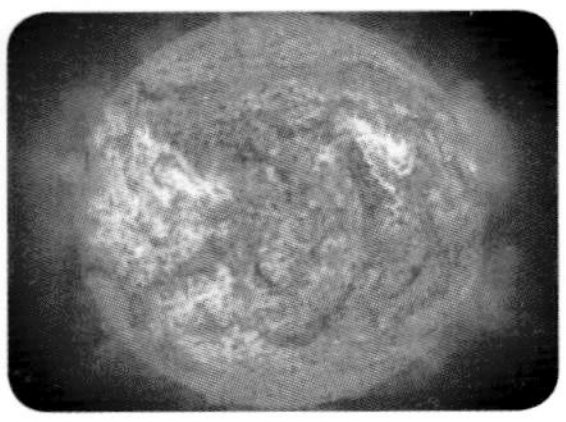

02

다음 중 햇빛과 전등빛이 나아가는 모양에 대한 설명으로 바른 것을 모두 고르시오.

① 햇빛과 전등 빛은 모두 곧게 나아간다.
② 햇빛은 각도를 가지고 사방으로 퍼져 나아간다.
③ 전등빛은 곧게 나아가기 때문에 그림자의 크기가 변하지 않는다.
④ 전등 빛은 퍼져서 나아가므로 손전등과 물체가 가까울수록 그림자의 크기가 커진다.
⑤ 멀리서 오는 태양빛은 지표면에서 평행하게 나아가므로 물체의 거리가 달라져도 그림자의 크기가 변하지 않는다.

03 태양의 위치에 따라 그림자의 길이는 짧아지기도 하고, 길어지기도 한다. 태양에 의해 생긴 그림자는 낮(오후 12시)과 저녁(오후 6시) 중 언제 더 길어질지 쓰고, 그림자의 길이가 달라지는 이유도 설명하시오.

04 다음 중 빛이 통과하는 물체를 모두 고르시오.

① 

② 

③ 

④ 

⑤ 

05 다음은 우편 봉투의 모습이다. 이 우편 봉투에서 투명한 물질과 불투명한 물질을 이용한 곳을 찾고, 그렇게 만들어졌을 때의 좋은 점을 쓰시오.

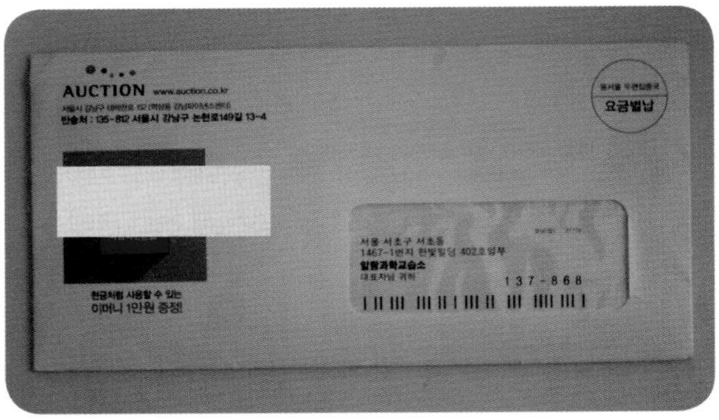

06 다음 그림과 같이 광원, 물체, 사람이 있다. 사람이 물체를 어떻게 보게 되는 것일까? 다음 그림에 화살표를 이용해 빛의 경로를 그리시오.

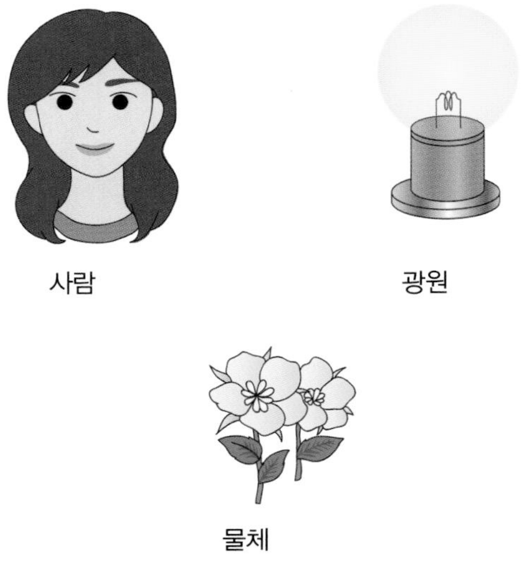

07

하늘에 떠 있는 구름은 밝은 흰색으로 보이기도 하고, 회색으로 보이기도 하고, 비가 올 때는 어두운 회색으로 보이기도 한다. 이렇게 구름의 색이 달라지는 이유는 무엇일까?

(가)

(나)

08

오른쪽 사진은 일식이 일어났던 날, 낮에 지구에서 태양을 본 모습이다. 달이 어느 위치에 있을 때 지구에서 오른쪽 사진과 같은 모습을 볼 수 있을까? 알맞은 달의 위치를 찾아 기호를 쓰시오.

문제해결력 키우기

STEP BY STEP

09

준정이는 바늘 구멍 사진기를 이용해 다음에 있는 '가'라는 글자를 보았다. 물음에 답하시오.

가

(1) 준정이가 바늘 구멍 사진기를 통해 본 물체의 모습을 그리시오.

(2) 위 (1)과 같이 보이는 이유로 바른 것을 모두 고르시오.

① 빛이 곧게 나아가는 성질 때문이다.
② 물체에서 나오는 빛이 퍼져 나아가기 때문이다.
③ 물체의 각 부분에서 나오는 빛이 바늘 구멍을 통과하기 때문이다.
④ 물체의 윗부분에서 나온 빛은 바늘 구멍을 통과하면서 빛이 꺾이기 때문이다.
⑤ 물체의 윗부분에서 나온 빛은 바늘 구멍을 통과하면서 아래로 가고, 물체의 아랫부분에서 나온 빛은 바늘 구멍을 통과하면서 위로 가기 때문이다.

STEP BY STEP

10 다음 그림은 스크린–물체–손전등(광원)을 차례로 놓은 모습을 나타낸 것이다. 물음에 답하시오.

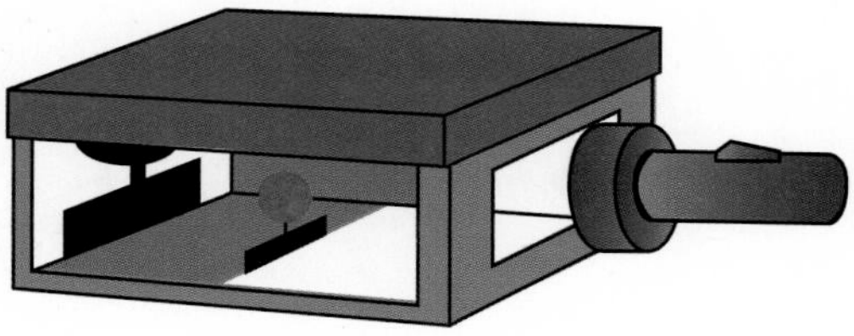

(1) 물체를 스크린에 가까이 이동시키면 그림자의 크기는 어떻게 될지 쓰시오.

(2) 물체를 손전등(광원)에 가까이 하면 그림자의 크기는 어떻게 될지 쓰시오.

(3) 물체와 스크린 사이의 간격을 일정하게 하면서 손전등(광원)을 물체로 가까이 하면 그림자의 크기는 어떻게 될지 쓰시오.

(4) 손전등 대신 태양빛이 비치는 곳에서 (1)~(3)과 같은 실험을 하면 어떤 결과가 나올지 쓰고, 그 이유를 설명하시오.

STEP BY STEP

11 연진이가 바늘 구멍 사진기를 통해 전구를 보았더니 다음과 같은 상이 생긴 것을 볼 수 있었다.

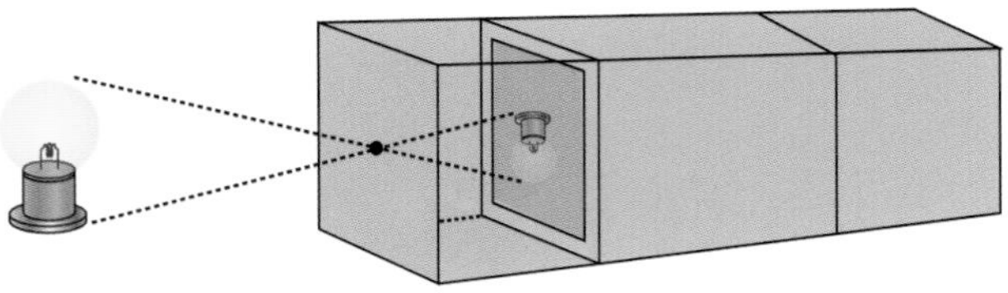

그런데 연진이가 바늘 구멍 사진기를 가지고 놀다가 실수로 구멍을 하나 더 뚫어서 다음과 같은 모습이 되었다. 구멍이 두 개 뚫린 바늘 구멍 사진기를 통해 본 상의 모습으로 옳은 것을 고르시오. (단, 뚫린 구멍의 크기는 같다.)

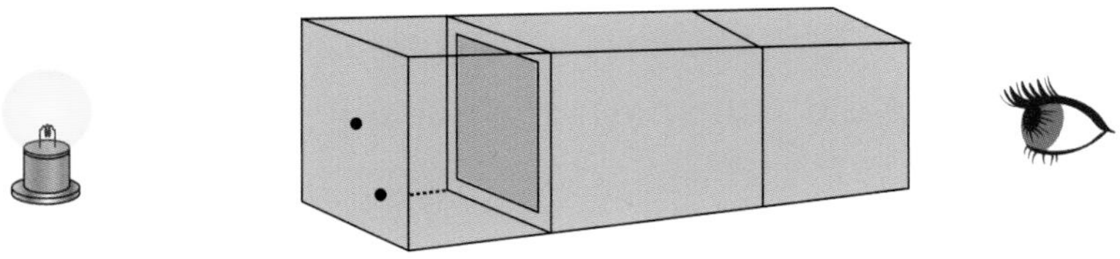

① 
② 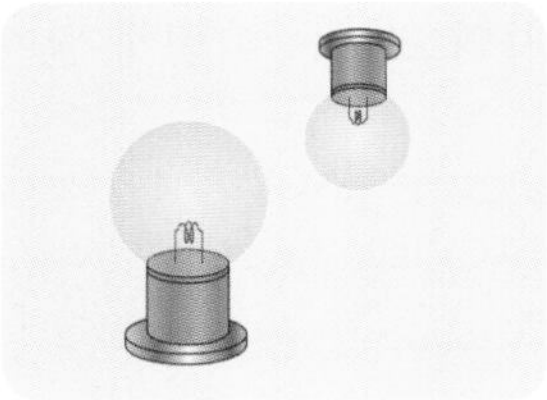
③ 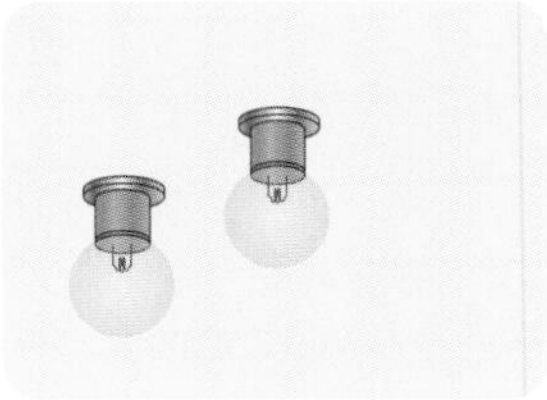
④ 
⑤ 

STEP BY STEP

12 다음 빛의 색과 관련된 물음에 답하시오.

(1) 빨강, 초록, 파랑의 빛을 겹쳐 비출 때 가장 많은 가지 수의 색깔을 만들므로, 이 세 가지 색을 빛의 3원색이라고 한다.

다음과 같은 색의 빛을 겹치면 어떤 색이 나타나는지 쓰시오.

- 빨강과 초록의 빛을 겹치면 :
- 빨강과 파랑의 빛을 겹치면 :
- 초록과 파랑의 빛을 겹치면 :
- 빨강, 파랑, 초록의 빛을 모두 겹치면 :

(2) 다음과 같이 흰색 스크린 앞에 농구공을 놓고, 빨간색과 초록색의 불빛을 비추었더니, 스크린에 두 개의 원이 겹쳐진 형태의 그림자가 생겼다. 각 부분의 색깔을 쓰시오. (단, 스크린에는 두 광원 이외의 다른 빛은 비추지 않는다.)

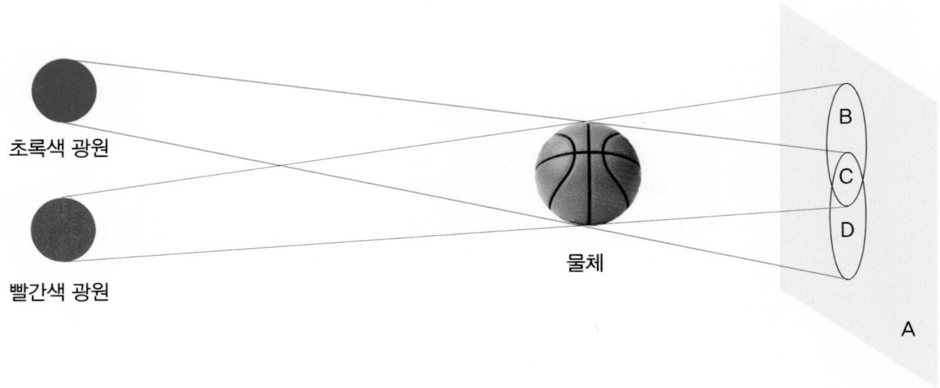

- A :
- B :
- C :
- D :

창의력 키우기

01

유창성
융통성
독창성
정교성

다음 그림은 레이저 빛이 곧게 나아가는 모습을 나타낸 것이다. 빛이 곧게 나가는 것을 '빛의 직진성'이라고 한다.

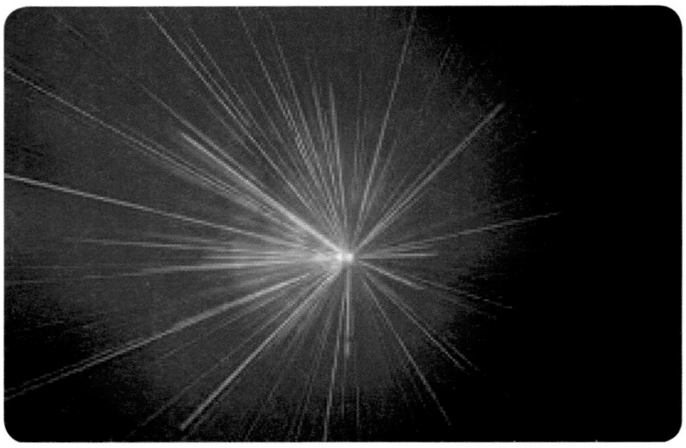

(1) 레이저 빛 외에 빛이 직진하는 것을 볼 수 있는 경우를 2가지 이상 쓰시오.

(2) 그런데 만약 빛이 똑바로 나가지 않는다면 어떤 현상이 일어날까? 눈으로 볼 수 있는 현상을 추리하여 2가지 이상 적고, 그 이유도 설명하시오.

02

다음은 조상들이 만들어 놓은 봉수대의 모습을 나타낸 것이다.

- ✔ 유창성
- ✔ 융통성
- 독창성
- 정교성

(1) 우리 조상들은 낮에는 연기를 피우고, 밤에는 불을 피워서 먼 곳까지 신호를 보냈다고 한다. 연기와 불을 이용하여 어떻게 신호를 만들어 냈을지 쓰시오.

(2) 현대의 우리 생활에서 빛을 이용해 신호를 주고받는 예를 생각나는대로 쓰시오.

01

다음 그림은 전신기와 모스 부호를 나타낸 것이다. 전신기는 전류가 흐르면 소리를 만들어내는 기계이다. 모스 부호는 새뮤얼 모스가 처음 제안한 것으로 점과 선을 이용하여 알파벳과 숫자를 나타낸다. 점과 선으로 나타낸 부호대로 전신기에 전류를 흘려보내면(점은 짧게, 선은 길게), 상대편에서 소리로 나타난 신호를 받아 내용을 해석하는 원리이다.

(1) 전신기는 소리를 짧게, 길게 냄으로써 신호를 만들어낸다. 전신기 대신 전구를 사용한다면 어떤 방법으로 신호를 만들어낼 수 있는지 3가지 이상 쓰시오.

(2) 다음과 같이 같은 색의 빛을 내는 전구가 5개가 나란히 세워져 있다. 이 5개의 전구를 이용하여 만들어 낼 수 있는 신호는 몇 가지 인지 구하시오.(단, 전구가 다 꺼진 것은 신호로 생각하지 않는다.)

"

좌우가 바뀌지 않는 거울도 있을까?

거울을 보고 오른손을 흔들면 거울 안의 나는 왼손을 흔들고,
왼손을 흔들면 거울 안에서는 오른손을 흔든다.
평면 거울에 비친 모습은 좌우가 바뀌어 있다.
좌우가 바뀌지 않는 거울도 있을까?

"

11

거울

개념다지기

쏙 쏙 빈칸을 채워 개념을 완성하세요!

❶ 여러 가지 물체에 자신의 모습 비추기

(1) 다른 물체를 잘 비추는 물체와 잘 비추지 않는 물체

	다른 물체를 잘 비추는 물체	다른 물체를 잘 비추지 않는 물체
특징	표면이 매끄럽다.	표면이 거칠거칠하다.
예	반짝이는 그릇, 잔잔한 물, 거울표면, 구겨지지 않은 은박지, 주전자 뚜껑의 바깥쪽 면 등	금속의 거친 면, 출렁이는 물, 칠판, 구겨진 은박지, 주전자 안쪽 면 등

▲ 구겨지지 않은 은박지★

▲ 구겨진 은박지

(2) 평면 거울에 비친 물체의 모습

① 상하는 바뀌지 않고 좌우만 바뀌어 보인다.

② 거울과 물체의 거리만큼 떨어져 보인다.

③ 상★의 크기는 물체의 크기와 ❶ ________.

▲ 평면 거울에 비친 물체의 모습

❷ 반사의 법칙

(1) 거울에서 빛이 나아가는 방향 관찰하기

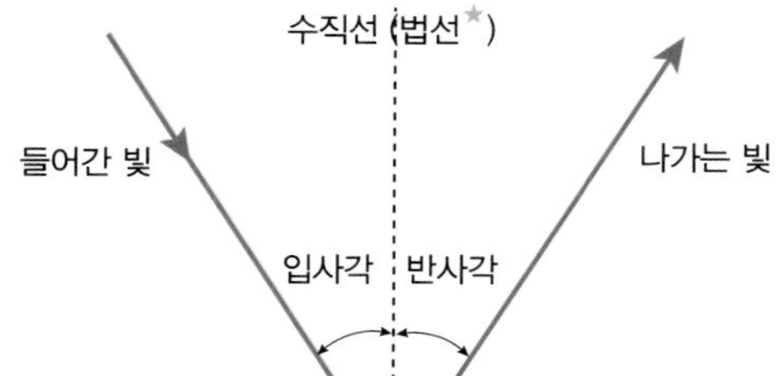

반사★의 법칙	· 빛이 반사할때 ❷ ________ 과 ❸ ________ 은 항상 같다. · 울퉁불퉁한 곡면 위의 한 점에서도 반사의 법칙이 성립한다.

● 우리가 물체를 보는 원리

① 광원을 보는 것 : 광원에서 나온 빛이 직접 우리 눈에 도달하는 것

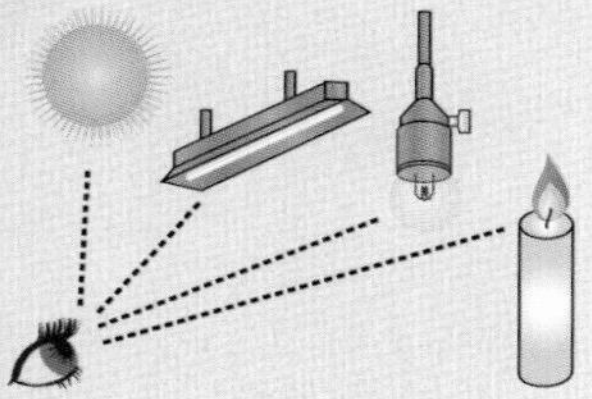

② 물체를 보는 것 : 광원에서 나온 빛이 물체에 의해서 반사되어 우리 눈에 도달하는 것

● 물체에 도달한 빛의 반사와 흡수

물체에 도달하는 빛이 모두 반사되는 것은 아니다. 도달하는 빛의 일부는 물체 내부로 흡수된다. 물체의 표면에서 반사되는 빛이 많을수록 더 밝다.

● 과학단어

★은박지 알루미늄을 종이처럼 얇게 늘여 편 것. 주로 식품을 포장하여 수분의 증발이나 습기를 방지하는 데 사용함

★상 렌즈나 거울을 통하여 보이는 물체의 모습

★반사 빛이 진행하다가 물체 표면에서 방향이 바뀌어 나오는 현상

★법선 반사 면에 수직인 선

(2) 정반사와 난반사

정반사	난반사
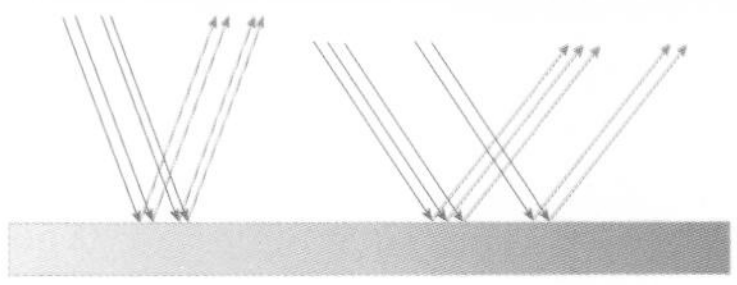 평행하게 입사한 빛이 물체의 매끄러운 표면에서 ❹ ______ 방향으로 반사되는 것 예) 거울에 비춰지는 물체 등	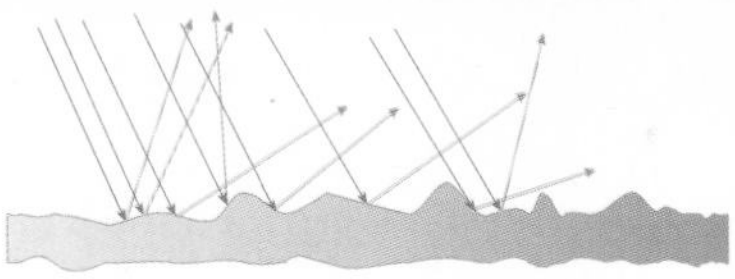 평행하게 입사한 빛이 물체의 거친 표면에서 제각기 다른 방향으로 반사되는 것 예) 영화 스크린, 책 표면 등

❸ 거울을 사용하여 친구 보기

(1) 거울을 사용하여 친구 보기

① 거울의 가운데를 기준으로 서로 다른 쪽에 있는 친구나 물체가 보인다.

② 보이지 않는 곳의 물체를 보려면 거울의 위치와 각도(방향)를 잘 맞춰야 한다.

민준이가 비춘 빛은 연진이에게, 도연이의 빛은 진영이에게, 도민이의 빛은 지우에게 비춰진다.

좌우가 바뀌지 않는 거울, 정영경

정영경이란 바르게 비치는 거울이라는 뜻으로, 거울 2개를 직각으로 마주댄 뒤 그 앞에 투명 유리를 끼운 삼각 기둥 형태의 거울이다. 사물이 거울 2개에 이중으로 반사되면 원래의 모습을 보여주는 원리를 이용한 것으로 삼각 기둥 가운데에 물을 채워 거울 사이 연결 부분이 보이지 않게 하였다.

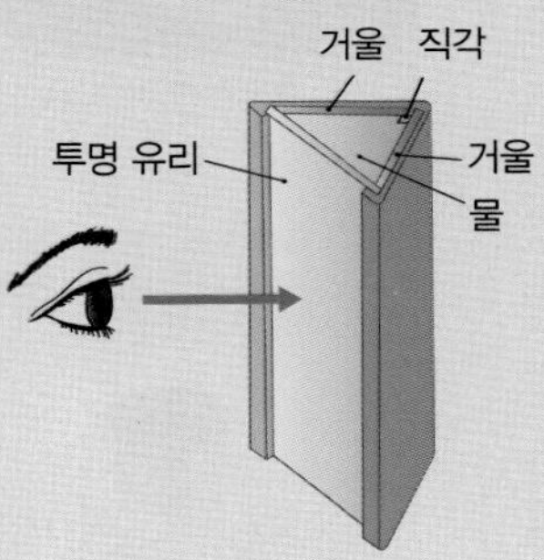

❹ 잠망경의 원리

(1) 잠망경*

① 거울 2개를 경통의 아래, 위에 45° 각도로 각각 붙인다 .

② 물체의 좌우가 바뀌지 않고 물체의 원래 모습 그대로 보인다.

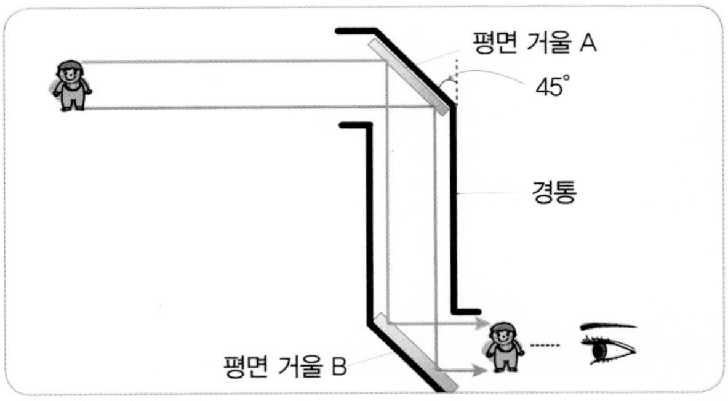

잠망경의 원리	평면 거울 A에 비친 물체의 상은 좌우가 바뀌지만 평면 거울 B에서 한 번 더 반사하면서 좌우가 다시 바뀌어 물체의 모습과 ❺ ______ 보인다.

과학단어

*잠망경 목표를 직접 눈으로 볼 수 없는 위치에서 반사경이나 프리즘을 이용하여 볼 수 있게 만든 망원경. 잠수함 등에 이용된다.

개념다지기

쏙 쏙 빈칸을 채워 개념을 완성하세요!

● 거울을 이용한 기구

① 만화경

평면 거울 3개를 서로서로 마주 보게 삼각형 모양으로 붙인다. 물체들을 보면 여러번 반사되어 화려한 무늬가 만들어진다.

▲ 만화경

▲ 만화경에 비친 모습

② 원기둥 거울

원기둥 모양으로 볼록거울처럼 주변의 물체의 상을 작게하여 넓은 지역을 비춰준다.

▲ 원기둥 거울에 비친 모습

❺ 여러 가지 거울에 비친 빛 관찰하기

평면 거울	볼록 거울	오목 거울
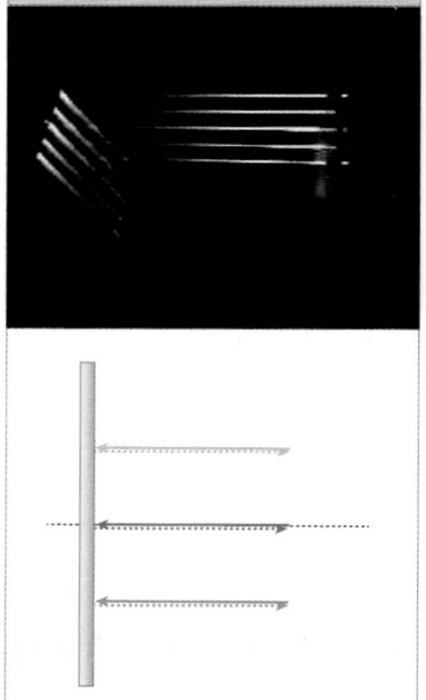	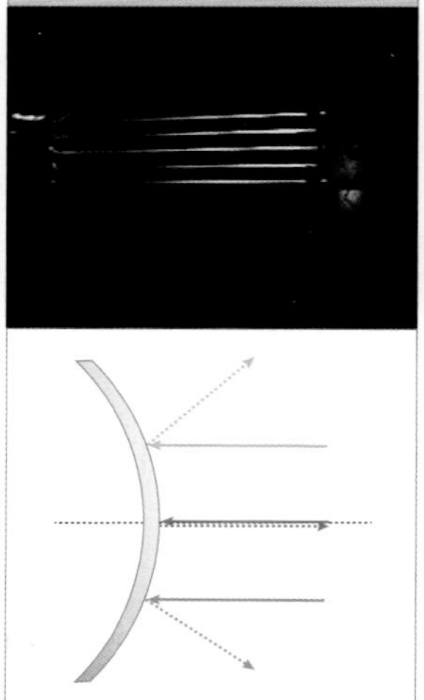	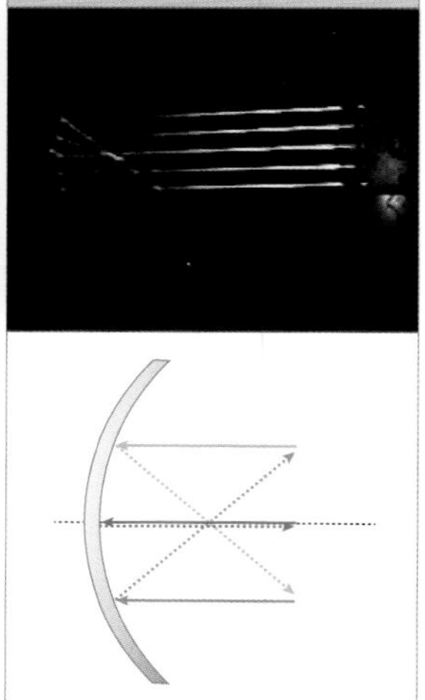
빛이 평행하게 나아간다.	빛이 퍼져서 나아간다.	빛이 한 점에 모인 후 퍼져서 나아간다.

❻ 여러 가지 거울에 물체가 비친 모습

(1) 볼록거울과 오목거울에 의해 생기는 상과 물체의 모습

	볼록거울	오목거울
가까운 거리의 물체	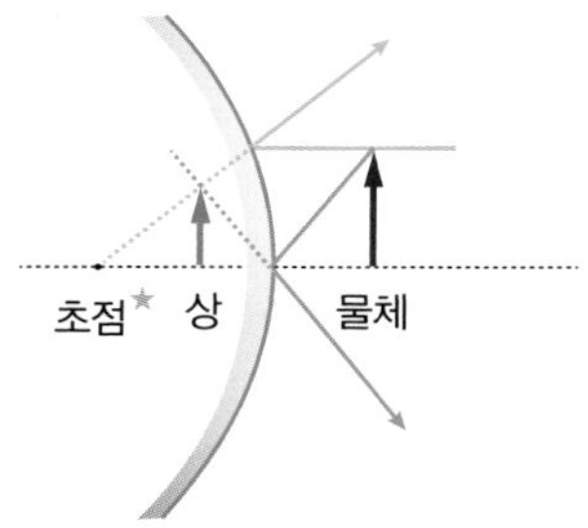 작게 똑바로 보인다.	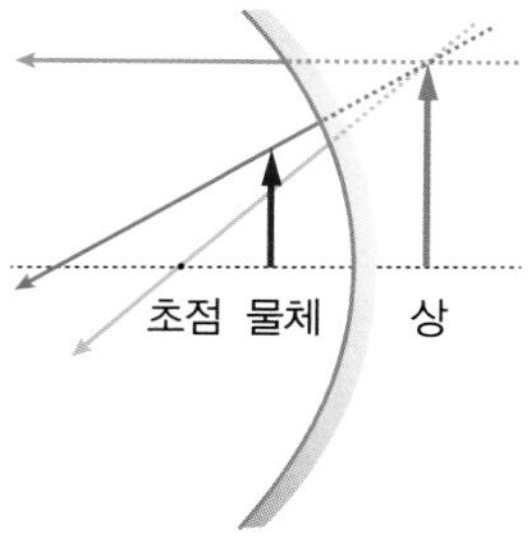 크게 똑바로 보인다.
먼 거리의 물체	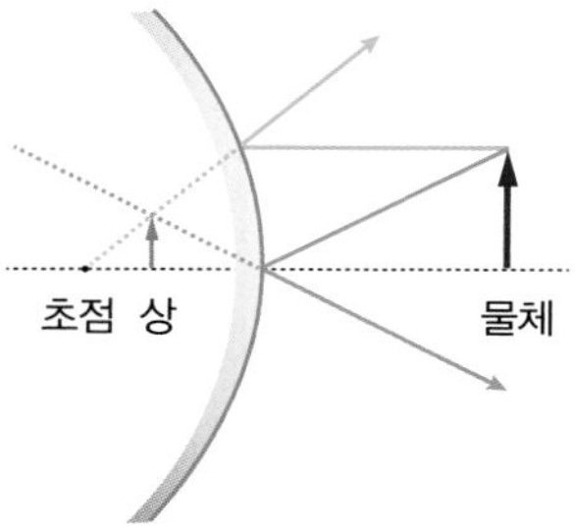 더 작게 똑바로 보인다.	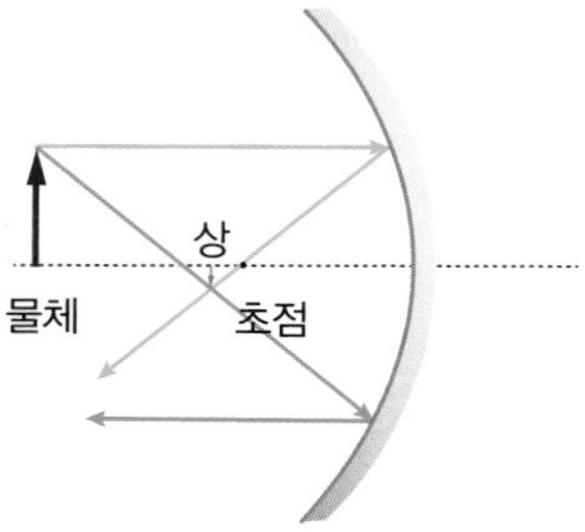 작게 ❻ ______ 보인다.

● 과학단어

★초점 렌즈나 구면경(球面鏡) 등에서 입사 평행 광선이 한곳으로 모이는 점

(2) 볼록 거울과 오목 거울의 쓰임새

	❼ 거울	❽ 거울	
사용 되는 성질	시야★가 넓어져 한꺼번에 많은 부분을 볼 수 있다.	가까이 있는 물체를 확대한다.	빛을 모아 주거나 빛을 평행하게 나가게 한다.
사용 되는 곳	자동차 후면경, 굽은 길의 안전 거울, 진열대의 감시 거울 등 	화장용 손거울, 면도용 거울 등 	현미경의 반사경, 손전등의 반사경, 자동차의 헤드라이트 등 

오목 거울로 불피우기

① 캔의 아랫 부분

오목한 캔의 아랫 부분이 오목 거울 역할을 해서 물체가 확대되어 보이게 한다. 휴지 등을 말아서 가운데 두고 햇빛을 모아주면 불이 붙기도 한다.

② 성화★ 점화봉

오목 거울인 성화 점화봉에 의해 햇빛이 모아지면 성화 채화봉에 불이 붙는다.

과학단어

★시야 시력이 미치어 볼 수 있는 범위

★성화 큰 체육 대회에서 대회의 전통과 신성함을 나타내기 위해 경기장에 켜 놓은 불.

SPEED CHECK!

기본확인문제

1. 우리가 물체를 보기 위해서는 (빛, 공기, 열)이(가) 우리 눈으로 들어와야 한다.
2. 다른 물체를 잘 비추는 물체들은 표면이 (매끄럽다, 거칠다)는 공통적인 특징이 있다.
3. 평면거울에 비추어진 물체의 모습은 (상하, 좌우)는 바뀌지 않고, (상하, 좌우)가 바뀐다.
4. 매끄러운 표면으로 입사된 평행한 빛은 (일정한, 다른) 방향으로 반사된다.
5. 빛이 물체의 표면에서 반사할 때 입사각과 반사각의 크기는 서로 (같, 다르)다.
6. 볼록 거울을 이용하는 경우는 (화장용 거울, 자동차의 후면경, 손전등의 반사경, 매장의 도난 방지용 거울)이다.
7. (오목거울, 볼록거울)에 평행한 광선을 비추면 한점에 모였다가 퍼져 나간다.
8. 물체를 확대하는 것은 (평면거울, 오목거울, 평면거울)이다.
9. 잠망경으로 물체를 보면 물체의 모습이 (거꾸로, 그대로) 보인다.

개념다지기 정답 | ❶같다 ❷❸ 입사각, 반사각 ❹ 일정한 ❺ 똑같이 ❻ 거꾸로 ❼ 볼록 ❽ 오목

탐구1. 2개의 평면 거울에 비친 상의 개수

탐구과정

준비물
평면거울, 각도기, 작은 물체

① 평면 거울 2개를 각도를 변형시킬 수 있도록 맞붙인후 각도기 위에 올려 놓는다.

② 두 평면 거울 사이의 각도를 변화시키면서 거울에 맺히는 상의 개수를 세어본다.

탐구결과

1. 다음 표에 2개의 거울이 이루는 각도에 따라 맺히는 상의 개수를 쓰시오.

거울의 각도	30°	45°	60°	90°	180°
상의 개수(개)				3	

탐구문제

1. 거울의 각도와 상의 개수 사이에는 어떤 관계가 있을까? 거울의 각도와 상의 개수 사이의 관계를 식으로 나타내시오.

2. 만약 거울의 각도가 15° 라면 상의 개수는 몇 개가 될지 쓰시오.

탐구2. 거울에 비친 상의 작도

탐구과정

1. 볼록 거울에 의한 상의 작도

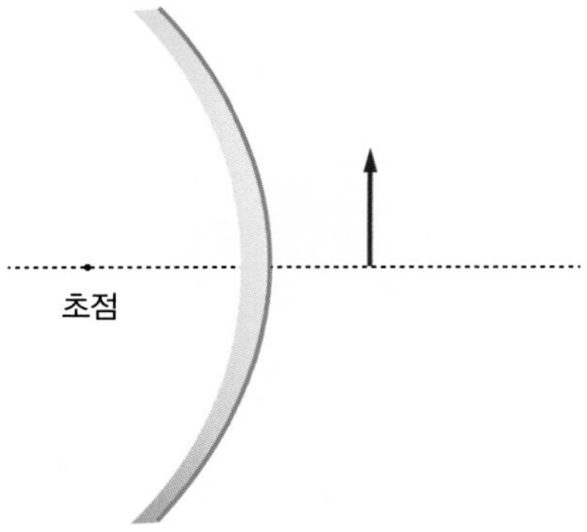

볼록거울로부터 물체가 가까이 있을 때

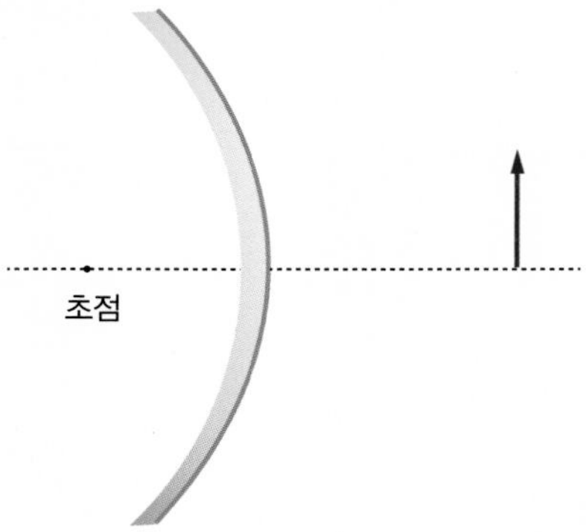

볼록거울로부터 물체가 멀리 있을 때

2. 오목 거울에 의한 상의 작도

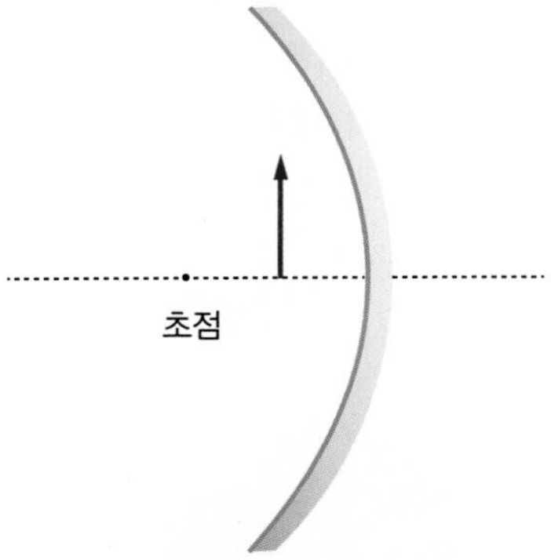

오목거울로부터 물체가 가까이 있을 때

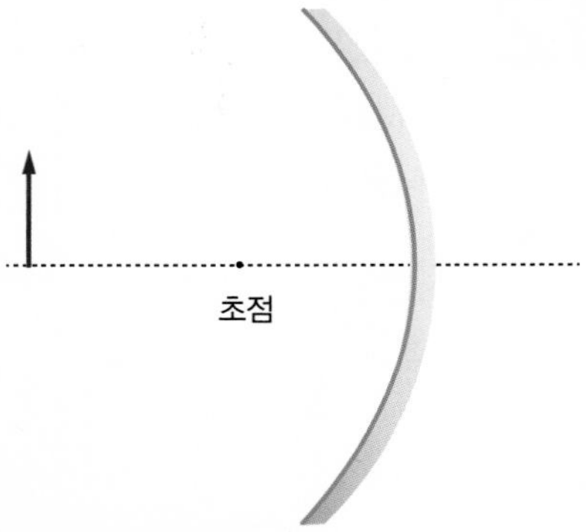

오목거울로부터 물체가 멀리 있을 때

탐구결과

1. 다음 표에 작도를 통해 나온 상의 모습을 쓰시오. (예: 똑바로, 작게)

	가까운 거리의 물체	먼 거리의 물체
볼록거울에 의한 상		
오목거울에 의한 상		

문제해결력 키우기

01 우리가 물체를 볼 수 있는 이유는 무엇인지 그 원리로 옳은 것을 고르시오.

① 모든 물체는 스스로 빛을 낸다.
② 물체에서 나온 빛이 우리 눈에 도달한다.
③ 우리 눈에서 빛을 쏘아 물체를 구분한다.
④ 물체 표면으로 입사된 빛은 모두 반사된다.
⑤ 물체는 스스로의 색에 해당하는 빛을 흡수한다.

02 소희는 아빠와 여행가서 찍어온 사진들을 정리하다가 이상한 점을 발견하였다. 어떤 호수는 주변의 풍경이 선명하게 물 위에 비춰지고, 어떤 호수는 주변의 풍경이 잘 비춰지지 않았다. 이런 결과가 나온 이유는 무엇인지 물의 표면을 관찰하여 설명하시오.

03

다음 그림은 119 구급차의 모습을 나타낸 것이다.

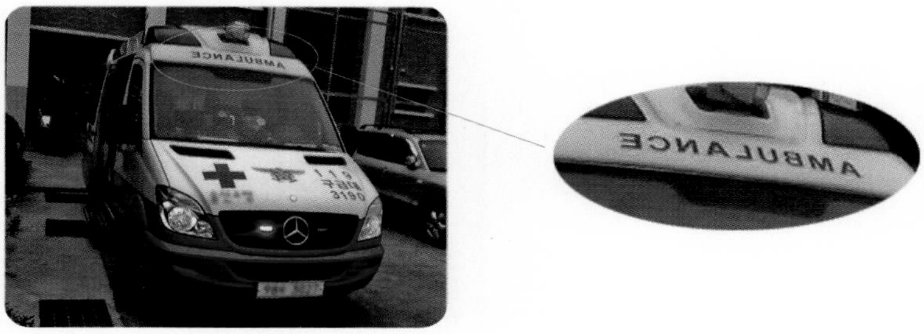

구급차 윗부분에 AMBULANCE라는 글씨가 거꾸로 쓰여 있는 것을 볼 수 있다. 그 이유는 무엇인지 쓰시오.

04

정반사와 난반사에 대한 설명으로 옳지 않은 것은?

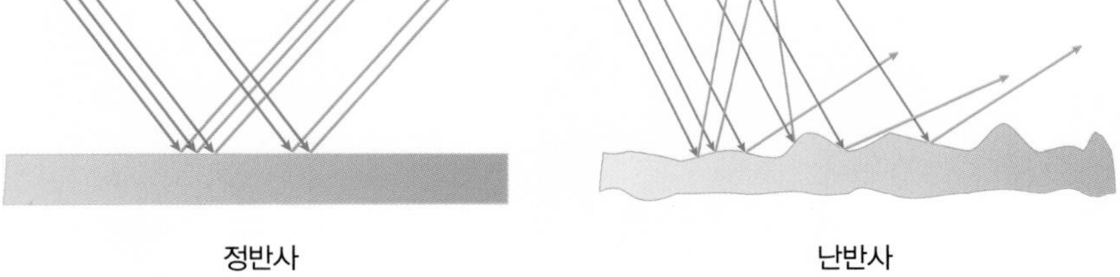

① 정반사하는 경우 물체가 비쳐 보인다.
② 난반사는 물체를 볼 수 있는 원리이다.
③ 난반사는 반사의 법칙이 성립하지 않는다.
④ 난반사는 물체의 거친 표면에서 일어난다.
⑤ 정반사는 거울이나 잔잔한 수면 등에서 일어나는 반사이다.

문제해결력 키우기

05 지민이가 거울 앞에 섰더니 등 뒤의 시계가 다음 그림과 같이 거울에 비쳐 보였다. 지민이가 거울을 보았을 때의 시각은 몇 시 몇 분인지 쓰시오.

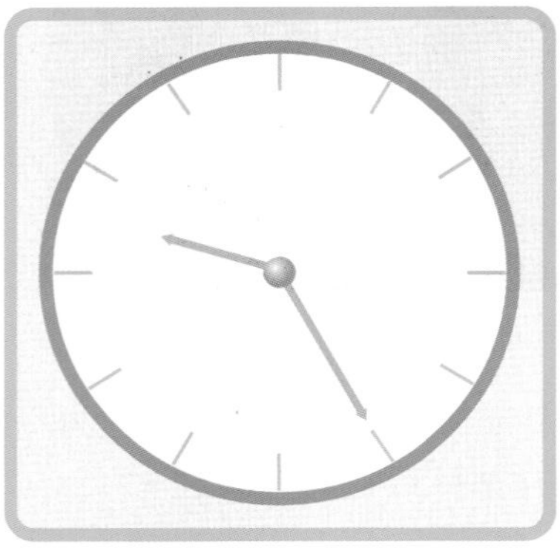

06 다음 〈보기〉의 물체를 바늘구멍 사진기를 통해 보았을 때 보이는 물체의 모습으로 바른 것을 고르시오.

〈보기〉

①

②

③

④

07 다음 그림은 볼록 거울로 만들어진 자동차 후면경에 주변의 모습이 비친 것을 나타낸 것이다. 자동차 후면경에 평면 거울이나 오목 거울이 아닌, 볼록 거울을 사용하는 이유가 무엇인지 쓰시오.

08 다음은 우리 주변에서 사용하는 거울의 예이다. 사용된 거울의 종류가 다른 것을 고르시오

① 손전등의 반사경

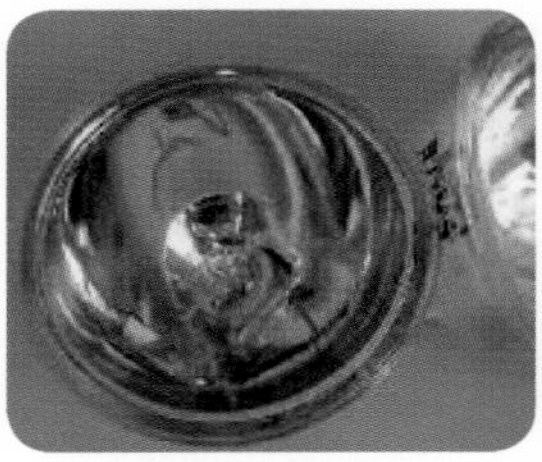

② 현미경의 반사경

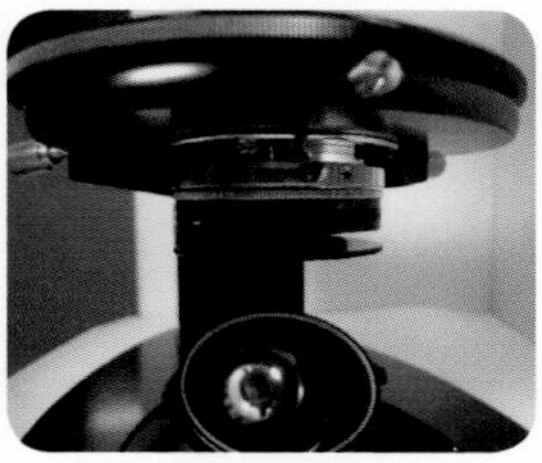

③ 헤드 반사경

④ 도로 반사경

⑤ 성화 점화봉

STEP BY STEP

09

그림과 같이 동혁이는 평면 거울 속에 비친 자신의 모습을 보고 있다. 물음에 답하시오.

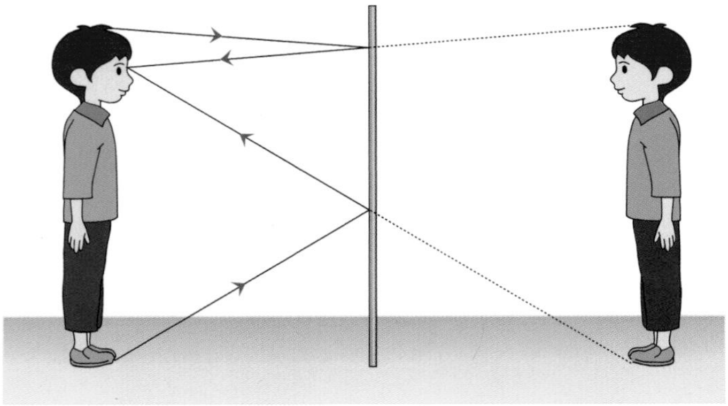

실제 동혁이의 모습

거울에 맺힌 동혁이의 상

(1) 동혁이가 자기 몸의 전부를 보기 위해서는 자신의 키의 어느 정도가 되는 거울이 필요하겠는지 위 그림의 거울에 높이를 표시하시오.

(2) 이때 거울은 고정되어 있고 동혁이가 거울로부터 멀어진다면, 몸의 전부를 보기 위해서 필요한 거울의 길이는 얼마나 줄어들지 쓰시오.

STEP BY STEP

10 수현이가 그림과 같이 잠망경을 만들었다.

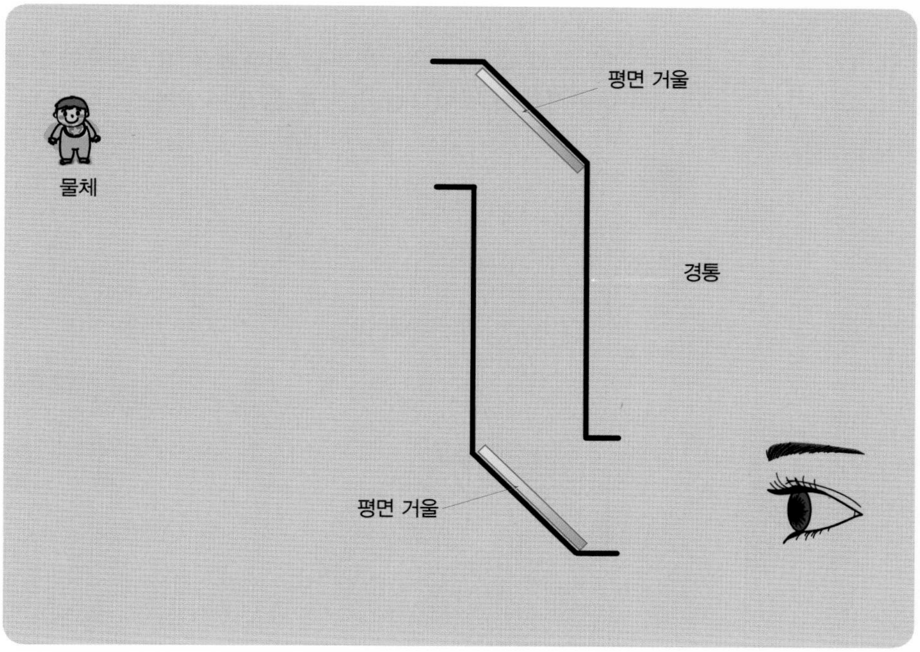

(1) 위의 그림에 물체에서 반사된 빛이 수현이의 눈으로 들어올 때까지의 빛의 경로를 그리시오.

(2) 수현이가 잠망경을 통하여 본 물체는 실제 물체와 좌우가 바뀌는지 안 바뀌는지 이유와 함께 쓰시오.

STEP BY STEP

11 시호는 반사면에 빛을 반사시키는 여러 가지 실험을 하였다. 다음 물음에 답하시오.

(1) 다음 그림과 같이 반사면을 θ 만큼 기울였을 때, 반사면을 기울이지 않았을 때와 비교하여 반사광이 벗어나는 각도 θ' 은 얼마인가?

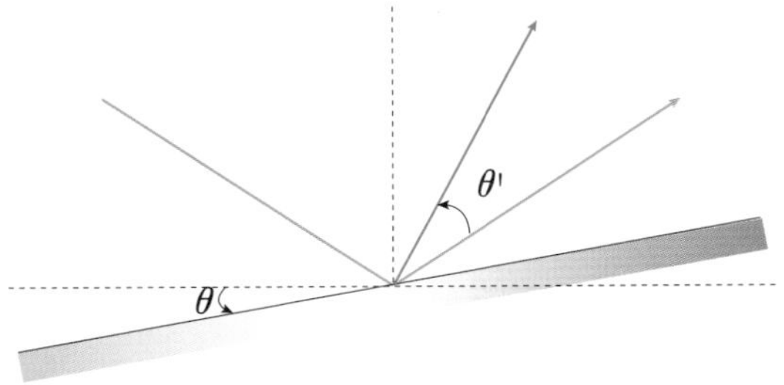

① 0 ② $\frac{1}{2}\theta$ ③ θ ④ 2θ ⑤ 4θ

(2) 다음 그림과 같이 평행한 두 반사면 사이에서 반사된다면 θ와 θ'의 관계는 어떠하겠는가?

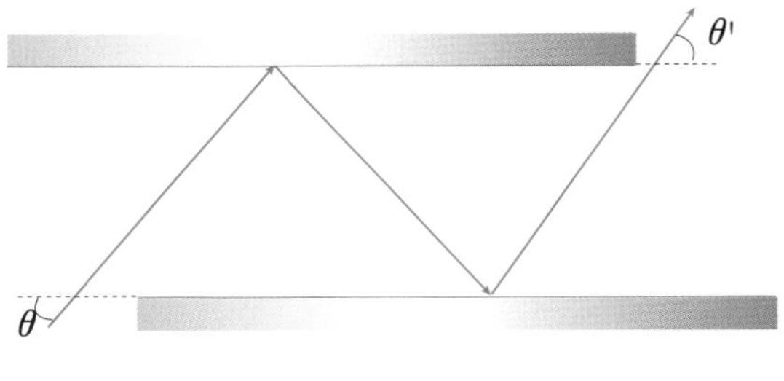

STEP BY STEP

12 우리 주위에는 그 모양과 특징에 따라 다양한 용도로 사용되고 있는 거울들이 많이 있다. 다음 물음에 답하시오.

(1) 다음 거울을 똑바로 놓고 정면에서 빛을 비추었을 때 반사되어 나오는 빛의 모양은 각각 어떠한지 다음 표에 그려 넣으시오.

	평면거울	오목거울	볼록거울
거울에서 반사되어 나오는 빛의 모양	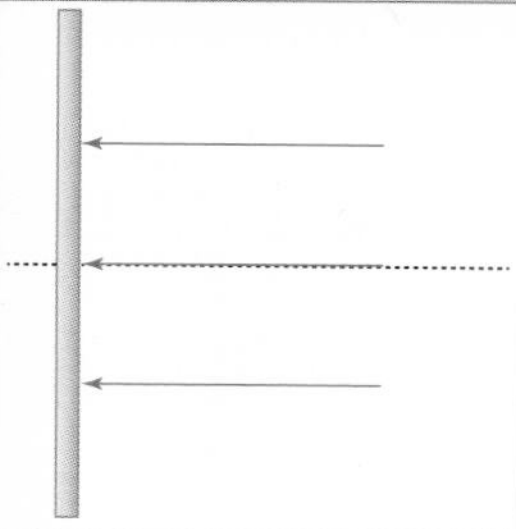	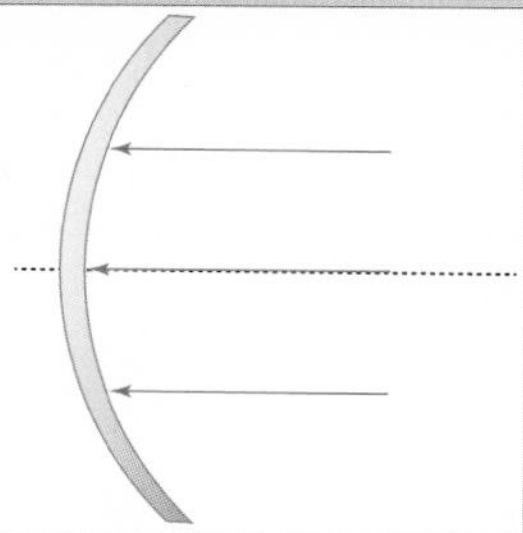	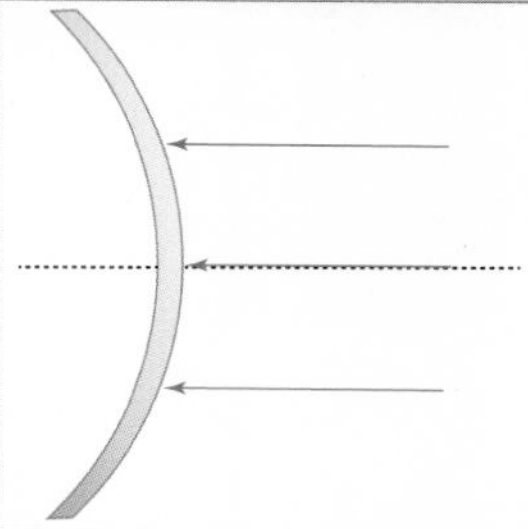

(2) 다음 거울에 가까이 있는 물체와 멀리 있는 물체가 비친 모습을 각각 쓰시오.

	평면거울	오목거울	볼록거울
가까이 있는 물체			
멀리 있는 물체			

(3) 다음 보기 중에서 ① ~ ④의 역할을 하는 것을 모두 골라 알맞은 기호를 쓰시오.

ㄱ. 자동차의 후면경
ㄴ.현미경의 반사경
ㄷ. 손전등의 반사경
ㄹ. 굽은 길의 안내 거울
ㅁ. 진열대의 감시 거울
ㅂ. 화장용 손거울
ㅅ. 치과의사들이 사용하는 거울
ㅇ. 태양열 발전장치
ㅈ. 자동차 전조등의 반사경
ㅊ. 온풍기의 반사경
ㅋ. 전파 망원경
ㅌ. 위성 방송 수신용 안테나

① 시야를 넓게 만드는 거울 :

② 빛을 평행하게 보내서 멀리까지 비추게 하는 거울 :

③ 빛이나 전파를 모으는 거울 :

④ 물체를 확대해 크게 보이게 하는 거울 :

창의력 키우기

01

다음은 거울과 거울 앞의 두 지점 A, B 를 나타낸 것이다. 물음에 답하시오.

- 유창성
- ✓ 융통성
- 독창성
- ✓ 정교성

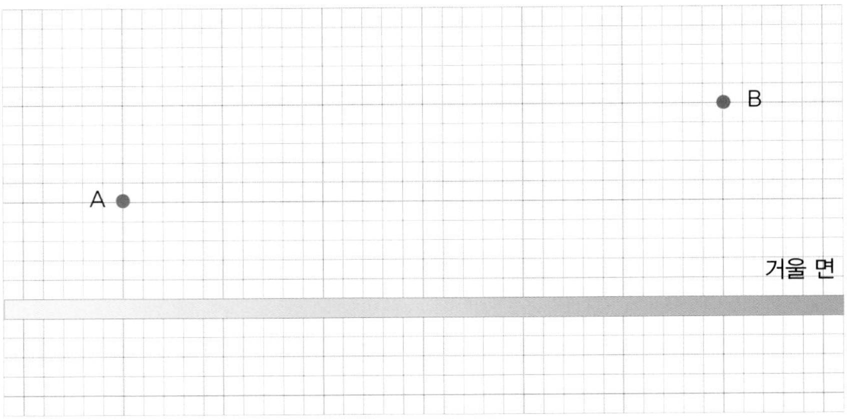

(1) 다음 그림의 A점에서 출발한 빛은 반드시 거울 면 위의 한 점을 지나 B점에 도달해야한다. 이때 가장 길이가 짧아지는 거울 면 위의 한 지점을 찾고, 그 경로를 모눈종이 위에 나타내시오.

(2) (1)에서 찾은 거울 면 위의 한 지점을 지나는 법선을 그리시오. 법선과 A 또는 B로부터의 선이 이루는 각을 각각 구하고 각의 크기를 비교하시오.

(3) (1)과 (2)의 결과를 참고하여 반사의 법칙이 성립하는 이유를 설명하시오.

02

- 유창성
- 융통성
- 독창성
- ✓ 정교성

다음 그림과 같이 많은 장애물 들로 물체가 가려져 있다. 거울을 사용하여 제자리에서 이동하지 않고 장애물 뒤의 물체를 보려고 한다. 거울을 이용하여 물체를 볼 수 있는 가능한 방법을 빛의 경로와 함께 상자 안에 그리시오.

01

다음 그림과 같이 큰 거울 앞에 동혁이가 서 있다. 물음에 답하시오.

(1) 동혁이가 거울 쪽으로 3m/s의 속력으로 움직이면서 거울을 보면 거울 속의 상은 얼마의 속력으로 어느 방향으로 움직일지 쓰시오.

(2) 동혁이가 거울 앞 2m되는 지점에서 거울 속의 자기의 모습을 찍으려면 카메라의 초점은 몇 m에 맞추어야 하는지 설명과 함께 쓰시오.

“

왜 달의 모양과 위치가 바뀔까?

여러 날 동안 같은 장소에서 똑같은 시각에 달의 모양을 관찰하면
달의 모양과 위치가 변한다.
그 이유는 무엇일까?

”

12

지구와 달

개념다지기

쏙쏙 빈칸을 채워 개념을 완성하세요!

❶ 지구의 모양

(1) 우주에서 본 지구의 모양 : 지구는 ❶ ____________ 공 모양이다.

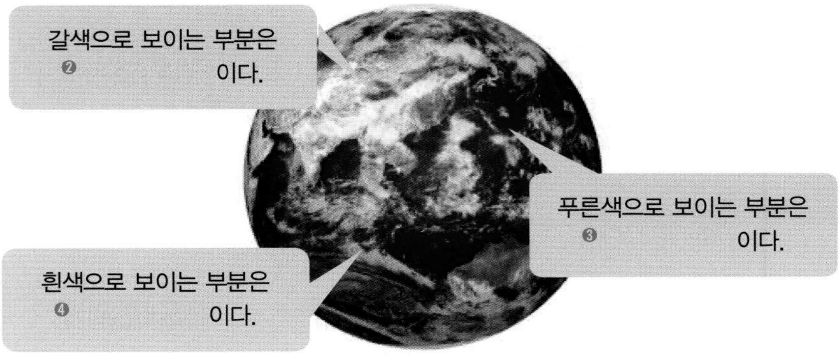

(2) 지구가 둥글다는 사실

① 마젤란의 세계일주 : 마젤란이 빅토리아 호를 타고 계속 같은 방향으로 항해하여 출발지인 에스파냐로 다시 돌아왔다.

② 항구에 돛★단배가 보이는 모양의 변화 : 배가 출발점에서 멀어질수록 배의 ❺ ____________ 부분부터 보이지 않게 되고, 출발점으로 돌아올 때는 배의 ❻ ____________ 부분부터 보이기 시작한다.

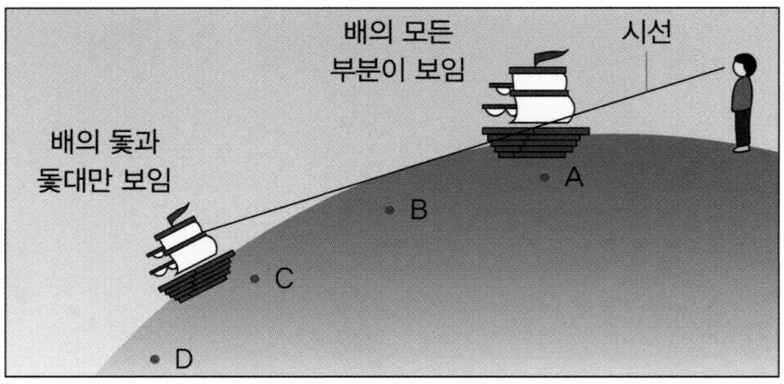

배가 A 위치에 있을 때 보이는 모습	배가 B 위치에 있을 때 보이는 모습	배가 C 위치에 있을 때 보이는 모습	배가 D 위치에 있을 때 보이는 모습

작은 종이배로 지구 모형 실험하기

편평한 책상 위에서 움직일 때

- 배가 책상 모서리에 도착하면 바닥으로 떨어짐
- 배가 바닥으로 떨어지기 전까지 배의 전체 모습이 계속 보임

둥근 물체 위에서 움직일 때

- 배가 계속 움직임
- 배가 출발점에서 멀어질수록 밑 부분부터 보이지 않게 됨
- 배가 출발점으로 돌아올 때는 돛대 부분부터 보이기 시작함

과학단어

★돛 바람의 힘을 받아 배를 가게 하는 넓은 헝겊

③ 월식★ 때 비친 지구의 그림자 모습 : 달에 비친 지구의 그림자가 둥글게 보인다.

❷ 달의 모양

(1) 망원경으로 본 달의 모습 : 달 표면에는 평원★, 분화구★, 산맥, 계곡 등이 있으며, ❼ ______ 라고 불리는 울퉁불퉁한 자국이 많다.

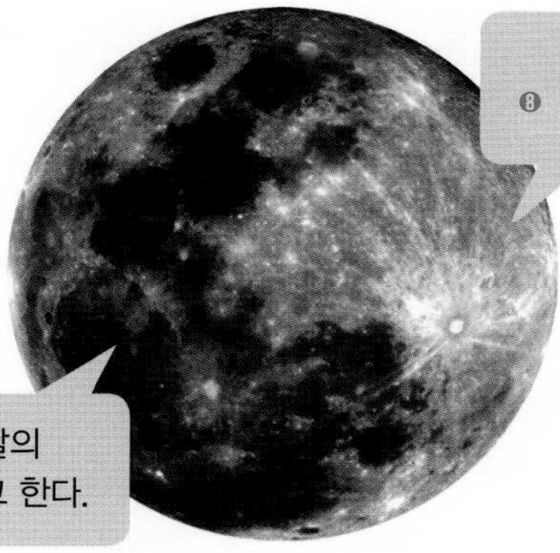

(2) 옛날 사람들이 생각한 달의 모습 : 옛날 사람들은 달의 밝고 어두운 부분을 사람 얼굴, 떡방아 찧는 토끼 등으로 생각하였다.

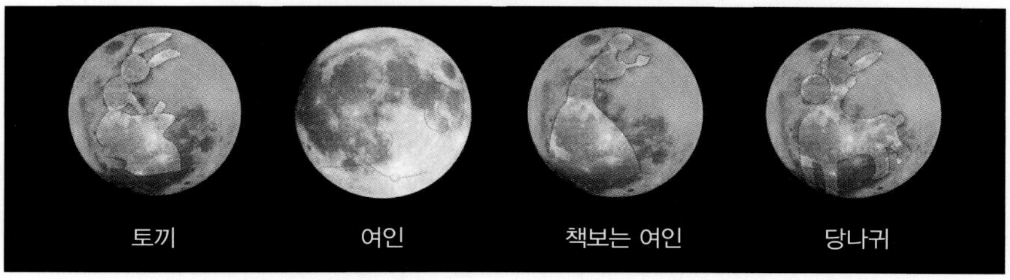

그렇게 생각한 까닭	나라마다 위치가 다르기 때문에 달의 모습이 조금씩 다르게 보이고, 나라마다 문화가 다르기 때문에 달을 보고 상상한 모습이 서로 달랐다.

❸ 지구와 달의 비교

	지구	달
크기와 모양	둥근 모양으로 달보다 큼	둥근 모양으로 지구보다 작음 (반지름은 지구의 $\frac{1}{4}$)
표면의 색깔	흰색, 푸른색, 갈색으로 된 부분이 보임	밝은 부분과 어두운 부분이 보임
표면의 특징	· 물과 공기가 있음 · 구름이 있음	· 물과 공기가 없음 · 구름이 없어서 달의 표면이 잘 보임 · 표면에 움푹 패인 구덩이가 많음

달에 크레이터가 많은 이유

크레이터는 달 표면에서 볼 수 있는 크고 작은 구덩이로, 운석이 충돌한 흔적이거나 화산이 폭발한 흔적이다. 달에는 대기★가 없어 운석이 떨어질 경우, 운석이 타버리지 못하고 그대로 충돌하여 크레이터가 생긴다. 또한, 물과 공기가 없기 때문에 크레이터가 지워지지 않고 계속 남아 있게 되는 것이다.

▲ 달의 크레이터

지구의 크레이터

지구에 생긴 크레이터는 물과 공기의 풍화작용으로 희미해지고, 그 위에 이끼나 나무가 자라면서 흔적이 사라진다. 건조한 지역에 생긴 크레이터는 흔적이 남아 있는 경우도 있다.
미국 애리조나주의 베링거 크레이터는 크기는 작지만 달에서 볼 수 있는 충돌 분화구의 형태를 고스란히 간직하고 있다.

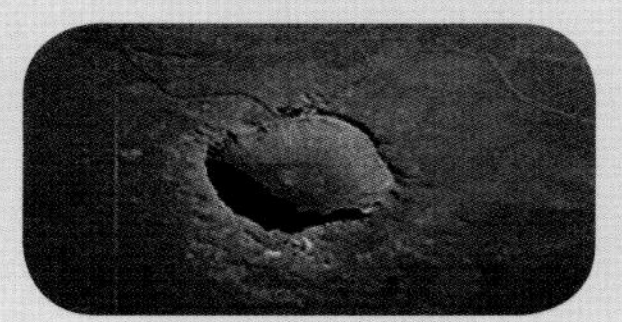
▲ 미국 애리조나주의 베링거 크레이터

과학단어

★월식 지구가 태양과 달 사이에 놓여 지구에서 볼 때 달의 일부또는 전부가 가려지는 현상
★평원 평평한 들판
★분화구 화산이 폭발할 때 용암을 내뿜는 구멍
★대기 공기의 다른 말로 지구를 둘어싸고 있는 기체

개념다지기

쏙 쏙 빈칸을 채워 개념을 완성하세요!

❹ 하룻밤 동안 보름달의 움직임

(1) 관찰 계획 세우기

관찰 장소	주위에 높은 산이나 건물이 없는 곳
관찰 시각	매월 ⑩ ______ 일(저녁 7시경~다음날 새벽 6시경)
관찰 방법	· 같은 장소에서 한 시간 간격으로 관찰함 · ⑪ ______ 쪽을 향해 서서 관찰함
기록 방법	· 기록자에 방위를 표시함 · 주위의 큰 건물, 산, 나무 등을 그려 넣음 · 한 시간마다 달의 위치와 관찰 시각을 써 넣음

(2) 하룻밤 동안 보름달의 위치 변화 : 동쪽 → ⑫ ______ 쪽 → 서쪽으로 해가 움직이는 방향과 같다.

(3) 하루 동안 달의 위치가 변하는 이유 : 지구가 하루 (24시간)에 한 바퀴(360°)씩 서쪽에서 동쪽으로 ⑬ ______ ★하기 때문에, 달은 한 시간에 15°(360° ÷ 24)씩 동쪽에서 서쪽으로 이동하는 것처럼 보인다.

❺ 여러 날 동안 달의 모양과 위치 변화

(1) 관찰 계획 세우기

관찰 장소	주위에 높은 산이나 건물이 없는 곳
관찰 시각	매월 음력 3~15일(저녁 7시경)
관찰 방법	· 반드시 같은 장소, 같은 시간에 관찰함 · 남쪽을 향해 서서 관찰함

(2) 달의 위치 변화

● 음력이란?

음력이란 보름달에서 다음 보름달까지의 약 30일을 기초로 하여 만든 날짜 계산 방법이다. 달력을 보면 보통 날짜 밑에 작은 숫자가 있는데 그것이 음력 날짜를 나타낸 것이다.

● 낮에 달을 볼 수 없는 이유

달은 스스로 빛을 내는 것이 아니라 햇빛에 반사된 달의 일부가 우리 눈에 보이는 것이다. 따라서 낮에는 달이 반사하는 빛보다 햇빛이 더 밝기 때문에 달이 보이지 않는 것이다.

구름이 약간 끼어 햇빛을 가리거나 태양의 고도가 낮아(태양이 뜨거나 질 때) 하늘이 약간 어두워지면 낮에도 달이 보이는 경우가 있다.

● 지구에서 항상 달의 같은 면만 보이는 이유

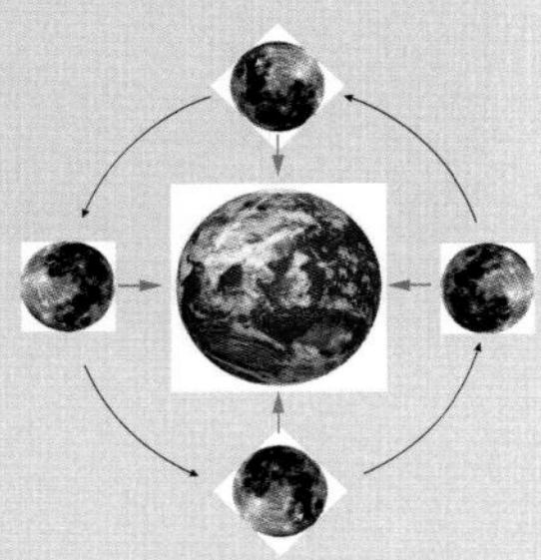

달이 지구 주위를 한 바퀴 도는 것을 공전이라고 하고, 스스로 한 바퀴 도는 것을 달의 자전이라고 한다. 그런데 달이 한 번 공전하는데 걸리는 시간과 자전하는데 걸리는 시간(약 27.3일)이 같기 때문에 지구에서 보면 달의 표면은 항상 같은 모양으로 보이는 것이다.

● 과학단어

★자전 어떤 천체가 축을 중심으로 스스로 도는 것

① 달의 모양과 위치는 매일 달라진다.
② 매일 달이 뜨는 위치가 서쪽에서 동쪽으로 움직여 간다.
③ 초저녁(저녁 7시경)에 초승달은 서쪽, 상현달은 남쪽 하늘, 보름달은 동쪽 하늘에서 볼 수 있다.

(3) 달의 모양 변화와 모양에 따른 이름

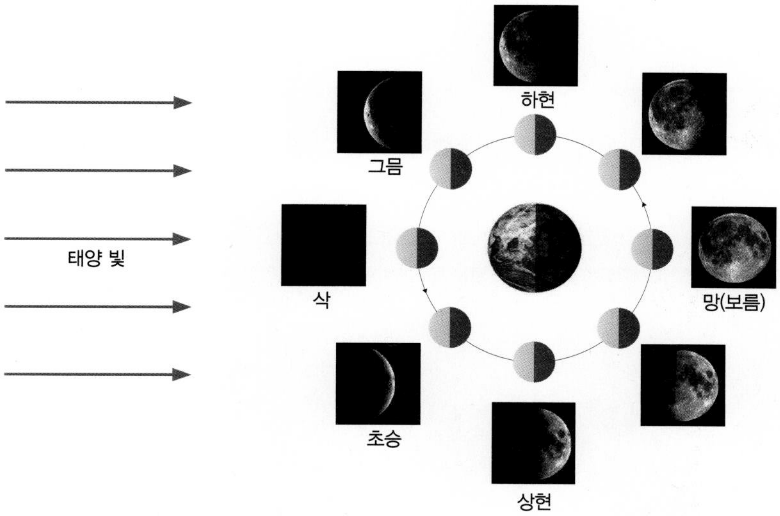

(4) 달의 위치와 모양이 변하는 까닭 : 달이 지구 주위를 ⑭ ________★하기 때문에 달의 모양과 위치가 변하는 것이다.

❻ 달 탐사 계획 세우기

(1) 달 탐사★ 계획서에 들어갈 내용 : 탐사 목적, 탐사할 내용, 탐사를 위한 준비물, 탐사를 위한 지식, 탐사 방법 등을 정리한다.

(2) 달에 관한 내용 조사 : 백과 사전, 과학 잡지, 신문 기사, 인터넷 검색 등을 활용하여 조사한다.

달은 매일 같은 시각에 뜰까?

달은 전날 달이 뜬 시각보다 50분씩 늦게 뜬다. 예를 들어 달이 오후 9시에 떴다고 가정해 보자. 지구가 24시간 동안 자전을 해서 같은 자리로 돌아왔을 때(즉, 다음날 오후 9시), 달은 지구 주위를 그 시간 동안 더 공전했기 때문에 지구는 달이 공전한 만큼의 각을 더 자전해야 달이 뜰 것이다. 이 차이가 50분인 것이다. 그래서 매일 같은 시간에 달의 위치를 관측하게 되면, 전날에 비해 서쪽에서 동쪽으로 움직이는 달의 모습을 볼 수 있는 것이다.

달 탐사에 필요한 과학 기술

① 과학 기술 : 우주선, 우주복, 망원경, 로켓 등
② 달 탐사에 사용된 과학 기술이 우리 생활에 이용된 경우 : 로켓, 인공 위성, 화상 전화, 컴퓨터 등

과학단어

★탐사 세밀하게 관찰하고 조사함
★달의 공전 달이 지구의 둘레를 일정한 주기로 도는 운동

SPEED CHECK!

기본확인문제

1. 같은 방향으로 항해하여 세계 일주를 성공한 사람은 빅토리아이다. (O / X)
2. 에베레스트 같은 높은 산에 올라가면, 지구 전체의 모습을 한 눈에 관찰할 수 있다. (O / X)
3. 달 표면의 울퉁불퉁한 자국을 크레이터라고 한다. (O / X)
4. 달에는 구름이 없기 때문에 달 표면이 잘 보인다. (O / X)
5. 보름달이 남쪽 하늘에서 보일 때는 오후 7시경이다. (O / X)
6. 달을 관찰하기 위해서 관찰자는 남쪽을 향해 선다. (O / X)
7. 해와 보름달은 뜨고 지는 방향이 같다. (O / X)
8. 여러 날 동안 같은 장소에서 같은 시각에 달의 위치를 관측하면, 전날들에 비해 달이 서쪽에서 동쪽으로 조금씩 이동한다. (O / X)
9. 오후 7시경에 초승달은 동쪽, 상현달은 남쪽, 보름달은 서쪽 하늘에서 뜬다. (O / X)

개념다지기 정답 | ❶ 둥근 ❷ 육지 ❸ 바다 ❹ 구름 ❺ 밑 ❻ 돛(돛대) ❼ 크레이터 ❽ 육지 ❾ 바다 ❿ 음력 15 ⓫ 남 ⓬ 남 ⓭ 자전 ⓮ 공전

탐구력 키우기

탐구1. 달에 대한 탐구

탐구과정

순재와 효진이는 어느 날 보름달의 위치 변화를 관찰했다. 다음 그림은 저녁 7시와 8시에 관측한 보름달을 그린 것이다. 물음에 답하시오.

탐구문제

1. 다음 중 누구의 말이 옳을까? 그 이유도 쓰시오.

순재 : 학교는 우체국보다 동쪽에 있구나.
효진 : 아니야, 학교는 우체국보다 서쪽에 있어

· 바르게 말한 사람

· 그 이유

2. 같은 장소에서 일주일 후에 달의 모양을 관찰하였다. 달의 모양을 그림으로 그리시오.

3. 아래 주어진 사진과 표는 달의 각 부분에서 측정한 운석 구덩이의 개수와 측정한 지역을 나타내고 있다. 아래 표와 사진으로부터 달 표면의 운석 구덩이의 분포에 대해 알 수 있는 점을 2가지만 쓰시오.

〈 표 〉 달의 지역에 따른 운석 구덩이의 개수

A	A	B	C	D	E
운석 구덩이의 개수	49	51	48	9	10

(단, 운석 구덩이의 개수는 같은 면적에서 측정한 것이다.)

문제해결력 키우기

01 다음 그림과 같이 승규는 종이배를 평면과 둥근 공 위에서 움직였다. 종이배가 A~D 위치에 있을 때, 연진이가 본 종이배의 모습을 그리시오.

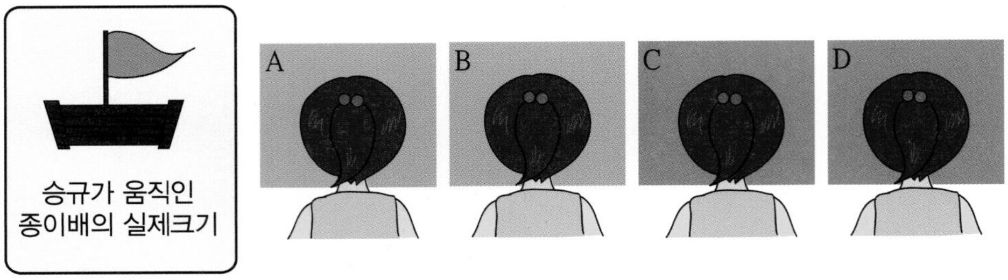

02 다음은 우주에 떠 있는 우주선이 지구의 모습을 찍어서 보낸 사진이다. 이 사진을 보고, 친구들이 말한 내용으로 바른 것을 모두 고르시오.

① 지구는 달보다 크다.
② 지구는 둥근 공 모양이다.
③ 울퉁불퉁한 자국이 많이 있다.
④ 지구 표면의 밝은 부분과 어두운 부분을 관찰할 수 있다.
⑤ 지구의 표면에는 흰색, 푸른색, 갈색으로 된 부분이 있다.

03

수진이는 지구 주위를 돌고 있는 달에 관하여 조사한 것을 발표하였다. 수진이가 달에 관해 조사한 내용 중 옳은 것을 모두 고르시오.

① 달에는 구름이 없다.
② 달은 낮이 없고, 항상 어두운 밤이다.
③ 달에서 악기를 연주하면 음악을 들을 수 있다.
④ 달에서 손전등을 이용해 그림자 놀이를 할 수 있다.
⑤ 달에서 몸무게를 재면, 지구에서 잰 것보다 무겁다.

04

다음 그림은 우주에서 본 지구와 달의 모습을 나타낸 것이다. 이 그림을 보고 지구와 달의 차이점을 3가지 쓰시오.

05 달의 표면에는 울퉁불퉁한 크레이터가 많지만, 지구의 표면에서는 그 모습을 거의 찾아 볼 수 없다. 그 이유로 옳다고 생각되는 것을 모두 고르시오.

① 지구에는 운석이 떨어지지 않기 때문이다.
② 지구에는 자기장이 있어 운석이 지구를 피해서 지나가기 때문이다.
③ 지구에는 대기가 있어 운석이 떨어지는 동안 마찰로 타버리기 때문이다.
④ 지구의 운석 구덩이는 물, 바람 등에 의해 그 흔적이 사라졌기 때문이다.
⑤ 달에 떨어지는 운석은 무겁고, 지구에 떨어지는 운석은 가볍기 때문이다.

06 준정이는 하룻밤 동안 보름달의 움직임을 관찰하기 위해서 관찰 계획을 세웠다. 다음 준정이의 관찰 계획 중 옳은 것을 모두 고르시오.

① 음력 10일에 저녁 7시경부터 관찰을 시작할 것이다.
② 보름달이 잘 보이도록 장소를 바꿔가며 관찰할 것이다.
③ 주위에 높은 산이나 건물이 없는 곳을 관찰 장소로 정했다.
④ 동쪽에서 보름달이 뜨므로 동쪽을 향해 서서 관찰할 것이다.
⑤ 관찰 기록장에 주위의 건물, 나무 등을 그리고 방위를 표시한 후 관찰할 것이다.

07 진영이는 음력 15일 7시경부터 보름달의 움직임을 관찰하여 기록하였다. 진영이가 밤 12시경 보름달을 관찰했을 때, 보름달이 떠 있는 위치는 어디일까? 다음 그림에 표시하시오.

08 수지는 여러 날 동안 달의 모양을 관찰한 결과, 달의 모양이 매일 변하는 것을 알게 되었다.

다음 중 여러 날 동안 달의 모양이 변하는 이유를 바르게 설명한 것을 고르시오.

① 달이 스스로 돌기 때문이다.
② 달이 지구의 둘레를 돌기 때문이다.
③ 매번 새로운 달이 떠오르기 때문이다.
④ 지구가 스스로 하루에 한 바퀴씩 돌기 때문이다.
⑤ 지구의 자전축이 23.5° 기울어져 있기 때문이다.

STEP BY STEP

09 다음은 여러 날 동안 같은 시각에 달의 위치를 관찰하고 그림을 그린 결과이다. 물음에 답하시오.

(1) 이 달을 관찰한 시각은 언제인지 쓰시오.

(2) 남쪽 하늘에 가장 높이 떠 있는 달은 음력 몇 일에 볼 수 있는 달의 모습인가?

(3) 위 그림을 보고 알수 있는 사실을 모두 고르시오.

① 달은 매일 조금씩 늦게 뜬다.
② 달의 모양은 바뀌지만, 달의 표면 모습은 항상 같다.
③ 왼쪽의 달은 음력 2일경, 오른쪽 달은 음력 15일경 모습이다.
④ 매일 같은 시각에 달을 관찰하면, 달의 위치는 서쪽에서 동쪽으로 옮겨간다.
⑤ 뜰 때는 보름달 모양이었다가 점차 달의 모양이 변해서, 질 때는 초승달이 된다.

STEP BY STEP

10 일정한 기간 동안 달이 지구 주위를 한 바퀴 도는 것을 달의 공전이라고 한다. 태양, 달, 지구가 각각 다음과 같이 위치할 때의 모습을 보고 물음에 답하시오.

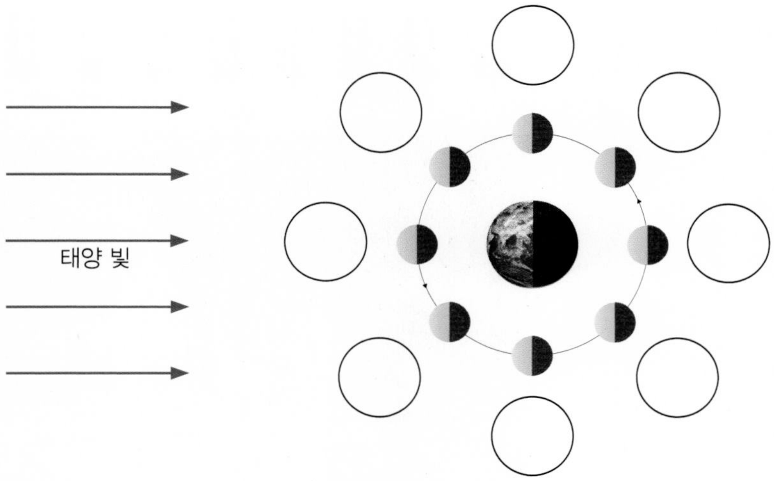

(1) 위의 ◯ 안에 지구에서 볼 때 달에 생기는 그림자를 그려 넣어, 지구에서 본 달의 모양을 완성하시오.

(2) 위 (1)의 여러 모양의 달 중 음력 7~8일 사이와 음력 27~28일 사이에 볼 수 있는 달의 모습을 찾아 그리시오.

	음력 7~8일	음력 27~28일
달의 모양		

(3) 여러 날 동안 달의 위치와 모양이 변하는 이유를 간단히 쓰시오.

(4) 매일 달이 뜨는 시각이 달라지는 이유를 설명하시오.

11 다음은 재도가 그린 그림 일기이다. 일기를 읽고, 재도가 그린 그림에서 잘못되었다고 생각되는 부분을 찾아 바르게 고치시오.

8월 23일(음력 7월 23일) 맑음

무척이나 더운 날씨여서, 밤 12시가 다 되도록 잠이 오지 않았다. 그래서 나는 동생 현아와 아빠와 함께 집 앞 공원에 산책을 나갔다. 서쪽 하늘에서 예쁜 반달을 볼 수 있었다. 기분이 참 좋은 하루였다. 이제 씻고 자야겠다.

STEP BY STEP

12 연진이는 달의 모양이 변하는 것을 이해하기 위해 친구들과 다음과 같은 실험을 하였다. 물음에 답하시오.

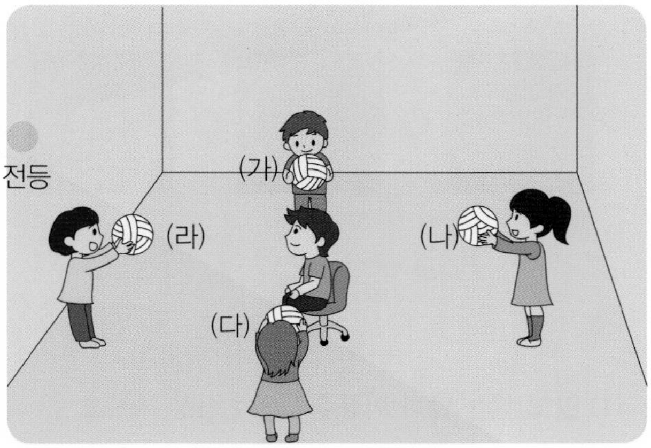

(1) 위 그림에서 전등과 공, 의자에 앉은 학생이 각각 의미하는 것이 무엇인지 쓰시오.

· 전등 :

· 공 :

· 의자에 앉은 학생 :

(2) 배구공이 (다)위치에 있을 때, 의자에 앉아 있는 학생이 본 달의 모양은 어느 것인가?

① 

② 

③ 

④ 

⑤ 

창의력 키우기

01

달의 모양은 매일 달라진다. 다음 물음에 답하시오.

- 유창성
- ✓ 융통성
- 독창성
- ✓ 정교성

(1) 알고 있는 달의 이름을 3가지 이상 쓰시오.

(2) 달의 모양은 총 몇 가지인지 쓰고, 그렇게 생각하는 이유를 쓰시오.

· 달 모양의 개수 :

· 그 이유 :

02

유창성
✓ 융통성
독창성
✓ 정교성

다음은 여러 날 동안 같은 시각에 달의 모습을 찍은 사진이다. 달의 모습은 모두 다르지만 자세히 관찰해 보면, 달의 표면 무늬가 모두 같음을 확인할 수 있다. 물음에 답하시오.

(1) 위 사진에서 보는 것과 같이 우리는 달의 한쪽 면만을 볼 수 있다. 그 이유가 무언인지 설명하시오.

(2) 달의 뒷면을 볼 수 있는 방법을 쓰시오.

01 다음 표는 달의 물리적 특징을 나타낸 것이다.

반지름	질량	표면 중력	평균 밀도	표면 온도	자전 방향
약 1738km	약 7.35×1022kg (지구의 $\frac{1}{80}$배)	지구의 $\frac{1}{6}$배 (물체 무게가 $\frac{1}{6}$로 줄어듦)	약 3.3 g/cm^3	낮 120℃ ~ 밤 −170℃ (대기가 없기 때문)	서 → 동

달에서 야구를 하려고 한다. 공격수(타자)와 수비수(투수와 수비진)의 입장에서 공을 던지고 받을 때 일어나는 일, 주변 환경 등 다양하게 상상하여 써 보시오.

총정리 문제

제 1회 (1~3단원)
제 2회 (4~6단원)
제 3회 (7~9단원)
제 4회 (10~12단원)

01

다음은 우리 생활에서 사용하는 여러 가지 도구들의 모습이다. 이 도구들의 공통점을 2가지 쓰시오. (4점)

02

다음은 용수철에 5g 짜리 추의 개수를 늘려가면서 매달았을 때의 용수철의 길이를 나타낸 것이다.

추의 개수 (개)	0	1	2	3
용수철의 길이 (cm)	10	12	14	16

이 용수철에 필통을 매달았더니 용수철의 길이가 20cm 늘어났다. 필통은 몇 g 인지 설명과 함께 쓰시오. (4점)

03

오른쪽 그림과 같이 금속 고리를 두 개의 용수철 저울에 매달았더니 용수철 저울의 눈금이 각각 10kg 을 가리켰다. 만약 이 금속 고리를 용수철 저울 1개에 매달면 용수철 저울의 눈금은 얼마일지 쓰시오. (4점)

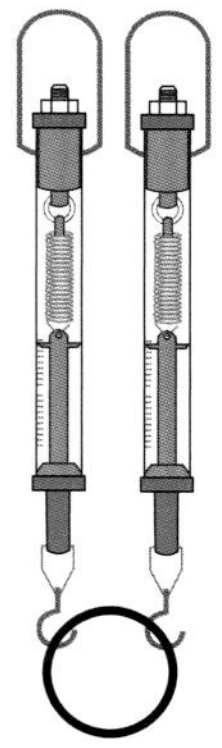

[04~05] 다음은 수평잡기의 원리를 이용하여 만든 대저울이다. 물음에 답하시오.

① 90cm 막대에 왼쪽 끝에서 20cm 떨어진 곳에 손잡이를 단다.
② 막대 왼쪽 끝에 접시를 달고 접시에 아무것도 없을 때 손잡이에서 오른쪽으로 10cm 떨어진 곳에 추를 매달면 수평을 이루었다.
③ 접시에 100g 짜리 분동을 올려놓으니 추가 손잡이에서 오른쪽으로 30cm 떨어져 있어야 수평을 이루었다.

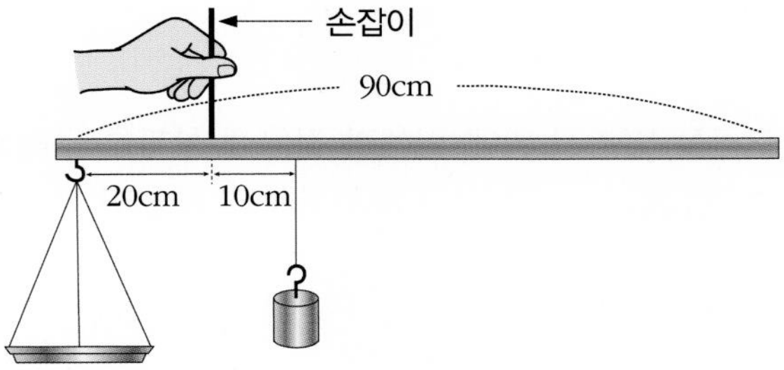

04

분동의 무게에 따라 손잡이와 추의 벌어지는 거리 관계를 풀이하고 표로 완성하시오. (4점)

무게 (g)	0	100	200	300
거리 (cm)	10	30		

05

만약 대저울의 길이가 110cm이고, 손잡이에서 접시까지의 거리가 위와 같이 20cm 라면 이 저울로 잴 수 있는 물체의 무게는 최대 몇 g 일지 쓰시오. (3점)

06

널빤지의 왼쪽에 다음과 같이 무게가 1kg인 흰색 상자와 무게가 2kg 인 검은색 상자가 올려져 있다.(단, 각 번호 사이의 간격은 같다.) (4점)

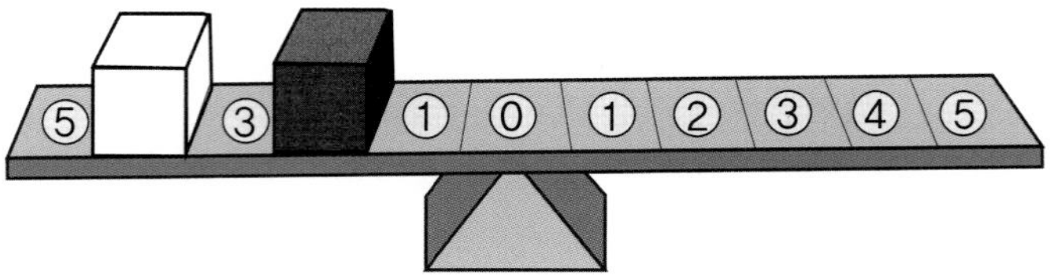

오른쪽 널빤지 위에 흰색과 검은색 상자를 올려놓아 이 널빤지가 수평을 이룰 수 있는 방법을 가능한 많이 제시하시오. (7점)

07

다음과 같이 옥수수에 실을 묶어 수평이 되게 하였다. 수평이 된 부분을 잘라 두 조각이 된 옥수수의 무게는 서로 같을지 다를지 이유와 함께 쓰시오. (5점)

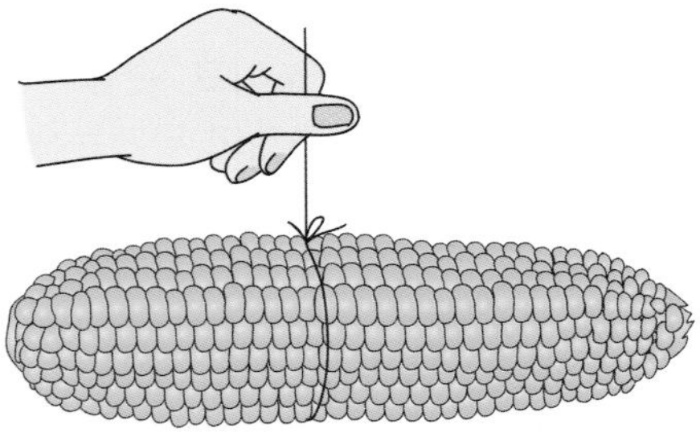

08 다음 (가)와 (나)지형은 어떤 과정을 거쳐서 생성된 것인지 생성의 원인을 간단히 쓰시오. (6점)

(가)

(나)

09 다음 (가)와 (나)는 화산 활동으로 만들어진 암석의 사진이다. (가)와 (나)의 암석이름을 쓰고, 두 암석의 특징을 3가지 이상 쓰시오. (7점)

(가)

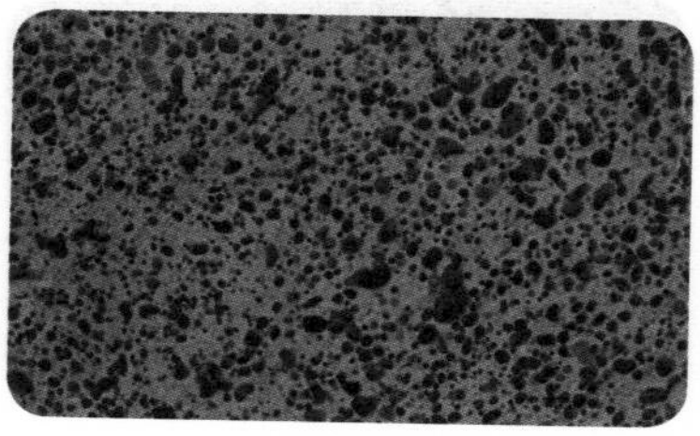
(나)

10 서기 79년 베수비우스 화산의 분출로 로마 제국의 고대 도시 폼페이와 헤르쿨라네움은 완전히 매몰되었다. (가)는 고대 도시 헤르쿨라네움의 모습이고, (나)는 살기 위해 발버둥치던 당시 사람들의 비극적인 모습이다.

베수비우스 화산 분출 당시의 모습이 완전한 상태로 보존된 이유를 도시를 뒤덮은 물질, 매몰 속도, 매몰된 후 환경과 관련지어 설명하시오. (5점)

제 2 회 총정리 (4~6 단원)

01 아래 그림은 어느 지역의 지질 단면도를 나타낸 것이다. 수평으로 나란한 지층을 가진 퇴적암이 이러한 구조가 되는 과정을 작용하는 힘의 방향을 포함시켜 시간의 순서대로 서술하시오. (5점)

[02~03] 다음은 지진계를 나타낸 것이다.

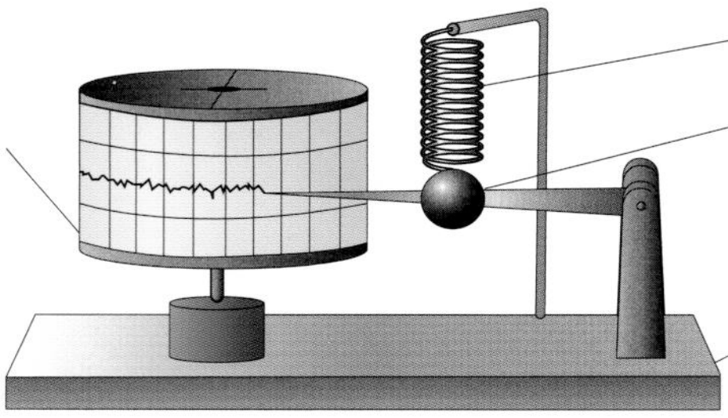

02 지진이 발생했을 때, 지진계의 구성 요소 중 흔들리지 않는 것은 무엇인지 쓰고, 지진계의 원리에 대하여 설명하시오. (5점)

03 이 지진계로 땅의 모든 흔들림을 기록할 수 없다. 그 이유를 설명하고, 이때 더 설치해야 할 지진계의 종류를 쓰시오. (5점)

04

승규는 '씨앗이 싹트기 위해서는 적당한 온도가 필요하다.'고 생각하였다. 승규의 생각을 증명하기 위한 실험 방법을 쓰시오. (5점)

05

연진이는 콩이 싹트는 데 물이 영향을 주는지 알아보기 위하여 두 개의 화분에 콩을 심고 다음과 같이 실험을 계획하였다.

화분	놓는 곳	콩을 심는 깊이	온도	물
(가)	양지 바른 곳	1.5cm	20℃	충분히 준다.
(나)	어두운 곳	3cm	20℃	안 준다.

위 실험 계획은 적합하다고 생각하는가? 만약 그렇지 않다면, 옳지 않은 부분을 모두 찾아 바르게 고쳐 쓰시오. (6점)

06

다음 그림은 강낭콩으로부터 싹이 터서 새로운 씨앗을 만드는 과정을 순서없이 나타낸 것이다. 순서대로 바르게 나열하고 이러한 과정을 무엇이라 하는지 쓰시오. (5점)

(가) (나) (다) (라)

07 벼의 한살이와 감나무의 한살이의 차이점을 비교하여 쓰시오. (5점)

08 다음 그림은 우리 조상들이 혼합물 분리에 사용하던 도구들이다. 이 도구들에서 공통적으로 사용하는 물질의 특성은 무엇인지 쓰시오. (5점)

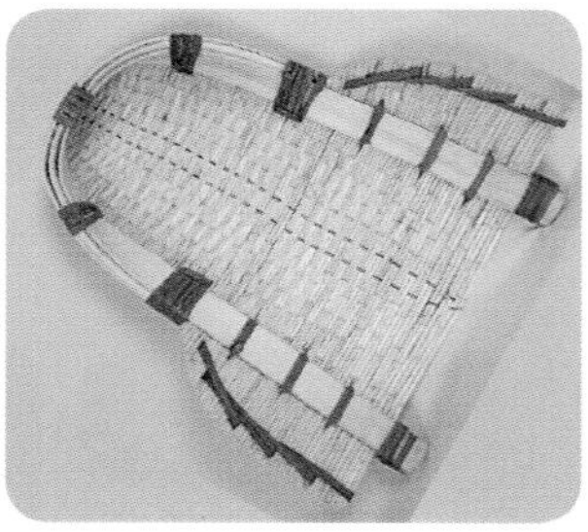

09 콩, 쌀, 좁쌀, 철가루가 섞인 혼합물을 분리하려고 한다. 이 혼합물을 분리하는 데 필요한 도구를 3가지 쓰고, 분리 방법을 계획하시오. (5점)

10 다음은 재활용 센터에서 사용되는 철 깡통과 알루미늄 깡통을 분리하는 기계이다. 어떤 성질을 이용하여 철 깡통과 알루미늄 깡통의 혼합물을 분리하는지 쓰시오. (5점)

제 3 회 총정리 (7~9 단원)

01 콩, 쌀, 철가루, 소금이 섞인 혼합물을 분리하려고 한다. 이 혼합물을 분리하는 데 이용한 성질을 3가지 쓰고, 분리 방법을 계획하시오. (5점)

02 다음은 우리 조상들이 좋은 볍씨를 골라내기 위해 이용한 성질은 무엇인지 쓰고, 다음과 같은 원리로 혼합물을 분리하는 예를 2가지 쓰시오. (5점)

① 물에 소금을 넣어 소금물을 만든다. 이때 소금물에 달걀을 띄워 달걀이 동전 크기만큼 보이는 것이 적당하다.
② 소금물에 볍씨를 넣는다.
③ 물 위에 뜬 볍씨는 골라내어 버리고, 물에 가라앉은 볍씨를 모아 농사짓는데 사용한다.

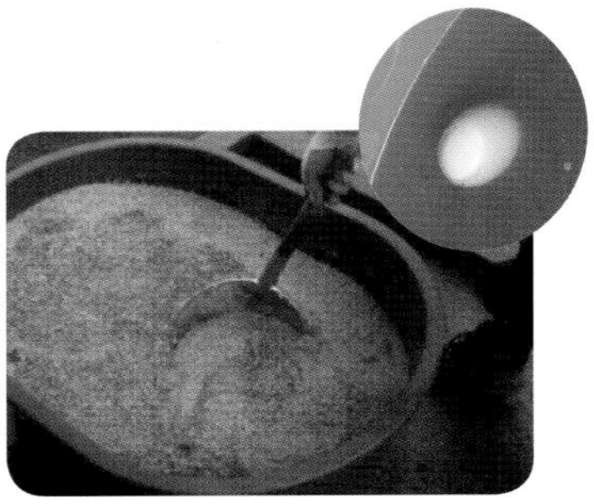

03 오른쪽 그림은 혼합물을 분리하는 실험 도구이다. 이 실험 기구의 명칭을 보기의 ㄱ ~ ㄷ 중에서 고르고, 이 실험 기구를 사용하여 분리할 수 있는 혼합물을 보기의 (가) ~ (라) 중에서 고르시오. (5점)

보기

실험기구의 명칭
ㄱ. 거름 장치　ㄴ. 분별 깔때기　ㄷ. 분별 증류 장치
혼합물
(가) 물과 에탄올　(나) 물과 소금　(다) 물과 간장　(라) 물과 기름

04

다음은 개구리밥과 맹그로브의 뿌리이다. 각 식물 뿌리의 생김새의 특징을 쓰고, 이러한 특징을 가짐으로서 지니게 되는 장점을 쓰시오. (4점)

<table>
<tr><td rowspan="2">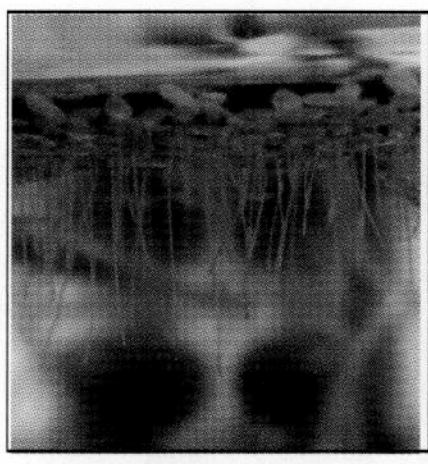</td><td>특징</td><td></td></tr>
<tr><td>장점</td><td></td></tr>
</table>

<table>
<tr><td rowspan="2"></td><td>특징</td><td></td></tr>
<tr><td>장점</td><td></td></tr>
</table>

05

다음은 수정이가 연못이나 개울에서 관찰한 식물이다. 이 식물들의 공통점으로 바른 것을 모두 고르시오. (5점)

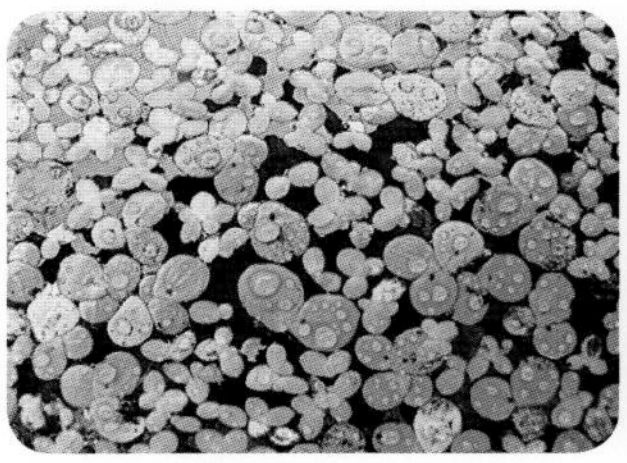
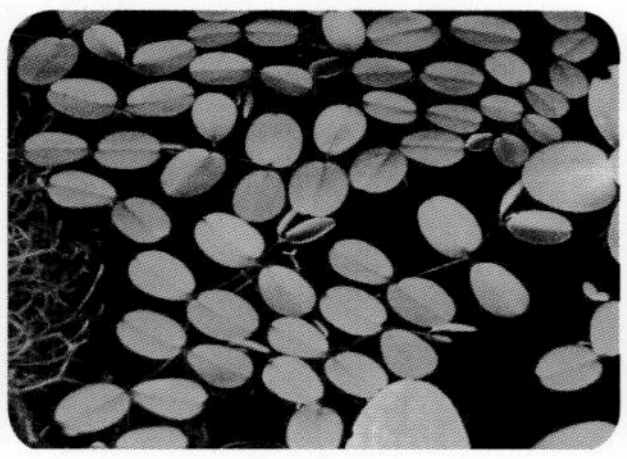
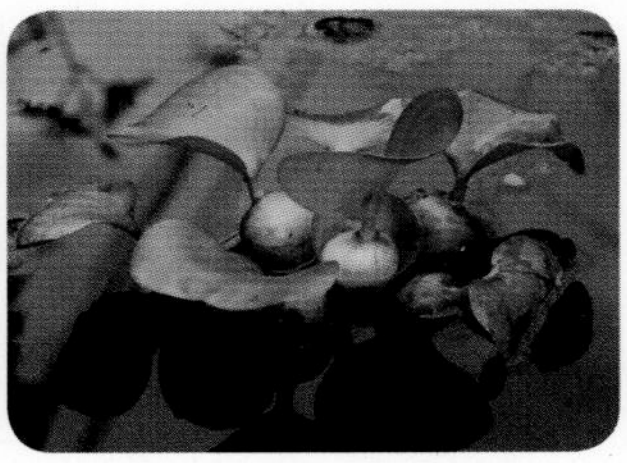

① 줄기가 잘 발달되어 있다.
② 잎이 가늘고 여러 개로 갈라져 있다.
③ 뿌리는 물 밑, 잎은 물 위에 떠 있는 식물들이다.
④ 식물이 물에 잘 뜰 수 있도록 잎이 넓게 발달하였다.
⑤ 수중에서 양분을 흡수할 수 있도록 뿌리가 잘 발달되어 있다.

06 다음은 여러 가지 식물들의 잎이 줄기에 붙어 있는 모양(잎차례)이다. 식물들이 이러한 잎차례를 하는 까닭을 쓰시오. (4점)

07 다음 여러 식물들의 잎을 생김새에 따라 기준을 세워 분리하려고 한다. 다음 (예)와 같이 분류 기준을 3가지 쓰시오. (5점)

(예) 잎의 수 – 잎이 한 장인 것과 한 장이 아닌 것

08
물을 계속 끓이면 온도가 올라간다. 그러나 100℃가 되면 더 이상 온도가 올라가지 않는다. 그 이유는 무엇일까? (5점)

09
물은 고체인 얼음이 되면서 부피가 커진다. 얼음이 물보다 부피가 커서 일어나는 현상을 3가지 이상 쓰시오. (5점)

10
지구상의 물은 없어지지 않고 상태를 바꾸며 순환한다. 다음 중 물의 상태 또는 상태 변화에 관한 설명으로 옳은 것을 모두 고르시오. (5점)

① 구름은 공기 중의 수증기가 떠 있는 것이다.
② 물이 기체 상태인 수증기로 변하기 위해서는 열이 필요하다.
③ 물을 끓일 때 주전자 주둥이 주변에서 나오는 김은 수증기이다.
④ 얼음이 수증기로 변하기 위해서는 반드시 먼저 물로 변해야 한다.
⑤ 얼음물이 담긴 유리 컵 표면에 생긴 물방울은 공기 중의 수증기가 물로 변한 것이다.

01 까만 밤을 환하게 비춰주는 달은 빛을 내는 물체인가? 빛을 내는 물체가 아닌가? 그 이유와 함께 쓰시오. (5점)

02 빛이 있는 곳에서는 언제 어디서나 그림자가 생기는 것을 볼 수 있다. 그림자가 생기는 까닭을 쓰시오. (5점)

03

바늘 구멍 사진기로 물체를 보면 상하 좌우가 바뀌어 보인다. 다음 그림에 빛이 이동하는 경로를 나타내고, 바늘 구멍 사진기에 맺힌 상이 상하 좌우가 바뀌어 보이는 까닭을 설명하시오. (5점)

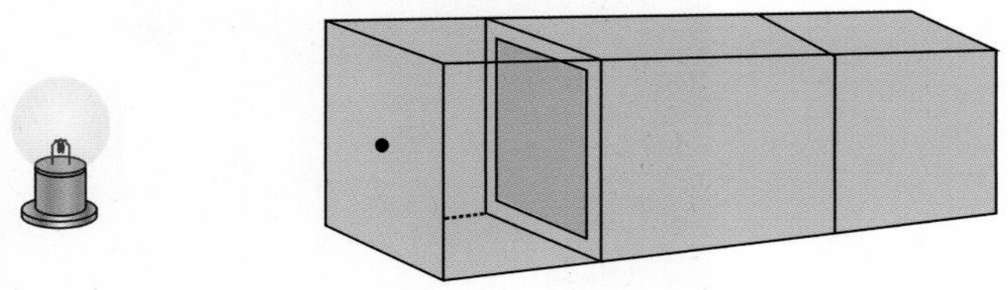

04

우리 주변에서 빛을 이용하여 신호를 보내는 예를 3가지 이상 쓰시오. (5점)

05

그림은 평면거울에 빛이 왼쪽에서 비스듬히 입사하여 반사하고 있는 모습을 나타낸 것이다. 그림의 ㉠~㉢ 중에서 반사각을 고르고, 반사각의 크기를 구하시오. (5점)

06

다음 그림은 거울에 주변의 풍경이 비친 모습을 나타낸 것이다. 이 거울의 종류는 무엇일지 이유와 함께 쓰시오. (3점)

07

우리 주위의 다양한 거울들은 그 모양과 특징에 따라 여러 가지 용도로 사용된다. 다음 중 빛을 퍼지게 하여 시야를 넓히는 역할을 하는 것을 〈보기〉에서 모두 찾아 기호를 쓰시오. (3점)

〈보기〉

A. 자동차의 후면경	B. 현미경의 반사경	C. 손전등의 반사경
D. 굽은 길의 안내 거울	E. 진열대의 감시 거울	F. 위성방송 수신용 안테나
G. 화장용 손거울	H. 태양열 발전 장치	I. 자동차 전조등의 반사경
J. 전파 망원경	K. 선풍기처럼 생긴 온풍기	
L. 치과, 이비인후과 의사들이 사용하는 거울		

08

요즘은 과학의 발달로 우주에서 지구의 모습을 사진으로 찍어서 직접 볼 수 있다. 그러나 과학이 발달되지 않았던 과거에도 사람들은 지구가 둥글다는 사실을 알아내었다. 지구가 둥글다는 증거를 3가지 쓰시오. (5점)

09

준식이는 여러 날 동안 달의 모양을 관찰한 결과, 달의 모양이 매일 변한다는 것을 알게 되었다. 달의 모양이 매일 변하는 까닭을 쓰시오. (5점)

10

다음은 승규가 음력 15일에 하룻동안 보름달의 위치 변화를 관찰한 결과이다. 하루 동안 달의 위치가 변하는 까닭을 쓰시오. (5점)

창의력 과학 *I&I* 시리즈

창의력 과학 *I&I* 초등 3, 4, 5, 6
창의력 과학 *I&I* 물리/화학/생명과학/지구과학

창의력 과학 *I&I* 시리즈

창의력 과학 *I&I* 초등 3, 4, 5, 6
창의력 과학 *I&I* 물리/화학/생명과학/지구과학

창의력과학

I&I

정답 및 해설

초등

4

무한상상

창의력 과학 *I&I* 시리즈

창의력 과학 *I&I* 초등 3, 4, 5, 6
창의력 과학 *I&I* 물리/화학/생명과학/지구과학

창의력과학

I&I

정답과 해설

초등

4

무한상상

1. 용수철 저울

기본 확인 문제 13쪽

❶ O ❷ X ❸ O ❹ O ❺ X
❻ O ❼ O ❽ X

탐구력 키우기 14~15쪽

탐구1. 용수철 장난감 만들기

탐구결과

1. 답 ㉠ 원래 ㉡ 움직이는(흔들리는)

탐구문제

1. 답 가벼운 스타이로폼 공 대신에 무거운 돌을 매달면 용수철이 흔들리기보다는 한쪽으로 치우쳐서 넘어질 것이다.

2. 답 용수철 장난감을 더 잘 흔들리게 하려면 더 가늘고 길이가 더 긴 용수철을 사용한다.

탐구2. 용수철을 이용한 저울 만들기

탐구결과

1. 답 ㉠ 무게 ㉡ 2 ㉢ 3

탐구문제

1. 답 눈금을 표시하는 것이다.
해설 추를 올려놓아 용수철에 눈금을 표시하는 것이다. 무게를 모르는 물체를 우리가 만든 용수철 저울에 매달았을 때 추를 사용한 눈금을 읽으면 물체의 무게를 알 수 있다.

2. 답 더 굵고 탄성이 강한 용수철을 사용한다.
해설 용수철이 굵고 탄성이 강할수록 잘 늘어나지 않으므로 더 무거운 물체를 재기 위해서는 굵고 탄성이 강한 용수철로 바꾼다.

문제해결력 키우기 16~23쪽

01. 답 〈예시 답안〉 빨래 집게, 자동차의 완충 장치, 침대, 토스터기, 냅킨통, 자동차 페달, 자전거벨, 스위치 등

02. 답 ①, ③, ⑤
해설 깜짝 상자는 용수철을 눌렀다 놓으면 원래 상태로 돌아가는 성질을 이용한 것이다. 용수철 인형이 튀어나오게 하려면, 상자의 높이는 용수철 인형보다 낮아야 한다. 용수철 인형은 용수철의 탄성력때문에 튀어 나온 후 한참동안 흔들리게 된다.

03. 답 · 용수철이 늘어난 길이 : 5cm
· 이유 : 추의 무게가 용수철 두개에 나누어서 작용하기 때문이다. 용수철 1개에는 추의 무게의 절반이 작용한다.

04. 답 ①, ②
해설 매단 추의 개수가 많아질수록 개수에 비례하여 추의 무게가 늘어나므로 용수철의 길이는 추의 개수에 비례하여 일정하게 늘어난다. 용수철을 잡아당겼다가 놓으면 원래의 위치로 돌아오는 성질을 이용한 실험이다. 이 실험으로는 용수철의 굵기와 늘어난 길이와의 관계는 알 수 없다.

05. 답 ①, ②, ③
해설 용수철저울은 작용하는 힘에 따라 용수철의 늘어난 길이가 달라지는 것을 이용한 것이다. 따라서 같은 크기의 힘으로 용수철 저울을 잡아당기면 가리키는 눈금이 같다. 눈금을 읽을 때는 눈을 수평이 되도록 하여 읽는다. 물체를 매달기 전에 영점 조절을 해야 하며, 물체를 매단 채 달나라로 가면 무게가 가벼워지므로 용수철 저울의 늘어난 길이가 감소한다.

06. 답 ④
해설 모든 힘은 상호 작용하며, A가 B를 당기거나 밀면 B도 동시에 같은 크기로 A를 당기거나 밀므로 용수철 저울의 눈금은 A와 B가 같다.

07. 답 (가), (라)
해설 (나)는 센티그램 저울, (다)는 양팔 저울, (마)는 윗접시 저울로 수평의 원리를 이용한 것이다.

(바)는 무게를 재는 전자저울이며 압력을 측정할 수 있는 압력 센서를 이용한 것이다. (가)는 앉은뱅이저울, (라)는 아날로그(압력 센서를 이용하지 않은) 체중계이며 용수철의 탄성을 이용한 것이다.

08. 답 10g

해설 천장에 매단 추가 떨어지지 않게 하기 위해서는 천장이 추의 무게만큼 당겨 주어야 한다. 따라서 추의 무게가 10g이면 천장이 당기는 힘도 10g이다. 사람이 용수철 저울을 잡고 있는 경우에도, 추의 무게가 10g이면, 사람이 당기는 힘도 10g이다.

09. (1) 답 · 용수철이 줄어들었다가 원래의 길이로 돌아오는 것 : (다), (마), (바)

· 용수철이 늘어났다가 원래의 길이로 돌아오는 것 : (가), (나), (라)

(2) 답 용수철에 힘을 주면 모양과 길이가 변하고, 주었던 힘이 사라지면 원래의 모양이나 길이로 돌아가는 성질을 이용한다.

10. (1) 답 · 영진 - 같은 양의 물과 소금을 섞지 않고 재었을 때와 소금을 물에 녹여 재었을 때의 무게는 같다.

· 현호 - 같은 양의 진흙 덩어리는 모양이 달라져도 무게는 같다.

· 정휘 - 똑같은 용수철에 여러 개의 추를 매달 때, 용수철에 매단 추의 무게의 합이 같으면 용수철이 늘어난 길이도 같다.

(2) 답 · 영진 - 같은 양의 물과 소금물을 섞지 않은 것과 소금을 물에 녹인 소금물을 준비하여 무게를 재어 본다.

· 현호 - 같은 양의 진흙 덩어리를 준비하여 하나는 둥글게 뭉치고 다른 하나는 길쭉한 모양으로 만들어 무게를 비교해 본다.

· 정휘 - 10g짜리 추 10개(무게의 합 100g)와 50g짜리 1개, 10g짜리 5개(무게의 합이 100g)를 준비한다. 같은 종류의 용수철을 준비하여 각각의 추를 매단 다음, 용수철이 늘어난 길이를 잰다.

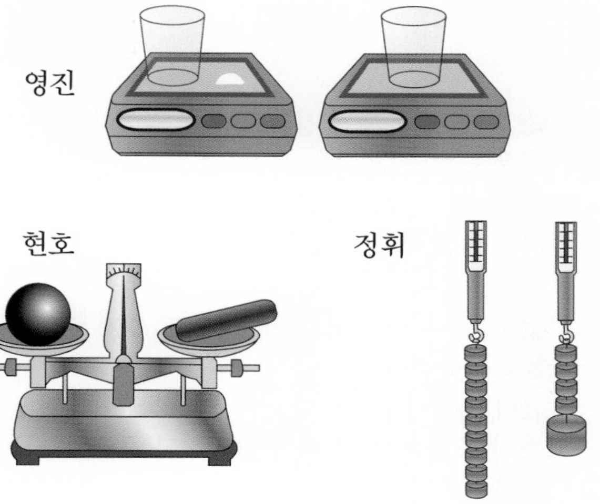

11. (1) 답 B

해설 같은 재료로 만들어진 용수철이므로 같은 무게의 물체를 매달았을 때 길이가 덜 늘어나는 것이 굵은 용수철이다.

(2) 답 2cm

두 용수철을 직렬로 연결하여 추를 매달면 각각의 용수철에 추의 질량이 똑같이 작용한다. 그래프에서 추의 질량이 0.5kg일 때 용수철 A는 0.4cm 늘어나고, 용수철 B는 0.1cm 늘어났다. 물체의 질량이 2kg이라면 용수철 A는 $0.4 \times 4 = 1.6$(cm) 늘어나고, 용수철 B는 $0.1 \times 4 = 0.4$(cm) 늘어나므로 전체 길이는 $1.6 + 0.4 = 2.0$cm 늘어난다.

12. (1) 답 24cm

해설 지구에서 늘어난 길이와 추에 작용하는 힘은 비례하므로 20kg의 물체를 매달면 24cm가 된다.

(2) 답 달의 중력은 지구 중력의 $\frac{1}{6}$이므로 달에서의 물체의 무게는 지구에서 물체의 무게의 $\frac{1}{6}$로 줄어든다.

(3) 답 4cm

해설 달에서 물체의 무게는 지구에서 물체의 무게의 $\frac{1}{6}$이므로 용수철의 늘어나는 길이도 지구에서 늘어난 길이의 $\frac{1}{6}$이 된다. $24(\text{cm}) \times \frac{1}{6} = 4(\text{cm})$이다.

창의력 키우기 24~25쪽

01. 답 1. 긴 줄을 용수철 모양으로 감아 놓음으로써 공간 활용을 할 수 있다.
2. 줄이 꼬이는 것을 방지할 수 있다.
3. 멀리서 받을 때 길게 늘일 수 있다.

02. 답 1. 굵기가 가는(작은 힘으로도 쉽게 늘어나는) 용수철로 바꿔 끼운다.
2. 손잡이의 길이를 늘린다.
3. 악력기 그림에서 맨 위의 받침점과 용수철 사이의 간격을 좁힌다.

03. 답 4cm에서 8cm로 변한다.
해설 20kg의 물체를 매달았는데, 저울이 12kg을 가리키므로 용수철이 들어올린 물체의 무게는 8kg이다. 그 후 눈금이 4kg을 가리키므로 용수철이 들어올린 물체의 무게는 16kg이다. 20kg의 물체를 매달면 10cm 늘어나는 용수철이므로 8kg을 들어올리면 4cm, 16kg을 들어올리면 8cm 늘어나게 된다.

STEAM 융합형 문제 해결하기 26쪽

01. (1) 답 물은 입자끼리 서로 잡아당기는 표면장력에 의해 둥근 구 형태의 모양을 하게 된다. 수도꼭지에서 떨어지는 물방울은 물방울끼리 서로 잡아당겨서 물방울 위쪽이 다른 물방울과 아직 분리되지 않고 있는 형태이므로 뾰족하게 보이는 것이다. 우주에서는 중력의 영향이 없어서 아래, 위의 구별을 할 수가 없다. 이때 표면장력이 표면 물분자들을 서로 잡아당기므로 물방울이 둥근 구의 형태를 나타내게 되는 것이다.

(2) 답 둥근 모양을 한다.
해설 우주선 내부는 무중력 상태인데, 촛불에 의해서 데워진 공기는 중력이 없어서 다른 곳으로 대류하거나 이동하지 못하고 그 자리에 가만히 머문다. 촛불이 타면 탈수록 주변의 산소는 고갈되고 이산화 탄소가 증가해서 점차로 초는 연소가 힘들어지지만, 점차 촛불이 줄어들다가 어느 정도의 크기가 되면 더 이상 줄어들지 않고, 크기를 유지하면서 안정된 불꽃을 유지하게 된다. 불꽃이 꺼지지 않고 일정 크기를 유지하게 되는 이유는 공기 내부에서 일어나는 확산 작용 때문이다. 확산 작용은 공기 중에서 연기가 흩어지는 것 같은 현상을 말하는데, 발생한 이산화 탄소는 대류 없이도 공기의 분자 운동에 의해서 어느정도 주변으로 확산되고, 주변 산소가 어느 정도 불꽃으로 확산되어 공급되기 때문이다. 이때 촛불의 모양은 심지를 제외한 모든 방향이 구 모양을 하게 되는데 확산은 촛불 주변에서 방향에 상관없이 매우 균일하게 일어나기 때문이다. 확산 현상은 공기의 온도와 압력에 의해서 달라지기 때문에 공기 온도와 압력에 따라서 불꽃의 크기가 바뀐다.

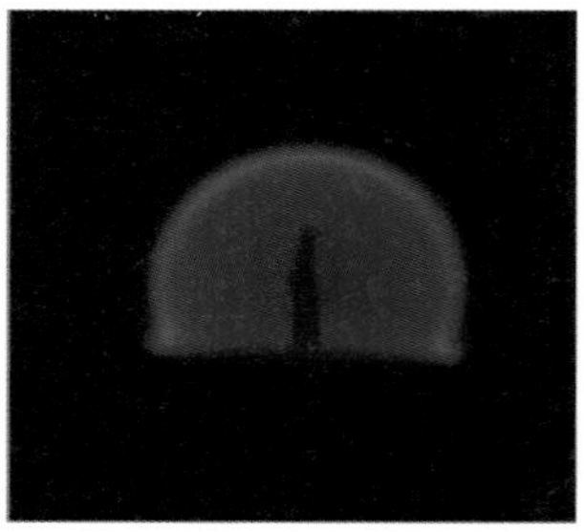

2. 수평잡기로 무게재기

기본 확인 문제 31쪽

❶ O ❷ O ❸ X ❹ O ❺ X
❻ X ❼ O ❽ O ❾ X

탐구력 키우기 32~33쪽

탐구1. 대저울 만들기

탐구결과

1. 답 약 80g

해설

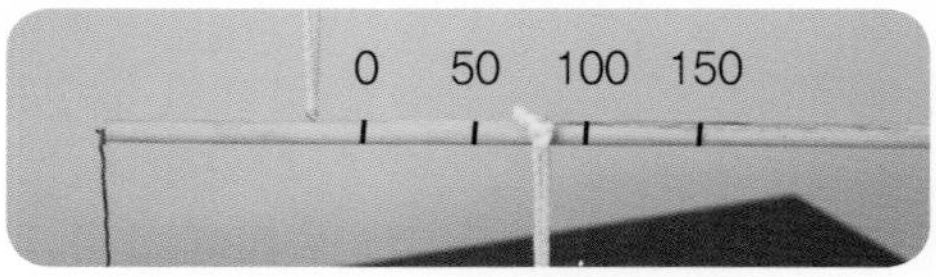

2. 답 더 촘촘해진다. 더 무거운 추를 사용하므로 같은 무게의 물체를 매달면 가벼운 추를 사용했을 때보다 받침점에서 더 가까운 곳에 선이 위치하게 된다.

탐구2. 윗접시저울로 무게 재기

탐구문제

1. 답 같다.

이유 : 윗접시 저울은 받침점에서 양쪽 접시까지의 거리는 같으므로 수평을 이룬 후의 물체의 무게와 분동의 무게는 같다.

2. 답 270g

해설 컵의 무게는 수평을 이룬 분동에 적혀 있는 무게를 모두 더한 값과 같다.

100g × 2 + 50g × 1 + 10g × 2 = 270g

문제해결력 키우기 34~41쪽

01. 답 ①, ②, ④

해설 놀이 공원의 롤러코스터는 위치 에너지와 운동 에너지의 변환을 이용한 예이고, 몸무게를 재는 체중계는 용수철을 이용한 예이다.

02. 답 ④에 올린다.

해설 '오른쪽 추의 무게 × 받침점으로부터 오른쪽 추까지의 거리 = 왼쪽 추의 무게 × 받침점으로부터 왼쪽 추까지의 거리'이므로 나무 도막의 무게를 1로 했을 때, 1×1 + 1×3 = 4이다. 그러므로 오른쪽 나무 도막은 ④위치에 올려놓으면 된다.

03. 답 1. 받침대를 왼쪽으로 옮긴다.
2. 사과를 오른쪽으로 옮긴다.
3. 배를 오른쪽으로 옮긴다.

04. 답 ④, ⑤

해설 ①은 앉은뱅이 저울, ②는 용수철저울, ③은 전자 저울, ④는 대저울, ⑤는 윗접시 저울의 모습이다.

05. 답 연수, 진희, 가연

해설 양팔 저울을 만들 때는 물체를 담는 부분, 막대와 같이 수평을 이루는 부분, 중심을 받쳐주는 받침대 역할을 하는 것이 필요하다. 수연이와 세빈이는 막대 역할을 할 수 있는 것이 없다.

06. 답 ①, ③

해설 기준 물체로 물체의 무게를 나타내거나 비교할 수 있지만, 물체의 정확한 무게를 잴 때에는 분동을 이용한다. 기준 물체로 사용하려면 물체의 무게가 반드시 같아야 한다.

07. 답 ②, ⑧

해설 (가)에서 ①②③④⑤와 ⑥⑦⑧⑨⑩에 12g짜리 무거운 구슬이 각각 1개씩 있으며, (나)에서 ②④⑥⑧⑩에 12g짜리 무거운 구슬이 2개 있다. (가)와 (나)를 종합해 보면, ②와 ④중 무거운 구슬이 하나 있고, ⑥⑧⑩중 무거운 구슬이 하나 있다. (다)에서 ④⑥⑩은 무거운 구슬이 아니므로, 무거운 구슬은 ②와 ⑧이다.

08. 답 22.7N

해설 받침점의 왼쪽에서 막대에 작용하는 힘은 7×10 + 2×2 = 74 이다. 막대가 수평을 이루기 위해서는 받침점 왼쪽에서 막대에 작용하는 힘과 같은 힘이 막대의 오른쪽에 작용해야 하므로 1.5×4 + 3×힘 = 74. 따라서 수평을 이루기 위해서는 3m지점에서 22.7N의 힘으로 눌러야 한다.

09. 답 (가) 6개, (나) 12개, (다) 2개, (라) 1개

해설 오른쪽 두 번째 막대의 6개의 추는 중심으로부터 1칸에 달려 있다. 따라서 중심으로부터 반대쪽 2칸((다)와 (라))에는 6개의 추 × 1칸 = 3개의 추 × 2칸이므로, (다)와 (라)에는 총 3개의 추가 달려야 수평이 된다.
(다)와 (라)가 달린 막대의 비율은 1 : 2이므로, 총 3개의 추 중 2개는 (다)에, 1개는 (라)에 달아야 수평이 된다.
맨 위의 막대를 기준으로 오른쪽에는 총 9개의 추가 달려 있다. 맨 위의 막대의 비율이 2 : 4이므로 (가)와 (나)의 추 × 2칸 = 9개의 추 × 4칸이므로, (가)와 (나)에 총 18개의 추가 달려야 수평이 된다. (가)와 (나)가 달린 막대의 비율은 2 : 1이므로, 총 18개의 추 중 6개는 (가)에, 12개는 (나)에 달아야 수평이 된다.

10. (1) 답 ③

(2) 답 받침점에서 (가)의 무게중심까지의 거리 a가 (나)의 무게중심까지의 거리 b보다 가깝다.
즉, (가)의 무게 × a = (나)의 무게 × b에서 a〈 b 이므로 (가)의 무게 〉(나)의 무게가 되어야 수평이 유지된다.

11. (1) 답 · (가) : 쌓아둔 책의 무게중심이 책상(받침면)을 벗어나지 않았다.
· (나) : 머리에 비해 몸이 작기 때문에 어린아이는 어른보다 무게중심이 몸의 윗쪽에 위치하여 잘 넘어진다.

(2) 답 · 방법 : 어릿광대의 손 부분에 고무 찰흙이나 추를 붙인다.
· 이유 : 어릿광대의 손이 받침점보다 아래로 내려와 있고, 손에 고무 찰흙이나 추를 붙임으로써 받침점이 무게중심보다 높은 곳에 위치하기 때문에 어릿광대가 줄 위에 거꾸로 서 있게 된다.

(3) 답 〈예시 답안〉 1. 실에 추를 매단다.
2. 우리나라 지도 한쪽 끝에 구멍을 뚫은 후 실에 매단 추를 연결한다.
3. 실을 따라 직선을 긋는다.
4. 지도 방향을 바꾸어 한쪽 끝에 구멍을 뚫은 후 2, 3의 과정을 반복한다.
5. 두 직선이 만나는 점이 우리나라 지도의 무게중심이다.

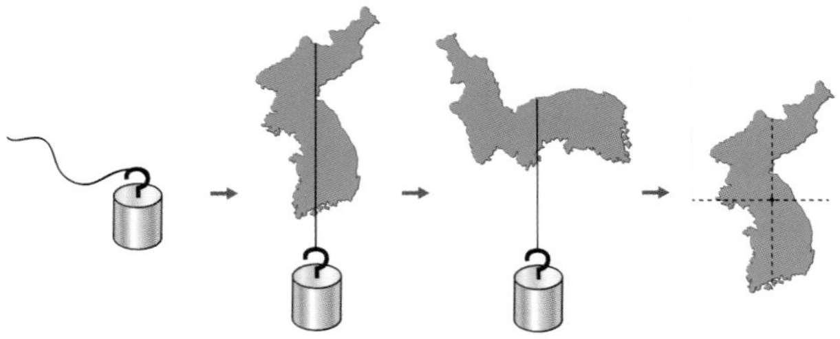

12. (1) 답 1g

해설 윗접시 저울의 양쪽 모두에 똑같이 지구가 물체를 당기는 힘이 작용하므로, 윗접시 저울로 물체를 이루는 물질의 양(질량)을 잴 수 있다. 동일한 방법으로 달에 가서 윗접시 저울을 사용하여 지우개의 질량을 측정하면 달이 물체를 당기는 힘이 양쪽 접시에 똑같이 작용하므로, 1g의 분동을 놓으면 윗접시 저울이 수평을 이루게 된다. 즉, 질량은 위치에 따라 달라지는 값이 아니라 그 물체가 가지는 고유한 값이다.

(2) 답 $\frac{1}{6}$g

해설 용수철 저울은 지구 또는 달의 중력이 그 물체에 작용하는 힘을 측정하는 도구이다. 지구가 물체를 당기는 힘과 달이 물체를 당기는 힘은 다르기 때문에 무게는 위치에 따라 변할 수 있다. 지구에서 1g 인 물체의 무게를 달에 가서 재면, $\frac{1}{6}$g 의 값을 나타낸다.

(3) 답 · 무게를 측정하는 저울 : 용수철 저울
· 질량을 측정하는 저울 : 윗접시 저울

창의력 키우기 42~43쪽

01. 답 남자 몸의 무게중심과 여자 몸의 무게중심이 다르기 때문이다.

해설 무게중심이 배꼽보다 아랫쪽에 있는 여자들의 경우, 무릎을 꿇고 엎드리는 자세나 벽 앞에서 의자를 들고 일어서는 것은 쉽다. 그러나 남자는 배꼽보다 윗쪽에 무게중심이 있으므로 〈자세 Ⅰ〉과 같이 무릎을 꿇고 엎드리는 자세를 하면 무게중심이 몸을 받치고 있는 다리를 벗어나게 되어, 균형을 잃고 고꾸라지게 된다. 〈자세 Ⅱ〉와 같이 벽 앞에서 의자를 드는 경우 의자의 무게가 상체 부근에 더해지면서 의자를 들어 올리는 것이 힘들게 느껴질 수 있다.

02. 답 9개의 구슬을 각각 Ⓐ Ⓑ Ⓒ Ⓓ Ⓔ Ⓕ Ⓖ Ⓗ Ⓘ 라고 하면, 먼저 Ⓐ+Ⓑ+Ⓒ와 Ⓓ+Ⓔ+Ⓕ를 양팔 저울의 양쪽에 올려놓고 무게를 비교한다.

1. Ⓐ+Ⓑ+Ⓒ = Ⓓ+Ⓔ+Ⓕ일 때, Ⓖ, Ⓗ, Ⓘ 중 하나가 가벼운 것이다. 그러므로 Ⓖ와 Ⓗ의 무게를 잰다. Ⓖ = Ⓗ이면 Ⓘ가 가벼운 것이고, Ⓖ < Ⓗ이면 Ⓖ가 가벼운 것이고, Ⓖ > Ⓗ일 때 Ⓗ가 가벼운 것이다.
2. Ⓐ+Ⓑ+Ⓒ < Ⓓ+Ⓔ+Ⓕ일 때, Ⓐ, Ⓑ, Ⓒ 중 하나가 가벼운 것이다. 그러므로 Ⓐ와 Ⓑ의 무게를 잰다. Ⓐ = Ⓑ이면 Ⓒ가 가벼운 것이고, Ⓐ < Ⓑ이면 Ⓐ가 가벼운 것이고, Ⓐ > Ⓑ이면 Ⓑ가 가벼운 것이다.
3. Ⓐ+Ⓑ+Ⓒ > Ⓓ+Ⓔ+Ⓕ일 때 Ⓓ, Ⓔ, Ⓕ 중 하나가 가벼운 것이다. 그러므로 Ⓓ와 Ⓔ의 무게를 잰다. Ⓓ = Ⓔ이면 Ⓕ가 가벼운 것이고, Ⓓ < Ⓔ일 때 Ⓓ가 가벼운 것이고, Ⓓ > Ⓔ일 때 Ⓔ가 가벼운 것이다.

STEAM 융합형 문제 해결하기 44쪽

01. (1) 답 물체의 무게중심이 받침면을 벗어나지 않고 있기 때문이다.

해설 물체의 무게중심이 받침면을 벗어나지 않는다면 넘어지지 않는다. 그러나 무게중심이 받침면을 벗어나게 되면 물체는 넘어지게 된다. 피사의 사탑 무게중심의 아래 연장선은 사탑의 받침면의 안쪽을 가리키고 있다. 따라서 피사의 사탑은 수백 년 동안 쓰러지지 않고 계속 서 있을 수 있는 것이다.

(2) 답 1. 바닥에 진흙이 있는 부분을 콘크리트나 시멘트 등을 부어 굳힌다.
2. 탑이 기울어지는 지면 아래쪽에 단단한 바위나 돌을 넣어 탑을 받쳐 준다.
3. 건물의 무게중심 아래쪽에 무거운 돌덩이를 넣어 무게중심이 좀 더 아래쪽에 있게 한다.
4. 건물에 단단한 끈을 걸어 기울어지는 반대쪽에서 잡아당겨 묶어둔다.
5. 기울어지는 쪽으로 기둥을 만들어 탑을 받쳐둔다.

3. 화산과 암석

기본 확인 문제 49쪽

❶ 화산 가스 ❷ 용암 ❸ 화산
❹ 호수 ❺ 마그마 ❻ 화성암
❼ 생성 장소 ❽ 가스 ❾ 현무암

탐구력 키우기 50~51쪽

탐구1. 용암이 흐르는 모양

탐구문제

1. 답 붉은 액체 - 용암, 거품 - 화산 가스
해설 화산이 폭발하면 가스와 화산재 등과 함께 분출된 액체가 지표를 따라 흘러가는 것을 용암이라 한다. 화산 실험에서 거품(이산화 탄소)는 화산 가스를 의미하고, 붉은 액체는 가스가 빠진 후 지표를 따라 흘러가므로 용암을 의미한다.

2. 답 ① 용암은 뜨겁지만, 실험의 붉은 액체는 차갑다. ② 화산이 폭발할 때는 화산재와 화산탄 등이 많이 발생하지만 실험에서는 가스(이산화 탄소)만이 방출되었다. ③ 용암이 흘러갈 때는 주변의 땅을 변화시키지만 실험에서는 색깔만 조금 바뀐다.

탐구2. 화성암(현무암) 모형 만들기

탐구결과

1. 답 크고 작은 많은 구멍이 나 있다. 돌을 이루는 알갱이는 너무 작아서 잘 보이지 않는다. 검은 회색이다.

탐구문제

1. 답 기체가 빠져나간 자리이다.
해설 식용 소다(탄산 수소 나트륨)와 식초가 만나면 이산화 탄소 기체를 만든다. 석고가 굳을 때 이산화 탄소 기체가 빠져나가면서 구멍이 생긴다.

2. 답 지표로 나온 마그마에서 기체 성분이 빠져나가면서 굳어서 생긴 구멍이다.
해설 땅 속의 마그마가 지표면 밖으로 나오면 급격히 식으면서 굳어서 암석이 된다. 지표면 밖으로 나온 마그마가 급격히 식으면서 굳을 때 마그마 속에 녹아 있던 기체 성분들이 공기 중으로 날아가면서 굳은 암석이 현무암이다. 현무암의 구멍은 이 기체 성분들이 빠져나간 흔적이다.

문제해결력 키우기 52~59쪽

01. 답 효진, 수연
해설 마그마가 지표면을 뚫고 나와 흐르는 것을 용암이라고 한다. 화산이 분출할 때 나오는 기체 상태의 물질은 화산 가스이고, 액체 상태의 물질은 용암, 고체 상태의 물질은 화산탄, 화산재 등이다.

02. 답 1. 편평했던 지표면이 화산 폭발 후 산처럼 솟아오르기도 한다.
2. 화산이 폭발하여 산의 꼭대기가 날아가 모양이 변하기도 한다.
3. 용암이 흘러내려 새로운 모양의 땅이 생기기도 한다.
4. 바다 밑에서 화산이 폭발하거나 분출하면 섬이 생기기도 한다.

03. 답 부석은 물보다 밀도가 작고, 스코리아는 물보다 밀도가 크다.
해설 부석과 스코리아는 생김새가 비슷하나 스코리아는 부석보다 다소 무겁다. 따라서 스코리아는 검고 기공이 많지만 물에 뜨지 않고, 부석의 경우 밝은 색을 띠고 기공이 많으며 물에 뜬다.

04. 답 ①, ③, ⑤
해설 제시된 사진은 제주도에서 흔히 볼 수 있는 현무암으로 마그마가 지표면 위에서 굳어서 만들어진 암석이다. 표면을 만져보면 촉감이 꺼칠꺼칠하며, 알갱이 크기가 작고 단단하므로 맷돌을 만들어 곡식을 간다.

05. 답 화산이 분출하여 마그마가 지표면에서 빨리 식을 때 포함되어 있던 가스 성분이 빠져나가면서 구멍이 생긴 것이다.
해설 화산이 분출하면서 마그마가 땅속에서 나오면 온도가 급속히 낮아지게 된다. 그러면 마그마 속에 녹아 있던 기체 성분들이 모두 빠져나오게 되는데, 가스 성분들이 들어 있던 부분이 구멍으로 남는 것이다.

06. 답 · 화산 활동이 우리에게 주는 피해
1. 인명 피해
2. 가옥 및 농토 파괴
3. 산불 발생
4. 해일 발생
5. 지진 발생 등

· 화산 활동이 우리에게 주는 이로움
1. 관광지로 이용
2. 온천 형성
3. 지열 발전
4. 관광 상품 개발
5. 건축에 쓰이는 자원을 얻을 수 있음
6. 지구 내부의 물질을 알아낼 수 있음
7. 농토를 비옥하게 함

07. 답 (가)는 화산 폭발로 생성된 분화구이고, (나)는 운석의 충돌로 인해 생성된 운석 구덩이이다.

08. 답 지구 내부의 힘에 의해 지면이 위로 솟아올라 땅 속에 있던 것이 위로 올라오거나, 비바람에 의해 침식된 후, 위로 솟아오르는 등 여러 가지 지각 운동으로 땅 속 깊은 곳에 있던 화강암이 지표면에 노출된 것이다.

09. (1) 답 · 화산 - (나), (라)
· 화산이 아닌 산 - (가), (다)

(2) 답 1. 다른 산들과 이어져 있지 않다.
2. 봉우리가 하나이다.
3. 꼭대기 부분에 오목하게 된 분화구가 있다.

10. (1) 답

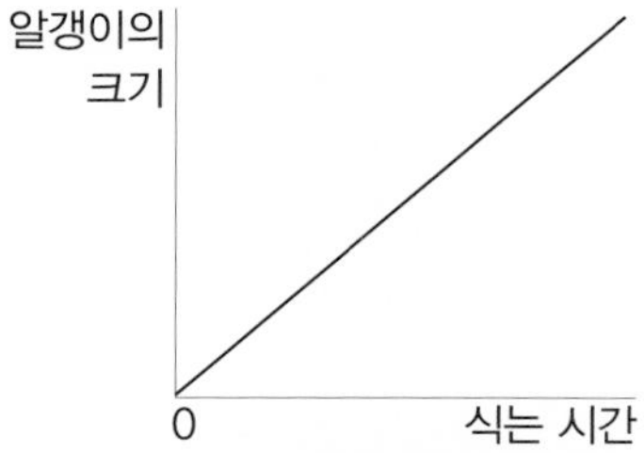

해설 스테아린 산의 결정 크기는 스테아린 산이 냉각될 때 걸리는 시간에 비례한다. 스테아린 산이 냉각될 때 걸린 시간이 길수록 결정이 성장할 시간이 길어져서 결정의 크기가 커지고, 냉각되는 시간이 짧을수록 결정의 크기는 작아진다.

(2) 답 스테아린 산은 마그마에 비유할 수 있고, 따뜻한 물에서 천천히 식히는 것은 마그마가 땅 속에서 천천히 굳어 알갱이가 큰 심성암이 만들어진 과정으로 비유할 수 있으며, 찬물에서 빨리 식히는 것은 마그마가 지표면에서 빨리 식어서 화산암이 만들어지는 과정에 비유할 수 있다. 마그마가 지하 깊은 곳에서 천천히 식어서 결정 크기가 큰 암석이 화강암이고, 마그마가 지표면에서 빨리 냉각되어 결정 크기가 작은 암석이 현무암이다.

11. (1) 답 (가) 용암 (나) 마그마

(2) 답 · 같은 점 - 액체 상태의 물질이다. 온도가 높다.
· 다른 점 - (가)는 지표면 위를 흐르는 물질이고, (나)는 땅 속 깊은 곳에서 흐르는 물질이다. 땅 속의 (나)가 지표면으로 나오면서 기체 성분이 빠져나가면 (가)가 된다.

(3) 답 ㉠, ㉣, ㉥

해설 (가)는 마그마가 지표면으로 나와 빨리 식어서 암석이 된 것이다. 그러므로 암석 알갱이의 크기가 작다. 〈보기〉의 암석을 구성하는 알갱이들을 보면 ㉠, ㉣, ㉥의 알갱이는 작고, ㉡, ㉢, ㉤의 알갱이는 크다는 것을 관찰할 수 있다.

12. (1) 답 (가)는 산 전체의 경사가 완만하고, (나)는 산 경사가 급하며 전체적으로 종 모양이다.

(2) 답 산 (가)은 점성이 작고, 유동성이 있는 용암이 분출하여 멀리까지 흘러가서 경사가 완만한 모양을 보이고, (나)산은 점성이 큰 용암이 멀리까지 흘러가지 못하고 식어서 뾰족한 형태를 보이는 것이다.

창의력 키우기 60~61쪽

01. (1) 답 마그마

해설 땅속에 있던 마그마가 지표로 나오는 과정에서 기체 성분과 화산탄 등이 빠져나간 후 지표를 흘러가는 것이 용암이다.

(2) 답 1.인공 벽을 쌓는다.
2. 바다나 호수의 물을 다량으로 끌어와서 용암에 분사시킨다.
3. 용암이 흘러 나오기 전에 땅을 깊게 파서 용암이 통과하지 못하게 한다.
4. 큰 바람을 일으켜 용암을 굳히고 저지한다.
5. 용암에는 여러 가지 자성체가 섞여 있으므로 큰 자석을 이용하여 뒤에서 끌어서 앞으로 진행하는 용암의 속도를 느리게 한다. 등

해설 새로 분출된 용암의 온도는 1000~1200℃이며, 용암은 상대적으로 차가운 공기를 만나면 온도가 내려가 온도가 600~700℃에 이르면 서서히 굳기 시작한다. 제시된 방법 외에도 용암의 온도를 낮출 수 있는 다양한 방법을 생각해 보도록 하자.

02. 답 1.액체 상태였다가 굳어져서 고체 상태로 변한 것이다.
2. 열을 가하면 다시 녹는다.
3. 굳는 속도에 따라 알갱이의 크기가 다르다.
4. 여러 가지 물질이 섞여 있는 혼합물이다.
5. 특정 온도에서 한꺼번에 녹지 않고 차례대로 녹는다.
6. 알갱이의 종류에 따라 색깔이 다르다.

STEAM 융합형 문제 해결하기 62쪽

01. (1) 답 1000℃ 이상의 화산재가 순식간에 덮히면서 사람들 속에 있던 미생물도 뜨거운 열에 의해 죽었기 때문에 부패가 일어나지 않았다.

해설 화산재의 온도가 너무 높았기 때문에 화산재에 덮히는 순간 사람의 살과 뼈가 모두 녹아서 기체가 되고 화산재가 굳으면서 기체가 빠져나가 사람이 있던 자리에 빈 공간이 생기게 된다.

(2) 답 도끼는 도끼 모양의 거푸집을 만든 후 금속을 녹인 액체를 거푸집에 부어 식혀서 고체 도끼를 만들어낸다. 사람이 사라지고 난 빈 공간에 석고 등의 액체를 부어 굳게 한 후에 땅을 파내면 화석을 발굴해 낼 수 있다.

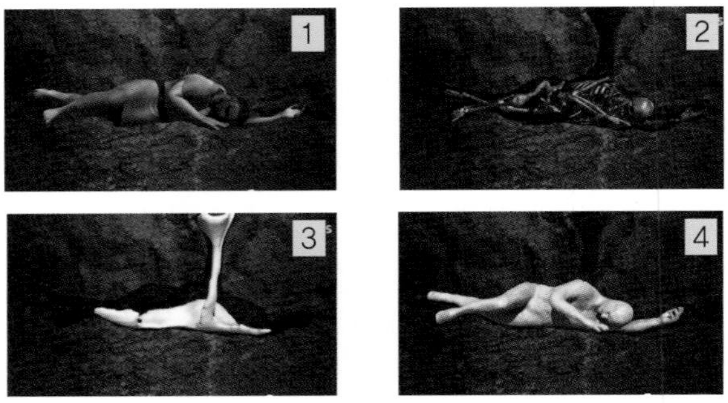

4. 지진

기본 확인 문제 67쪽

❶ 미는 ❷ 단층 ❸ 잡아당기는
❹ 정단층 ❺ 진원 ❻ 규모
❼ 무거운 추 ❽ 길수록

탐구력 키우기 68~69쪽

탐구1. 간이 지진계 만들기

탐구문제

1. 답 무거워야 한다.
이유 : 무게가 무거울수록 관성이 커서 움직이지 않기 때문이다.
해설 자신의 운동 상태를 유지하려는 관성은 물체가 무거울수록 크게 작용한다. 관성이 크면 움직이기 어려우므로 진동을 기록하기 좋다.

2. 답 회전원통에 종이를 감아 계속 돌아가게 한 후 진동을 기록한다.
해설 종이가 감겨져 있고 돌아가면서 종이가 풀리는 회전 원통을 사용하면 계속 돌아가면서 진동을 기록할 수 있다.

탐구2. 지진대와 화산대 확인하기

탐구문제

1. 답 지진과 화산 모두 지각이 약한 판의 경계에서 발생하기 때문이다.
해설 지진과 화산 활동은 판의 경계 지역에서 판의 충돌, 발산, 보존에 의한 상호 작용 때문에 일어난다.

문제해결력 키우기 70~77쪽

01. 답 ③
해설 사진과 같이 지층이 오랫동안 횡압력을 받아 휘어져 주름진 것을 습곡이라고 한다. 횡압력의 힘이 더 커져 계속 작용하게 되면 지층이 끊어져 역단층이 형성되었을 것이다. 지층이 퇴적될 당시에는 지각 변동을 받지 않으므로 해수면과 나란하게 퇴적된다. 습곡의 구조 중 위로 휘어져 볼록하게 솟은 부분을 배사라고 하며, 아래로 오목하게 들어간 부분을 향사라고 한다.

02. 답 횡압력이 작용하여 습곡이 만들어진 후 양쪽으로 잡아당기는 장력이 작용하여 정단층이 만들어진다.
해설 수평으로 나란한 지층을 가진 퇴적암에 양쪽 옆에서 미는 힘이 작용하여 습곡이 만들어진다. 그 후에 양쪽 옆에서 끌어 당기는 힘이 작용하여 단층의 상반이 아래로 내려간 정단층이 형성된다. 단층면을 이으면 구부러진 면이 연결되므로 습곡이 먼저 형성되었다는 것을 알 수 있다.

03. 답

역단층

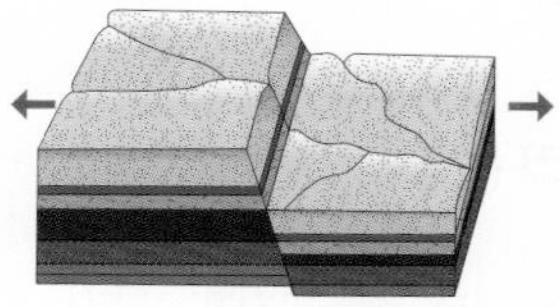
정단층

해설 지층이 양 옆에서 잡아당기는 힘을 받아 어긋나면서 상반이 아래로 미끄러져 내려가면 정단층이, 지층이 양쪽에서 미는 힘을 받아 어긋나면서 상반이 위로 올라가면 역단층이 생긴다.

04. 답 · A : 진원, 지진이 최초로 발생한 곳
· B : 진원 바로 위 지표상의 지점

05. 답 ①
해설 지진은 지구 내부의 급격한 변동으로 생긴 탄성 에너지가 파동의 형태로 사방으로 전파되면서 지표가 진동하는 현상이다. 단층이 생성될 때 가장 많이 발생하고, 화산 활동이 일어나거나 지하의 동굴이 붕괴될 때, 지하에서 핵 실험을 할 때에도 발생한다.

06. 답 받침대, 회전 드럼, 받침대

해설 (가)에서 실 끝을 좌우로 빠르게 흔들어도 추가 움직이지 않는 것은 추의 관성 때문이다. 지진계도 추의 관성을 이용해서 지면의 진동을 기록하는 것이다. 따라서 지진에 의해 지면이 흔들리면 추와 추에 연결된 펜만 움직이지 않고, 받침대, 회전 드럼, 지지대는 지면과 함께 흔들린다.

07. 답 지진 해일(쓰나미)

해설 지진 해일은 해저 지각의 상승이나 침강을 일으키는 해저 지진 또는 화산 활동에 의해 발생한다. 해수면이 갑작스럽게 높아져 형성된 파도는 이동 속도가 빠르고, 이 파도가 연안으로 이동하면서 점차 파도가 높아져 많은 시설물을 파괴한다.

08. 답 ③

해설 전 세계적으로 화산 활동과 지진이 활발한 화산대와 지진대의 분포를 보면, 판의 운동과 밀접한 관련이 있는데 대부분의 지진과 화산 활동은 판의 경계부에서 발생한다. 지진과 화산 활동은 발생하는 지역이 대부분 일치하며 발생 지역이 띠 모양으로 나타나는 특징을 보인다. 화산 활동의 60% 정도는 태평양 주변부인 환태평양 지역에서 발생한다. 판의 중심부(대륙의 중심부)는 대부분 판들의 상호 작용이 일어나지 않는 지역으로 지진이나 화산 활동이 거의 발생하지 않는다.

09. (1) 답 · 진도 : A > B > C · 규모 : A = B = C

해설 규모와 진도

	규모	진도
정의	지진이 발생할 때 나오는 실제 에너지를 나타낸 것	지진이 발생할 때 사람의 느낌이나 주변 물체의 흔들림 정도를 나타낸 것
표기	아라비아 숫자	로마자
진원과의 관계	지진 발생 지점과 상관없이 일정	지진 발생 지점으로부터 멀수록 작아짐

(2) 답 ㄴ

해설 ㄱ. 6시 30분 30초는 관측소 A에서 처음으로 P파가 관측된 시간이다.

ㄴ. 세 관측소와 지진 기록을 짝지으면 진앙으로부터 거리가 가장 가까운 관측소 A에서 가장 먼저 지진이 기록되기 때문에 각각 A - ㉠, B - ㉡, C - ㉢이다.

ㄷ. 진원지로부터 가깝거나 땅이 호수나 매립지 등이어서 연약한 경우 흔들림이 커진다.

10. (1) 답 (가) - 추, (나) - 추

해설 지진이 발생하면 용수철, 강철선, 지진기록지인 회전 원통, 받침대는 흔들리지만 추와 추에 붙어 있는 펜은 움직이지 않으므로 땅의 흔들림을 기록할 수 있다.

(2) 답 땅은 흔들리지만 관성의 법칙에 의해 용수철이나 강철선에 매달린 추는 흔들리지 않기 때문에 지진을 기록할 수 있다.

(3) 답 큰 것이 좋다. 질량이 클수록 관성이 더 커지기 때문에 지진을 잘 기록할 수 있다.

11. (1) 답 판의 경계 부분에 위치하기 때문이다.

해설 일본 주변에는 유라시아 판, 태평양 판, 필리핀 판이 분포한다. 대륙판(유라시아 판)과 해양판(태평양 판, 필리핀 판)이 충돌하면서 큰 지진과 화산 활동이 잘 일어난다.

(2) 답 인도 판과 유라시아 판

해설 중국 서부쪽에서는 인도 판이 유라시아 판을 조금씩 밀어내고 있는데 두 판이 충돌하면서 큰 지진이 발생한 것으로 보고 있다.

12. (1) 답

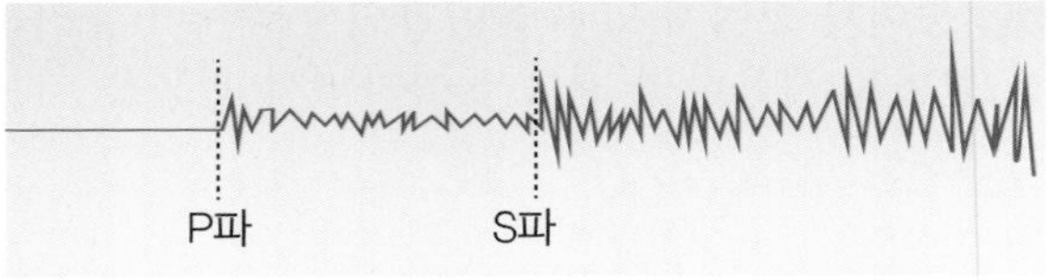

(2) 답 P파 : 2초 S파 : 4초

(3) 답 진원으로부터 멀어질수록 PS시는 길어진다.

해설

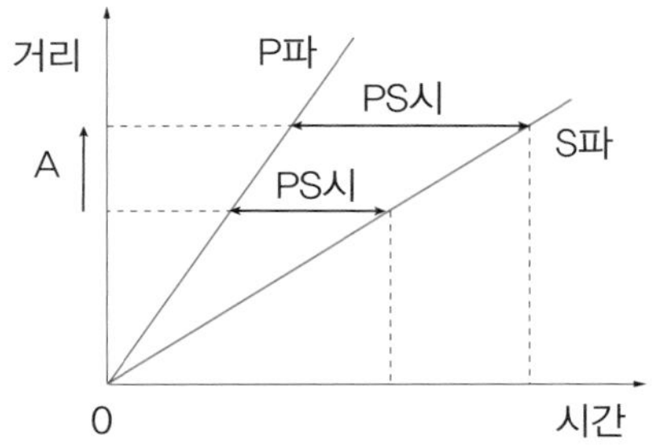

그림에서 진원에서의 거리가 멀어질수록(A) PS시가 길어진다.

창의력 키우기 78~79쪽

01. (1) 답 1.건물이 무너진다.
2. 지진 해일로 해안 지대의 인명과 재산 피해가 발생한다.
3. 화재가 발생한다.
4. 질병 등에 의한 이차 피해가 발생한다.
5. 산사태나 산불이 발생한다.
6. 해일이 발생한다.

(2) 답 1. 구조물의 내진 설계를 한다.
2. 지진 대처 방법을 숙지한다.
3.건물의 가운데에 움직이는 아주 무거운 추를 걸어 놓는다.
4. 건물의 배관들을 움직이는 체인형 스프링으로 걸어 놓는다.

5. 건물의 이음새 부분에 진동을 흡수할 수 있는 고무를 넣는다.
6. 건물의 기둥을 위로 곧게 하지 않고 사선으로 넣어서 수평 방향의 충격을 완화해 주는 구조로 설계한다.

해설 · 구조물의 내진 설계 : 송유관 등의 연결 부위를 고무로 연결하거나 스프링으로 연결하여 수평으로 움직일 수 있게 설계한다.
· 지진 대처 방법 : 1. 테이블 밑으로 들어가거나 방석 등으로 멀리를 보호한다.
2. 화재에 대비해 가스 밸브를 잠그고, 문을 열어 출구를 확보한다.
3. 낙하물 등 위험물로부터 떨어지고, 창문, 블록, 담 등으로부터 떨어져 있는다.
4. 엘리베이터는 이용하지 않는다.

02. 답 '후풍지동의'는 지진의 발생 여부, 처음 지진의 방향만을 알수 있을 뿐, 지진의 규모나 시간에 따른 지진의 변화, 지진이 처음 일어난 위치 등은 알 수 없다.
해설 '후풍지동의'를 오늘날의 지진계와 비교할 때, 지진계로서 보완하기 위해서는 지진의 규모를 측정할 수 있게 하고, 시간에 따른 지진의 변화를 기록할 수 있게 해야 한다. 그리고 상하 진동을 측정할 수 있게 하고, 진앙(진원)의 위치를 확인 가능하게 해야 한다.

STEAM 융합형 문제 해결하기 80쪽

01. (1) 답 고무, 용수철 등

(2) 답 · 스프링 행거 : 관이 고정되어 있으면 건물이 흔들릴 때 부서질 염려가 있는데, 행거로 걸어 놓으면 건물이 흔들릴 때 행거가 흔들리면서 힘을 분산시켜 준다.
· 건물 외벽 구조물 : 건물 외벽에 수평 방향으로 철근을 설치해 놓으면 건물에 수평 방향의 힘이 가해졌을 때 힘을 분산시켜 건물에 미치는 힘을 약화시켜 준다.
해설 지진의 피해는 수직 방향보다는 수평 방향의 힘 때문에 많이 발생하므로 건물의 수평 방향에 힘을 분산시켜 줄 수 있는 장치를 하면 지진의 피해를 최소화할 수 있다.

5. 식물의 한살이

기본 확인 문제 85쪽

❶ X ❷ O ❸ O ❹ X ❺ O
❻ O ❼ X ❽ O

탐구력 키우기 86~87쪽

탐구1. 콩나물 기르기

탐구문제

1. 답 적당한 온도, 물, 공기

2. 답 껍데기가 갈라지면서 뿌리가 나오고, 콩 사이에서 새싹(잎)이 나온다.

3. 답 콩나물이 초록색으로 변한다.
해설 검은 비닐을 씌우지 않으면 콩나물에 빛이 비추면서 뿌리가 길게 자라지 않고, 콩이 초록색으로 변하면서 콩 사이로 초록색 잎이 나오게 된다.

탐구2. 씨앗에 들어 있는 영양분

탐구문제

1. 답 녹말

2. 답 어린뿌리와 어린 잎을 제외하고 모두 청남색으로 변한다.

탐구문제

1. 답 떡잎에 저장된 양분을 이용하여 싹이 트므로 따로 양분을 주지 않아도 된다.

문제해결력 키우기 88~95쪽

01. 답 ②, ⑤
해설 씨앗이 싹 트기 위해서는 공기와 적당한 온도, 물이 필요하다. 흙과 햇빛은 식물이 자라기 위해서는 반드시 필요한 조건이지만 싹을 틔우는 데 반드시 필요한 조건은 아니다.

02. 답 ①, ②, ④, ⑤
해설 잎의 개수와 크기, 줄기의 굵기와 길이, 가지의 수와 크기, 꼬투리의 수와 크기 등을 측정하여 강낭콩의 자람을 알 수 있다.

03. 답 1. 싹이 튼 강낭콩은 부풀어 크기가 크고, 싹이 트지 않은 강낭콩은 크기가 작고 납작하며 말라 있다.
2. 싹이 튼 강낭콩은 어린뿌리가 밖으로 나와 있으나, 싹이 트지 않은 강낭콩은 어린뿌리가 밖으로 나와 있지 않다.
3. 싹이 튼 강낭콩은 겉껍질이 벗겨지려고 하나, 싹이 트지 않은 강낭콩은 껍질이 딱딱하고 떡잎에 붙어 있어서 잘 벗겨지지 않는다.
4. 싹이 튼 강낭콩 속의 어린잎은 싱싱하고 연한 노란색이나, 싹이 트지 않은 강낭콩의 어린잎과 어린뿌리는 떡잎 사이에 작고 납작하게 말라있다.

04. 답 ②, ③, ④
해설 식물이 자라는 데 물이 미치는 영향을 알아보기 위한 실험이므로, 다르게 해야 할 조건은 물의 양이고, 같게 해야 할 조건은 강낭콩 화분의 크기와 종류, 햇빛을 받는 양 등 그 외의 모든 조건이다. 또한 실험 후 관찰할 내용은 잎의 싱싱한 정도, 줄기의 굵기와 길이, 튼튼한 정도 등이다.

05. 답 현주, 주희
해설 · 현주 : 씨앗과 그 식물의 크기와는 관계가 없다.
· 지현 : 씨앗은 작아도 나중에 잎이 될 어린 잎과 뿌리가 될 어린 뿌리를 가지고 있다.
· 주희 : 씨앗이 작더라고 배젖이나 떡잎에 양분을 저장하고 있어서 수분과 온도 조건이 맞으면 따로 양분을 주지 않아도 싹을 틔운다.
· 희수 : 씨앗에는 싹을 틔우기 위해 필요한 양분을 배젖이나 떡잎에 저장하고 있다.

06. 답 ・잘못된 부분 : 밀폐된 상자로 가려 둔 것
・화분을 공기가 통하는 어두운 천으로 덮어 둔다.
해설 화분을 밀폐된 상자로 덮어두면 햇빛이 비추지 않더라도 공기가 통하지 않아 공기 중에 노출되어 있을 때보다 온도가 높아진다. 따라서 공기는 통하고 햇빛은 가려줄 수 있는 어두운 천을 이용한다.

07. 답 (나)→(다)→(라)→(가)
해설 강낭콩은 씨앗→떡잎→본잎→꽃→꼬투리→새로운 씨앗 과정을 거친다.

08. 답 강낭콩이 싹트는 데는 적당한 양의 물, 적당한 온도, 공기가 필요하다. 수진이는 씨앗이 싹트는 조건 중 물과 온도의 조건은 충족시켰으나, 물을 너무 많이 넣어서 강낭콩에 공기가 닿지 못하였다.

09. (1) 답 물, 온도, 햇빛, 공기
해설 제시된 실험에서 시후는 햇빛의 유무, 물의 온도, 씨앗과 공기가 닿는 면적, 물의 유무 등을 다르게 해 주었다.

(2) 답 물, 온도, 공기
해설 실험 2와 4를 비교했을 때, 햇빛의 유무와 관계없이 싹이 나왔으므로 햇빛은 씨앗이 싹트는데 필요한 조건이 아님을 알 수 있다.

(3) 답 물을 조금만 남기고 버려서 씨앗에 공기가 닿도록 하고, 15~20℃의 물을 적당히 준다.
해설 공기, 물, 온도 세 가지 조건을 만족하도록 한다.

10. (1) 답 1. 크기와 종류가 같은 강낭콩을 준비한다.
2. 두 개의 페트리 접시에 솜을 깔고 그 위에 강낭콩을 놓는다.
3. 페트리 접시 한 개에는 물을 부어 강낭콩과 솜을 충분히 적시고, 다른 한 개는 물을 붓지 않고 그대로 둔다.
4. 다음날 두 개의 페트리 접시 위에 있는 강낭콩의 크기를 비교해 본다.
해설 수진이의 생각을 증명하기 위한 실험에서 다르게 해야 할 조건은 물이고, 같게 해야 할 조건은 공기, 온도 등이다.

(2) 답 〈예시 답안〉 1. 강낭콩이 물을 흡수하여 크기가 커지면 강낭콩의 껍질이 부드러워져서 싹이 나오기가 쉽다.
2. 배(씨눈)가 생장하는데 필요한 영양분을 물을 통해 흡수한다.

11. (1) 답 한해살이 식물은 열매를 남기고, 시들어 죽는다. 여러해살이 식물은 열매를 만든 후, 잎은 시들지만 뿌리와 줄기는 남아 봄에 다시 싹을 틔운다.

(2) 답 1. 땅속 뿌리가 남아 겨울을 난다.
2. 땅속 줄기로 겨울을 난다.
3. 겨울눈으로 겨울을 난다.
해설 1. 쑥, 도라지, 더덕, 인삼 등의 식물은 땅 위의 줄기와 잎은 시들고 땅속 뿌리만 남아 겨울을 나고 봄이 되면 뿌리에서 새싹이 나온다.
2. 토란, 연, 나리 등의 식물은 땅 속에 길게 줄기가 남아 겨울을 나고 봄이 되면 줄기에서 새싹이 나온다.
3. 개나리, 버드나무 등의 식물은 잎은 시들고 겨울눈으로 겨울을 나고 봄이 되면 겨울눈에서 새싹이 나온다.

12. (1) 답 줄기, 잎

(2) 답 1. 강낭콩의 키를 잰다.
2. 강낭콩의 줄기에 같은 간격으로 선을 그은 후 사이가 벌어지는지 확인한다.
3. 강낭콩의 전체 잎의 수를 세어 본다.
4. 잎의 모양을 본 떠서 기록한다.
해설 생물이 점차 자라는 것을 생장이라고 한다. 식물의 생장은 길이 생장, 부피 생장 등이 있으므로 다양한 방법으로 측정할 수 있다.

창의력 키우기 96~97쪽

01. (1) 답 꺾꽂이는 유전적으로 같은 식물이 자라는 것이고, 씨앗으로부터 자라는 경우는 두 식물의 유전적인 것을 반씩 물려 받아서 자라나는 것이다.

(2) 답 줄기로 번식(감자, 양파), 뿌리로 번식(고구마,무)
해설 1. 감자 - 우리가 먹는 감자는 줄기이다. 빛을 받게 되면 싹이 나온다. 이것을 조금씩 잘라서 심으면 된다.
2. 양파 - 양파는 그 자체가 영양분이 저장되는 줄기이다. 뿌리와 잎이 나와서 자란다.
3. 고구마, 무 - 고구마와 무는 자체가 뿌리이다. 튤립처럼 알뿌리 식물의 일종이라고 볼 수 있기 때문에 땅에 심거나 물에 담가두면 싹이 나온다.

02. 답 1.식생활에 이용되는 경우 - 쌀, 보리, 콩, 팥, 조(밥이나 떡), 밀(빵), 오이, 가지, 고추(반찬이나 조미료), 콩(메주, 두부), 사과, 오렌지, 토마토(과일 음료)
2. 약재로 사용되는 경우 - 비자나무, 은행, 산수유
3. 기름으로 쓰이는 경우 - 동백나무, 해바라기
4. 의생활에 이용되는 경우 - 목화(면직물 등의 용도 이외에 이불, 솜, 탈지면 등)

STEAM 융합형 문제 해결하기 98쪽

01. (1) 답 1. 재해에 강하다.
2. 대량생산이 가능하다.
3. 균이 없는 상태로 식물을 키울 수 있다.
4. 우량한 품종을 모체와 똑같이 키워낼 수 있다.

해설 실험실 안에서 키우므로 가뭄, 태풍, 장마 등의 재해로부터 안전하게 식물을 키울 수 있다. 조직을 배양해 여러 개를 한꺼번에 키워낼 수 있으므로 같은 시간에 대량으로 식물을 생산해 낼 수 있다. 배지와 모체의 겉부분을 소독하면 균을 가지고 있지 않은 상태의 식물을 만들어낼 수 있다. 수정없이 모체에서 조직세포를 키워내는 것이므로 우량 품종인 모체와 똑같은 식물을 만들어낼 수 있다.

(2) 답 〈예시 답안〉 1.산삼 - 비싸므로 대량생산을 통해 가격을 내릴 수 있다.
2.벼 - 가뭄이나 장마에 피해를 받지 않고 키워낼 수 있다. 등

6. 섞여 있는 알갱이의 분리

기본 확인 문제 103쪽

❶ 철	❷ 크기	❸ 흔들어	❹ 콩	
❺ 키	❻ X	❼ O	❽ X	❾ O
❿ X	⓫ X	⓬ O	⓭ X	⓮ O

❻ 두 가지 이상의 서로 다른 물질이 각각의 성질을 잃지 않고 섞여 있는 것을 혼합물이라고 한다.
❽ 알루미늄 깡통과 철 깡통은 자석에 붙는 성질과 붙지 않는 성질을 이용해 분리한다.
❿ 모래와 자갈의 혼합물을 분리할 때는 눈 크기가 모래보다 크고 자갈보다 작은 체를 사용한다.
⓫ 혼합물의 알갱이 크기가 서로 다를 때는 체를 사용한다.
⓭ 콩, 쌀, 좁쌀의 혼합물을 분리하는 데 이용한 성질은 알갱이의 크기 차이다.

탐구력 키우기 104~105쪽

탐구1. 혼합물 분리하기

탐구결과

01. 답 1. 자석에 붙는 성질과 붙지 않는 성질
2. 알갱이의 크기가 다른 성질
3. 물에 녹는 성질과 녹지 않는 성질

02. 답 자석, 눈의 크기가 쌀보다 크고 콩보다 작은 체, 물, 비커, 유리 막대, 깔때기, 스텐드, 거름종이, 비닐 랩, 페트리 접시, 알코올램프, 삼발이, 세라믹 쇠그물, 증발접시 등

03. 답 1. 물에 녹여 거름장치를 이용한다.(소금 분리)
2. 가열 증발 장치를 이용하여 소금을 얻는다.
3. 자석으로 철가루를 분리한다.
4. 체를 이용하여 콩과 쌀을 분리한다.

04. 답 위의 03 답안의 각 과정을 달리하여 실험 계획서를 작성해 본다.

〈예시 답안〉

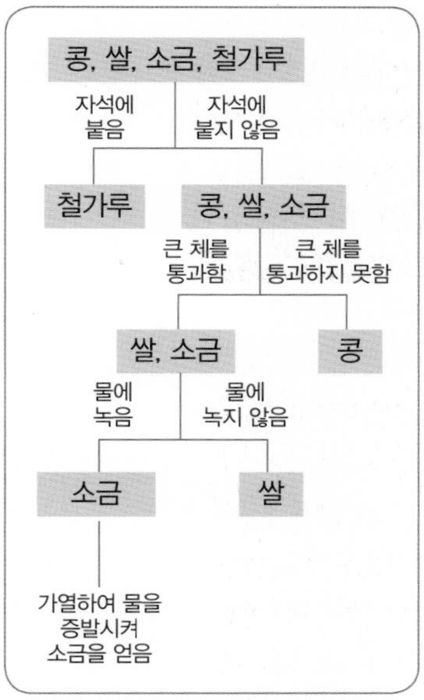

문제해결력 키우기 106~113쪽

01. (1) 답 • 자석에 붙는 물체 : 쇠못, 클립, 압정, 칼
• 자석에 붙지 않는 물체 : 지우개, 플라스틱 자, 연필, 동전, 알루미늄 캔

(2) 답 철(쇠)이나 니켈로 만들어졌다.

02. 답 자석을 사용하기 전에 비닐 랩이나 종이를 자석에 감싼다.
해설 자석의 힘은 비닐 랩이나 종이나 통과할 수 있다.

03. 답 ⑤
해설 이동벨트 위에 철 깡통과 알루미늄 깡통을 놓으면, 벨트가 이동하면서 자석에 붙지 않는 알루미늄 깡통이 앞쪽 상자로 먼저 떨어지고, 철 깡통은 자석에 붙은 채로 벨트 아래쪽으로 이동한 후 벨트가 자석에서 멀어지면 뒷쪽 상자로 떨어진다.

04. 답 ②
해설 자갈과 모래의 차이점은 알갱이의 크기이므로, 자갈과 모래의 혼합물을 분리하는 데 필요한 도구는 체이다.

05. 답 ③, ⑤
해설 체는 알갱이의 크기 차이를 이용해서 분리한 것이다. 보기에서 알갱이의 크기 차이를 이용한 것은 ③, ⑤이다. ③의 선별기는 크기가 작은 과일은 작은 구멍 아래로 떨어지도록 한 것이고, ⑤의 진공청소기 필터는 큰 먼지가 통과하지 못하도록 한 것이다. ①은 무게(밀도)의 차이를 이용해 분리하는 것이고, ②는 자석에 붙는 성질과 붙지 않는 성질을 이용한 것이며, ④는 끓는점의 차이를 이용해 물질을 분류한 것이다.

06. (1) 답 2종류

(2) 답 • 눈이 큰 체의 눈 크기 - 쌀의 크기보다 크고, 콩의 크기보다 작아야 한다.
• 눈이 작은 체의 눈 크기 - 좁쌀의 크기보다 크고, 쌀의 크기보다 작아야 한다.

07. 답 ①, ⑤
해설 이 기구의 이름은 풍구로, 바람의 힘을 이용하여 곡물에 섞인 쭉정이 등을 분리하는 기구이다. 큰 북 모양의 통 양쪽에 바람 구멍이 있고, 통 안에는 넓은 것이 여러 개 달린 바퀴가 있어 이것이 돌아가면 바람이 일어난다. 쭉정이 등이 섞인 곡물을 위쪽에서 붓고 바퀴를 돌리면, 곡물보다 가벼운 먼지, 쭉정이 등이 바람의 힘에 의해 통 밖으로 날아가게 된다.

08. (1) 답 그물은 체, 작은 물고기는 모래, 큰 물고기는 자갈에 비유할 수 있다.

(2) 답 어리거나 또는 작은 물고기가 모두 잡혀 수자원이 고갈된다.

09. (1) 답 ㉠ : 철가루, ㉡ : 콩, 쌀, 좁쌀, ㉢ : 콩

(2) 답

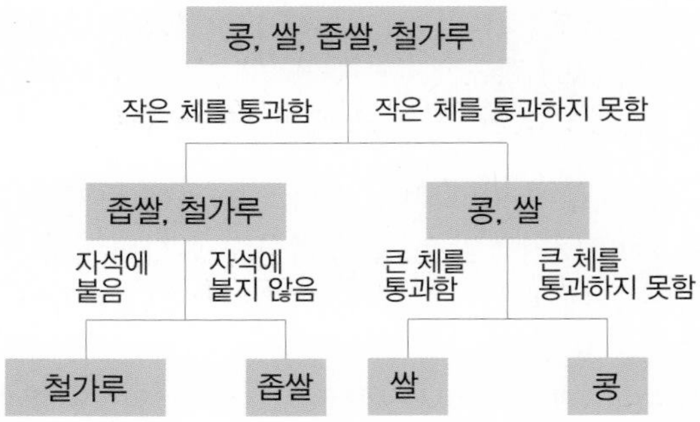

10. (1) 답 ②에서 사용한 체

해설 ①에서 사용한 체는 A, B가 모두 빠져 나오지 못했으나, ②에서 사용한 체는 B만 빠져나오지 못했으므로 ②에서 사용한 체의 눈 크기가 더 크다.

(2) 답 •A : 쌀
•B : 콩
•C : 좁쌀

11. (1) 답

단계 1	자석에 붙는 성질과 붙지 않는 성질
단계 2	물에 녹는 성질과 녹지 않는 성질
단계 3	알갱이 크기의 차이를 이용한 성질

(2) 답

	혼합물 분리의 예
단계 1	㉡ ㉥
단계 2	㉧
단계 3	㉠ ㉦

해설 ㉢, ㉣, ㉤은 혼합물의 무게(밀도)차이를 이용해 분리한 것이다.

12. (1) 답 물질의 밀도
해설 키는 바람을 일으켜 밀도가 작은 곡식 쭉정이를 날려 보낸다.

(2) 답 분별 깔때기, 조리, 풍구
해설 분별깔때기는 밀도가 서로 다른 액체 혼합물이 층을 이루면 아래층을 흘려 보내 혼합물을 분리한다. 풍구는 바람의 힘으로 쭉정이를 날려 보내는 것이고, 조리는 밀도가 차이 나서 물에 뜨는 정도가 달라지는 성질을 이용하여 혼합물을 분리한다.

창의력 키우기 114~115쪽

01. 답 1.물에 넣고 저어 본다 : 물 위에 뜬 것이 스타이로폼이고, 가라앉은 것이 쇠구슬과 사탕이다. 이 중 사탕은 물에 넣고 저었을 때, 녹아서 크기가 작아지고, 쇠구슬은 변함 없다.
2. 알코올 램프 위에서 가열해 본다 : 가열을 하면 사탕은 달콤한 냄새가 나면서 녹고, 시간이 지나면 검게 탄다. 스타이로폼은 금방 타버리며, 쇠구슬은 뜨겁게 달궈지지만 녹지 않는다.
3. 자석을 대 본다 : 자석에 붙는 것은 쇠구슬이다.
4. 무게로 비교해 본다 : 가장 무거운 것이 쇠구슬, 그 다음이 사탕, 가장 가벼운 것이 스타이로폼이다.
5. 높은 곳에서 떨어뜨려 본다 : 사탕은 깨질 것이고, 쇠구슬은 찌그러지거나 바닥에 부딪칠 때 큰 소리가 날 것이다. 스타이로폼은 깨지지도 않고 바닥에 부딪칠 때 큰 소리도 나지 않을 것이다.

02. (1) 답 크기, 밀도

(2) 답

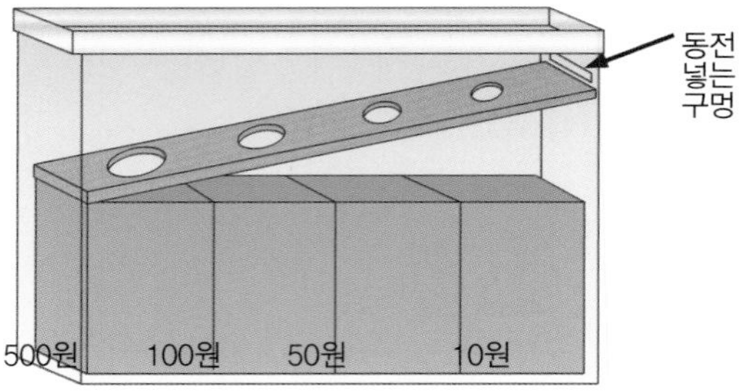

동전 분리 저금통의 원리 : 500원, 100원, 50원, 10원 짜리 동전은 모두 크기가 다르다. 따라서 동전의 크기가 다른 성질을 이용해 저금통을 제작하였다. 오른쪽 구멍으로 100원짜리 동전을 넣으면 동전이 빗면을 타고 내려가다가 100원의 크기보다 작은 구멍들은 지나쳐 가고 100원짜리 동전의 크기가 빠지는 정도의 구멍을 만나면 그 구멍으로 빠져서 아래 상자에 모이게 된다. 500원, 10원, 50원짜리 동전들도 이러한 원리로 모여서 동전들을 분리할 수 있게 된다.

STEAM 융합형 문제 해결하기 116쪽

01. 답 알루미늄 캔은 가볍고 녹이 잘 슬지 않아서 편리하고, 약간씩 모양이 변화할 수 있기 때문에 보관하거나 이동하기가 쉽다.
해설 철은 탄산을 만나면 녹이 슬어 부식이 되기 쉽다. 탄산 음료를 철 캔에 담으면 안쪽에서 부식이 일어나 음료가 변질될 우려가 있기 때문에 철 캔에 담지 않도록 규제되어 있다. 탄산 음료는 알루미늄 캔, 유리병, 페트병에 담는다. 탄산으로 인해 병 안의 압력이 커지기 때문에 이를 방지하기 위해 병 바닥을 오목하게 해서 내부 압력을 줄여 준다.

7. 혼합물 분리하기

기본 확인 문제 121쪽

❶ X ❷ O ❸ O ❹ X ❺ X
❻ O ❼ O ❽ O ❾ X

탐구력 키우기 122~123쪽

탐구1. 우유 속의 단백질 분리하기

탐구결과

1. 답 단백질

해설 우유에 식초를 넣고 끓이면 우유 속의 단백질이 응고하여 흰색의 고체가 생긴다.

탐구문제

1. 답 알갱이의 크기 차이

해설 거름종이로 거르면 식초와 우유의 단백질 성분이 분리된다. 단백질은 덩어리 모양이므로 거름종이를 통과하지 못하지만 식초는 액체이므로 거름종이를 통과한다.

2. 답 1. 헝겊을 이용해서 걸러준다.
2. 혼합물을 가만히 두어 고체를 가라앉힌 후 액체를 따라낸다. 등

탐구2. 종이 크로마토그래피

탐구결과

1. 답 ㉠ 올라갈수록 ㉡ 혼합물

2. 답 혼합물이 분리되지 않는다.

해설 유성싸인펜은 물에 녹지 않으므로 물에 넣어도 혼합물이 분리되지 않는다. 물 대신 아세톤 등 유기 용매를 사용하면 유성싸인펜도 색소별로 분리된다.

탐구문제

1. 답 분리가 된다. 수성싸인펜은 알코올에도 잘 녹으므로 물 대신 알코올을 사용해도 분리가 된다.

문제해결력 키우기 124~131쪽

01. 답 •혼합물 •이유 : 여러 가지 광물들이 섞여 있고, 각 광물들은 스스로의 성질을 잃지 않고 있기 때문이다.

02. 답 ①, ②, ③

해설 철가루는 자석에 붙는 성질, 소금은 물에 녹는 성질, 콩과 쌀은 알갱이의 크기가 다른 성질을 이용하여 분리한다. 처음에 자석을 이용하여 철가루를 분리하고, 남은 콩, 쌀, 소금의 혼합물을 물에 넣어 유리 막대로 저어 소금을 녹인 후(쌀보다 크기가 작은 눈을 가진 체)에 걸러 소금물을 분리하고, 콩과 쌀은 통과하지만 콩은 통과하지 못하는 체를 사용하여 분리한다.

03. 답 ②, ③, ④

해설 물과 식용유의 혼합물에 비눗물을 넣으면 물과 식용유가 섞이게 된다. 물과 식용유가 들어 있는 분별깔때기의 콕을 열면, 기름보다 무거워서 아래층에 있는 물이 먼저 흘러나오게 된다.

04. 답 ① 가열해 본다. ② 맛을 본다.

해설 소금은 가열할 때 '탁탁'소리를 내며 튀고, 짠맛이 난다.

05. 답 ①, ②, ④

해설 소금과 모래의 혼합물을 물에 넣어 유리 막대로 저으면, 소금은 녹고 모래는 녹지 않는다. 이것을 거름 장치에 거르면 모래는 거름종이 위에 남고, 소금물은 거름종이를 통과한다. 거름종이를 통과한 소금물을 증발 접시에 붓고 가열하면, 증발 접시 위에 소금이 남는다.

06. 답 바닷물(소금물)을 끓이면 물은 수증기가 되어 증발되고 소금만 남는다. 증발된 수증기가 차가운 물체에 닿으면 다시 물방울로 변하는데(수증기의 응결), 이 물은 소금기가 제거된 물이므로 식수로 먹을 수 있다.

07. 답 ②, ③, ④

해설 헝겊으로 콩물과 콩 찌꺼기를 분리하고,간수를 넣어 콩물에서 단밸질을 분리한다.

08. 답 1. 물과 식용유는 서로 섞이지 않는다.

2. 식용유는 물보다 가볍다.

09.(1) 답 흙과 낟알의 밀도 차이(무겁고 가벼움 차이)
해설 흙보다 가벼운 낟알이 물 속에서 흙보다 천천히 가라앉는 성질을 이용하여 낟알과 흙을 분리한다.

(2) 답 ②, ③, ⑤
해설 키와 풍구, 조리는 알갱이의 밀도(무게) 차이를 이용하여 혼합물을 분리하는 기구이다.

10. (1) 답 • (가) 잉크 A : 2가지
• (나) 잉크 B : 3가지

(2) 답 색소 c, d, e

(3) 답 • 잉크 A : 수성 잉크 • 잉크 B : 유성 잉크
해설 (가)실험에서 잉크 A는 물에 녹고, 잉크 B는 물에 녹지 않았다. (나)실험에서 잉크 A, B 모두 알코올에 녹았다. 유성 잉크는 물에 녹지 않지만 알코올에는 녹는다.

11. 답

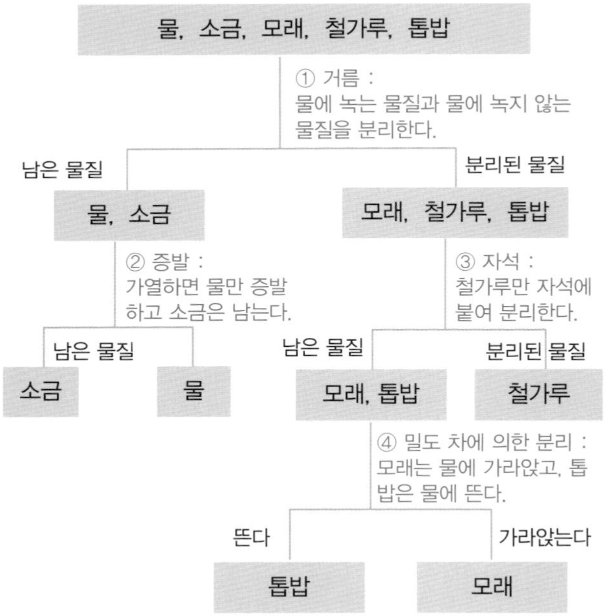

12. (1) 답 끓는점의 차이를 이용하여 분리한다.

(2) 답 끓는점이 낮은 물질들이 먼저 끓어서 분리되어 나오면 이 물질을 액화시킨다. 끓는점이 높은 물질들이 순차적으로 분리된다.

창의력 키우기 132~133쪽

01. (1) 답 크로마토그래피에서는 각 성분 물질들이 한 종류의 고정상(거름종이 등)에서의 이동 속도의 차이로 분리가 된다.
육상 장애물 경기에서도 모든 선수가 같은 트랙 위를 뛰고, 같은 장애물을 넘는다는 점에서 고정상이 같다고 할 수 있다.

(2) 답 크로마토그래피에서는 성분 물질들이 고정상과의 친화력, 용매와의 친화력 때문에 이동 속도의 차이가 발생하는데 비해서 육상 장애물 경기에서는 트랙과의 친화력과는 상관없이, 각 선수 개개인의 운동신경이나 근육의 발달 정도 때문에 이동 속도의 차이가 생긴다.

02. (1) 답 1. 기름 층이 바다 위로 넓게 퍼지면, 바닷물과 산소가 만나지 못해 바닷물 속에 산소 부족 현상이 일어나게 되거나 빛이 통과하지 못해 바다 속 식물들의 광합성이 어렵게 된다.
2. 기름이 바닷가 주변의 동식물 등에 직접 묻었을 경우, 생물들의 호흡에 악영향을 주어 집단 폐사 등의 문제점이 있다.
3. 기름으로 인한 악취 등의 피해를 준다.
4. 환경 오염으로 인해 관광객들이 오지 않게 되어 지역 경제에 피해를 준다.
5. 생태계 생물들의 불균형으로 인한 악순환이 계속된다.
6. 양식업을 하는 양식업자들의 생계를 위협한다.

(2) 답 1. 유화제를 뿌린다.(물과 기름이 섞이게 한다.)
2. 오일 펜스를 친 후 스키머를 이용해 기름만 빨아들인다. (기름이 더 이상 퍼지지 못하게 한 후, 기름을 흡수할 수 있는 물질을 이용해 기름을 빨아들인다.)

STEAM 융합형 문제 해결하기 134쪽

01.
답

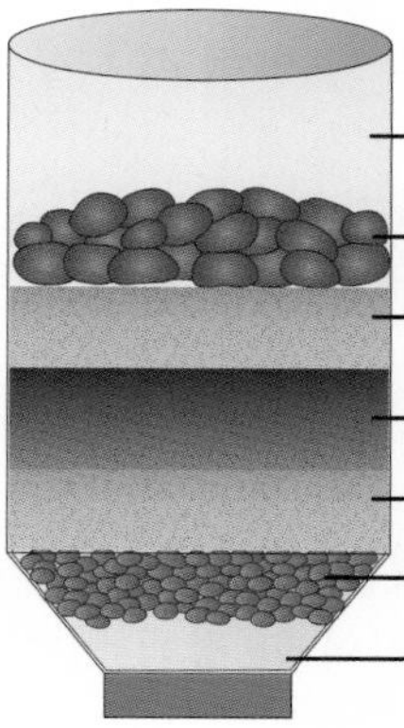

원리 : 간이 정수기는 지표수가 지하로 흘러 들어가면서 정화되는 것과 같이, 더러운 물이 땅 속으로 스며들면 크기가 큰 먼지 알갱이들이 걸러지고, 깨끗한 모래층이나 석탄층을 천천히 지나면서 물 속의 오염 물질들이 제거된다. 숯가루(활성탄)에는 미세한 구멍이 많기 때문에 표면적이 넓어 먼지를 비롯한 미세한 물질을 잘 흡착하는 것은 물론 세균도 흡착되어 제거된다. 헝겊은 자갈 등이 밑으로 쏟아지지 않도록 한다.

8. 식물의 세계

기본 확인 문제 139쪽

❶ O ❷ X ❸ O ❹ O ❺ X
❻ O ❼ O ❽ O ❾ O

탐구력 키우기 140~141쪽

탐구1. 우리 주변의 식물 잎 관찰

탐구결과

1. 답 1. 잎이 한 장인 것과 여러 장인 것
2. 잎이 좁은 것과 좁지 않은 것
3. 잎 가장자리가 가라진 것과 갈라지지 않은 것
4. 잎맥이 나란한 것과 그물 맥인 것 등

2. 답

	이름	특징
(가)	그물맥	잎맥이 그물처럼 얽혀 있다.
(나)	나란히맥	잎맥이 줄을 선 것처럼 나란한다

탐구2. 꽃의 관찰

탐구결과

1. 답 공통점 : 꽃잎, 암술, 수술, 꽃받침으로 이루어져 있다.
차이점 : 능소화는 꽃잎이 한장으로 되어 있고, 장미는 여러 장이다.

2. 답 ①, ②, ⑤
꽃은 주로 봄이나 여름에 핀다. 암술없이 수술만 있는 꽃(수꽃), 수술없이 암술만 있는 꽃(암꽃)도 있다. 수꽃의 경우 꽃이 지더라도 열매를 맺지 않으며, 암꽃이나 갖춘 꽃의 경우 수정이 일어나야 열매나 씨를 맺을 수 있다. 곤충이나 새의 도움 없이 꽃가루를 옮기는 벼꽃 등은 꽃잎이 없다. 꽃잎, 꽃받침, 암술, 수술을 한 꽃에 모두 있으면 갖춘꽃이다.

문제해결력 키우기 142~149쪽

01. 답 (가) - 열매, (나) - 줄기, (다) - 뿌리, (라) - 잎자루, (마) - 잎몸

02. 답 ①, ②

해설

잎 관찰 방법
• 눈 : 잎의 색깔, 모양, 크기, 길이 등을 봄 • 코 : 잎의 냄새를 맡음 • 손 : 잎의 촉감을 느낌

잎 관찰 기록
• 관찰한 사실만 기록함 • 관찰한 내용을 구체적으로 적음 • 잎을 그릴 때에는 잎의 가장자리 → 굵은 잎맥 → 가는 잎맥 순으로 그림

03. 답 뒷면

• 이유 : 뒷면의 잎맥이 앞면보다 더 선명하기 때문에 본이 잘 떠진다.

04. 답 ③, ④

해설 제시된 그림은 느티나무의 잎이 가지에 붙어 있는 모습으로, 마디 한 개에 잎이 한 장씩 어긋나게 붙어있는 어긋나기이다. 잎은 줄기나 가지에 일정하게 붙어 있는 듯하지만 자세히 들여다 보면 잎이 약간씩 비틀어져 있는 것을 볼 수 있다. 식물들의 잎차례는 햇빛을 골고루 받기 위해 식물들이 적응한 형태라고 할 수 있다.

05. 답 ②, ④, ⑤

해설 선인장은 잎이 변해 만들어진 가시를 가지고 있어서 초식 동물로부터 자신을 보호하고, 수분 증발을 막는다. 선인장의 줄기는 물과 양분이 저장되어 있는 다육 줄기이다.

06. 답 1. 나이테가 생기는 이유
2. 나이테의 두께와 계절의 관계
3. 나이테의 방향
4. 나이테가 둥근 이유
5. 나무 껍질의 두께
6. 나무 줄기의 구조와 기능
7. 나무 줄기의 단면 관찰
8. 식물의 나이와 나이테
9. 나이테의 자람과 온도와의 관계

07. 답 1. 풀줄기는 나무 줄기에 비해 키가 작다.
2. 풀줄기는 가지의 수가 적고, 나무 줄기는 가지의 수가 많다.
3. 풀줄기는 단단하지 않으나, 나무 줄기는 단단하다.
4. 풀줄기는 바람에 잘 흔들리나, 나무 줄기는 바람에 잘 흔들리지 않는다.

08. 답 ②, ④

해설 진달래와 백합은 꽃잎이 하나로 붙어 있는 통꽃이고, 장미와 벚꽃은 꽃잎이 한 장씩 떨어져 있는 갈래꽃이다. 네 종류의 꽃 모두 곤충에 의해서 꽃가루가 운반된다.

09. (1) 답 물과 양분을 운반하는 통로이다.

(2) 답 잎의 모양이 넓으면 그물망처럼 잎맥이 분포해서 물과 양분을 공급해 주어야 하나 잎의 모양이 좁으면 잎맥을 나란하게 하여 양분을 공급해 주어도 되므로 식물에 따라 가장 효율적인 방법으로 물과 양분을 공급하기 위해서이다.

(3) 답 사람의 혈관, 건물의 수도관, 가스관 등

10. (1) 답 식물을 위쪽에서 아래쪽으로 내려다 보면 위쪽에서 자라는 잎이 아래쪽의 잎을 가능한한 가리지 않게 배열되어 있다.

(2) 답 식물의 잎들이 각각 더 많은 햇빛을 받을 수 있다. 또한, 빗방울이 줄기를 통해 뿌리로 내려가는 동안 빗방울이 토양에 바로 떨어지지 않도록 하여 토양이 패이는 것을 막을 수 있고, 경우에 따라서는 잎에서 필요한 수분을 얻을 수 있다.

11. (1) 답 맹그로브 나무는 굵은 뿌리가 물 밖으로 솟아올라 있다.

(2) 답 맹그로브는 주로 물의 양이 많은 갯벌이나 하구에서 서식한다. 만약 맹그로브 나무의 뿌리가 물속에 잠겨 있다면 공기와 닿을 수 없게 되어 호흡을 할 수 없으므로 맹그로브 나무의 뿌리가 물 밖으로 솟아올라 있는 것이다.

12. 답

〈위로 곧게 자라는 식물이 덩굴식물보다 유리한 점〉

• 높은 곳까지 자라 햇빛을 많이 받을 수 있다.
• 다른 물체나 식물에게 의지하지 않아도 다른 동물들이나 사람에게 밟히지 않고 자랄 수 있다.

〈덩굴식물이 위로 곧게 자라는 식물보다 유리한 점〉
• 바람이 세게 불어도 줄기가 잘 부러지지 않는다.
• 뿌리와 줄기를 튼튼하게 만드는 데 필요한 에너지를 절약하여 생장이 빠르다.
〈위로 곧게 자라는 식물의 불리한 점〉
• 뿌리와 줄기를 튼튼하게 하기 위한 에너지가 많이 들기 때문에 덩굴식물보다 생장 속도가 느리다.
• 바람의 영향으로 줄기가 부러질 수 있다.
〈덩굴식물의 불리한 점〉
• 의지할 식물이나 물체가 없는 경우, 바닥에 넓게 퍼져 자라므로 사람이나 다른 동물들에게 밟혀 손상을 입을 수 있다.
• 의지하는 식물이나 물체에 가려서 햇빛을 많이 받기가 어렵다.

창의력 키우기 150~151쪽

01. 답

해설 강한 바람이 불고, 다른 지역에 비해 물과 양분이 부족하기 때문에, 뿌리의 지지 작용과 흡수 작용이 잘 일어날 수 있는 모양으로 그려야 한다.

02. 답

	분류 기준	분류 기준
(예)	잎의 너비	잎이 넓은 것과 좁은 것
1	잎의 색깔	잎의 색깔이 진한 것과 진하지 않은 것
2	잎 가장 자리의 모양	잎 가장자리가 갈라진 것과 갈라지지 않은 것
3	잎자루의 길이	잎자루가 긴 것과 짧은 것
4	잎몸의 끝 모양	잎몸의 끝이 뾰족한 것과 잎몸의 끝이 뾰족하지 않은 것

STEAM 융합형 문제 해결하기 152쪽

01. 답 〈예시 답안〉 방안이 건조할 때 껍질이 터져서 안에 있는 물이 분사되어 방안의 습도가 조절되는 습도 조절 장치

해설 안에 있는 것이 터져서 밖으로 튀어나오는 원리를 이용한 장치를 고안하는 것이다. 정확한 과학적 원리와 장치를 정밀하게 묘사하고 용도를 설명하도록 한다.

9. 모습을 바꾸는 물

기본 확인 문제 157쪽

❶ O ❷ X ❸ O ❹ O ❺ X
❻ O ❼ O ❽ X ❾ X

탐구력 키우기 158~159쪽

탐구1.

탐구결과

1. 답

시간(분)	0	2	4	6	8	10	12	14	16	18	20
온도(℃)	60	65	71	76	82	86	92	98	100	100	100

2. 답

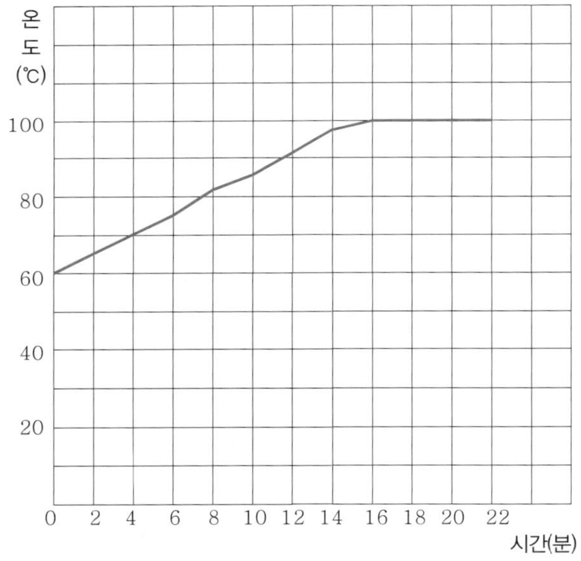

탐구2.

탐구결과

1. 답

시간(분)	0	2	4	6	8	10	12	14	16	18	20
온도(℃)	15	13	12	10	8	6	4	2	0	0	0

2. 답

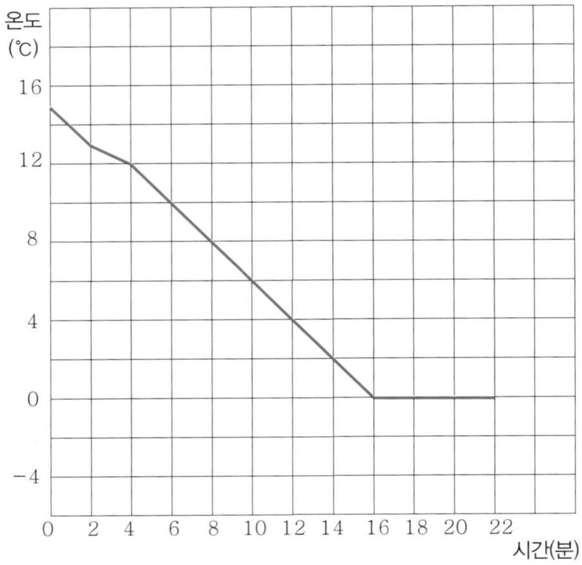

문제해결력 키우기 160~167쪽

01. 답 1. 팥빙수를 만들 때 사용한다.
2. 음료수에 얼음을 넣어 마신다.
3. 아이스박스 안을 차게 유지하기 위해 얼음을 넣어 둔다.
4. 생선 가게에서 생선을 차게 보관하기 위해 얼음 위에 생선을 올려둔다.
5. 얼음집을 만든다.
6. 얼음을 이용해 조각작품을 만든다.
7. 얼음 위에서 스케이트를 탄다. 등

02. 답 A - ㉠, B - ㉡, C - ㉣, D - ㉢, E - ㉤

03. 답 고체인 수도관은 온도가 내려가도 부피에 큰 변화가 없다. 그런데 물은 얼면서(액체→고체) 부피가 커지게 된다. 얼음의 부피가 커지면서 수도관이 터지게 된다.

04. 답 ①, ②, ⑤

해설 안과 밖의 기온 차이로 인해 창문에 생긴 물방울, 찬물이 든 유리컵의 표면에 생긴 물방울, 거미줄에 생긴 이슬은 공기 중의 수증기가 찬 물체를 만나 물방울로 변한 것이다. 그러나 가습기는 물을 작은 알갱이로 쪼개어 실내로 뿜어지게 하는 것이고, 비는 공기 중의 물방울들이 모여서 떨어지는 것이다.

05. 답 물이 증발하면서 주위의 열을 흡수하기 때문이다.
해설 물이 증발하여 수증기가 될 때는 물 분자를 따로 떼어 놓기 위한 에너지가 필요하기 때문에 주위의 열을 흡수하게 된다. 따라서 물이 수증기가 될 때 주위가 시원해지게 되는 것이다.

06. 답 ③, ④
해설 이 실험은 물의 증발과 공기와 닿는 면적의 관계를 알아보는 실험이다. 다르게 해주어야 할 것은 물체가 공기와 닿는 면적이고, 같게 해주어야 할 것은 물의 양, 온도, 바람 등이다. ⑤에서 수건의 두께가 달라진다면 수건에 흡수된 물의 양도 달라지게 된다.

07. 답 유리컵 표면을 깨끗이 닦은 후, 색소를 탄 얼음물을 유리 컵에 담는다. 시간이 지난 후 유리 컵 표면에 생긴 물방울과 유리 컵 안에 담긴 물의 색깔을 비교해 본다.
해설 유리 컵 속의 색깔과 유리 컵 밖에 생긴 물방울의 색깔이 다름을 확인함으로써 물방울이 유리 컵 안에서 새어나온 것이 아님을 이해시킬 수 있다. 유리컵 안에 색소는 남고 물방울만 새어 나온 것이라면 컵 안에 있는 색소물이 더 진해지지 않은 것으로 설명이 가능하다.

08. 답 • 근원적인 에너지 : 태양 복사 에너지
• 물의 순환 과정 : 지구의 물은 지구의 지표면(바다, 육지, 대기, 동물, 식물 등)에서 증발하여 공기 중으로 들어가서 구름을 만들고, 비가 되어 지표면에 내린다. 이 비는 물이 증발된 지표면에 다시 물을 공급해 준다. 이렇게 물의 순환은 태양 복사 에너지에 의해 끊임없이 일어난다.

09. (1) 답 물이 얼어 얼음이 되면 부피가 커져서 단위 부피당 질량 값인 밀도가 감소하게 된다. 즉, 물보다 얼음이 가벼우므로 얼음이 물에 뜨는 것이다.

(2) 답 밀도가 작은 액체(에탄올)를 넣어 물보다 밀도가 작은 혼합 용액을 만든다.
해설 물이 든 컵에 얼음을 넣으면 물의 밀도보다 얼음의 밀도가 작아서 얼음이 물 위에 뜬다. 여기에 물보다 밀도가 작은 에탄올을 넣으면 용액의 밀도가 작아져서 얼음이 물과 에타나올의 혼합용액에 가라앉게 된다.

(3) 답 밀도가 큰 액체(소금물)를 넣어 얼음보다 밀도가 큰 혼합 용액을 만든다.
해설 (2)에서 얼음이 가라앉아 있는 에탄올과 물이 섞인 용액 속에서 밀도가 큰 소금물을 넣으면 다시 용액의 밀도가 점점 커지게 되고 결국 얼음의 밀도보다 커지면 얼음은 다시 뜨게 된다.

10. (1) 답 • 콜라를 구성하는 대부분의 액체 : 물
• 이 액체의 성질 : 얼면(액체→고체로 변하면) 부피가 늘어난다.

(2) 답 • 이유 : 열에 의해 팽창하는 정도는 기체가 액체보다 크기 때문이다.
생활 속의 예 : 1. 찌그러진 탁구공을 뜨거운 물에 넣으면 펴진다.
2. 열기구는 큰 기구 속 공기를 토치로 데워서 부피를 증가시켜 공중에 뜨게 한다.
3. 자동차 타이어의 바람을 여름철에는 조금 빼고, 겨울철에는 조금 더 채운다.
해설 열에 의한 기체의 부피 변화와 관련된 예를 찾는다.

(3) 답 1. 온도계의 기둥 속 붉은 액체
2. 여름철에는 자동차의 기름을 꽉 채우지 않는다.
해설 열에 의한 액체의 부피 변화와 관련된 예를 찾는다.

11. (1) 답 공기 중에 포화 수증기의 양이 가장 많았을 때(온도가 높은 오후) 웅덩이 위에 비닐을 덮어 공기의 이동을 차단하면, 밤이 되어 기온이 내려가 공기 중에 있던 수증기가 응결되어 액체 상태로 비닐의 아래쪽에 매달리게 된다. 비닐의 한 가운데 작은 자갈을 올려서 경사를 만들어 주면 그 경사를 타고 물이 모여서 물받이 통에 고이게 되는 것이다.
해설 사막은 일교차가 심하기 때문에 공기 중에 포화될 수 있는 수증기량의 차이도 크다.

(2) 답 1. 이슬, 구름이 생긴다.
2. 맑은 날 새벽에 마당이 비가 온 것처럼 축축하게 젖어 있다.
3. 유리 컵에 얼음물을 넣으면 유리컵 표면에 물방울이 맺힌다.
4. 추운 겨울 날 밖에 있다가 집에 들어오면 안경이 뿌옇게 변한다.
5. 물을 끓이면 김이 생긴다.

해설 공기의 온도가 내려가면서 그 속에 있던 수증기가 물방울로 변하는 현상을 찾아본다.

12. (1) 답 물이 100℃에서 얻은 에너지로 수증기로 변해 사라지기 때문에 온도가 100℃이상 올라가지 않는다. 100℃에서 얻은 에너지는 물을 수증기로 변화시키는 데 사용하기 때문이다.

(2) 답 물이 수증기가 되어 공기 중으로 사라졌다.

(3) 답 액체 상태의 작은 물방울인 김이다.
해설 수증기는 눈에 보이지 않는다. 물이 끓어 수증기가 되어 이동하다가 주변의 온도가 낮아져서 액체 상태의 김(작은 물방울)으로 변한 것이다.

창의력 키우기 168~169쪽

01. 답 〈예시 답안〉 1. 현재보다 비가 오는 횟수가 줄고, 눈이 오는 횟수가 많아진다.
2. 현재보다 빙하가 많아지므로, 바다의 염분이 증가한다.
3. 첫눈이 오는 시기가 빨라진다.
4. 땅이 얼어있는 기간이 현재보다 늘어난다.
5. 극지방에 빙하가 많아져서 해수면이 낮아진다.
6. 낮아진 해수면 때문에 잠겨있던 섬들이 육지가 되는 곳도 있다.
7. 물보다 얼음의 밀도가 커지게 되어 강물이 바닥부터 언다.

02. (1) 답 물이 얼어 얼음이 되면 부피가 커지게 된다. 그러면 물보다 얼음이 가벼워지게 되므로 얼음이 물에 뜨게 되고, 무거운 물은 계속 얼음 아래쪽으로 가라앉아 위에부터 얼게 된다.
해설 겨울에 기온이 영하로 떨어지면 호수의 물이 얼게 되는데, 이때 얼음은 호수 바닥으로 가라앉지 않고 호수 표면에 뜨게 된다. 또한 얼음 아래는 물이 존재하여 온도가 0℃ 이상으로 유지되므로 얼음 아래의 물에서 물고기들이 살 수 있는 것이다.

(2) 답 〈예시 답안〉 1. 겨울이 되면 호수나 강의 물이 바닥부터 얼게 된다.
2. 호수나 강에 살던 물고기들이 찬 공기 때문에 얼어 죽는다.
3. 날이 점점 추워져서 호수나 강의 물이 바닥부터 윗부분까지 모두 얼면 호수나 강에 살던 생물은 모두 죽는다.
4. 빙산이 아래로 가라앉는다.
5. 남극의 빙산과 얼음이 모두 물 아래로 가라앉으므로 남극이 사라진다. 등

STEAM 융합형 문제 해결하기 170쪽

01. (1) 답 제설기에서 만들어지는 눈은 자연눈과는 다르게 일정한 모양을 가지고 있지 않다. 제설기에서 나오는 아주 작은 물방울이 순간적으로 얼기 때문이다.
해설 제설기에서 만들어지는 인공눈은 작은 물방울이 순간적으로 어는 것이기 때문에 규칙적인 모양의 결정을 만들지 못한다. 일정한 모양을 갖지 못한 싸락눈 또는 얼음 가루에 가깝다.

(2) 답 자연눈은 일정한 모양을 가지고 있으므로 쌓이면서 빈 공간들이 생기게 된다. 사람이 자연눈을 밟으면 자연눈들 사이의 빈 공간이 채워지면서 소리를 내게 된다. 인공눈은 얼음가루들이 쌓여 빈 공간이 거의 없으므로 밟아도 소리를 내지 않는다.

10. 빛의 나아감

기본 확인 문제 175쪽

❶ 투명한 ❷ 모니터 화면 ❸ 가게 진열장
❹ 그림자 ❺ 작아진다 ❻ 햇빛 ❼ 직선
❽ 평행한 ❾ 직진

탐구력 키우기 176~177쪽

탐구1. 빛의 합성

탐구결과

1. 답

빛의 색	파랑+빨강	파랑+초록	빨강+초록	파랑+빨강+초록
합성된 빛의 색	자홍	청록	노랑	흰색

2. 답 (노랑, 파랑), (자홍, 초록), (청록, 빨강)

탐구2. 색 그림자

탐구결과

1. 답

빛의 색	빨강	파랑	초록
스크린의 색	빨강	파랑	초록
그림자의 색	검은색	검은색	검은색

2. 답 왼쪽 그림자는 파란빛은 비춰지지만 빨강 빛이 가려져 파랑색이고, 오른쪽 그림자는 파랑색 빛은 가려지지만 빨강빛은 비춰지므로 빨강색이다.

문제해결력 키우기 178~185쪽

01. 답 ③, ⑤
해설 스스로 빛을 내는 물체를 광원이라고 한다. 달은 태양으로부터 오는 빛을 반사하고, 거울은 물체로부터 오는 빛을 반사한다. 칠판 등 우리 주위의 대부분의 물체들은 광원으로부터 오는 빛을 반사하여 우리가 볼 수 있는 것이다.

02. 답 ①, ④, ⑤
해설 모든 빛은 곧게 나간다. 전등빛은 사방으로 퍼져 나아가기 때문에 손전등과 물체가 가까울수록 그림자의 크기가 커지고, 햇빛은 평행하게 나아가기 때문에 그림자의 크기가 변하지 않는다.

03. 답 저녁. 태양의 고도에 따라 그림자의 길이는 달라지기 때문이다.
해설 태양이 남중할 때는 그림자의 길이가 제일 짧아지고, 태양의 고도가 낮아지면 그림자의 길이도 길어지게 된다.

04. 답 ②, ④
해설 빛이 통과하는 물체는 투명하다.

05. 답 • 불투명한 부분 - 종이, 우편 봉투 속 편지 내용이 안 보이게 할 수 있다.
• 투명한 부분 - 투명한 셀로판지, 편지지에 인쇄된 받는 사람의 이름과 주소를 쉽게 확인할 수 있어서 우편 봉투 위에 새로 이름과 주소를 써 넣을 필요가 없다.

06. 답

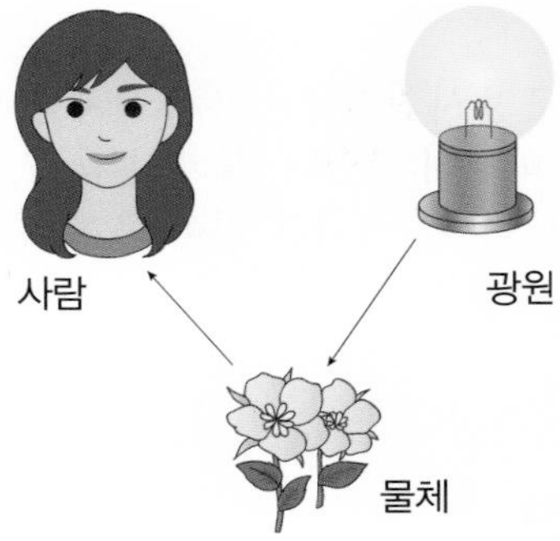

해설 물체가 광원으로부터 오는 빛을 반사하고 그 빛이 우리 눈에 들어오므로 우리는 물체를 볼 수 있는 것

이다.

07. 답 구름은 물방울이 모인 것이다. 구름 속 물방울들에 의해 반사와 투과가 이루어지기 때문에 모든 파장의 빛이 혼합되어 우리 눈으로 들어와 흰색으로 보이게 된다. 그런데 물방울이 많아지게 되면 빛이 물방울 집단을 전혀 통과하지 못하여 구름이 검게 보인다.

해설 물체로부터 나오는 빛이 우리 눈에 도달하면 우리는 물체를 볼 수 있다. 구름은 공기 중의 물방울이 모여서 된 것이다. 구름과 같이 작은 물 입자들이 뭉쳐 있는 경우에는 빛이 물방울의 표면에서 반사하고 물방울 속으로 들어간 빛은 다시 표면을 나올 때 일부는 표면에서 반사하여 물방울 속으로 들어가고 일부는 투과하여 밖으로 나오게 된다. 반사되거나 투과된 빛들이 또 다시 주변의 물방울에 의해 반사 또는 투과되는 과정을 반복하게 된다. 빛의 파장에 무관하게 반사와 투과가 이루어지기 때문에 모든 파장의 빛이 혼합되어 우리 눈으로 들어와 흰색으로 보이게 된다. 그런데 물방울이 많아지게 되면 빛이 물방울 집단을 전혀 통과하지 못하여 구름이 검게 보인다.

08. 답 ㉮

해설 제시된 사진은 일식 현상이다. 일식은 달이 지구와 태양 사이에 위치했을 때, 태양 빛에 의해서 생기는 달의 그림자가 지구에 생기고 이 그림자 안에서는 태양이 달에 가려져 보인다. 달의 그림자 속에 우리가 있으면 낮 동안에도 주변이 깜깜해지는 것을 경험할 수 있다.

09. (1) 답 

(2) 답 ①, ③, ⑤

해설 바늘 구멍 사진기를 이용해 물체를 보면 물체의 상하 좌우가 바뀌어 보인다. 물체의 각 부분에서 나오는 빛은 바늘 구멍을 통과해 빛이 곧게 나아가기 때문에 물체가 거꾸로 보이는 것이다.

10. (1) 답 작아진다.

(2) 답 커진다.

(3) 답 커진다.

(4) 답 그림자의 크기는 변하지 않는다. 태양은 매우 멀리 있기 때문에 지구에 도달하는 빛은 거의 퍼지지 않는 평행 광선이 된다. 그래서 태양빛에서는 물체와 스크린 사이의 거리가 달라져도 그림자의 크기가 변하지 않는다.

11. 답 ③

해설 바늘 구멍에 의한 상의 모양은 물체의 모양과 상하 좌우가 바뀐 모습이다. 바늘 구멍 하나에 하나의 상이 만들어지므로, 바늘 구멍이 두 개일 때는 바늘 구멍의 위치와 상의 위치가 같은 두 개의 상이 만들어진다. 바늘 구멍 사진기의 바깥쪽에서 볼 때 바늘 구멍은 중앙과 오른쪽 아래에 위치하지만, 사진기의 안쪽에서 볼 때는 중앙과 왼쪽 아래에 위치하므로 정답은 ⑤가 아니라 ③이다.

12. (1) 답 • 빨강과 초록의 빛을 겹치면 : 노랑
• 빨강과 파랑의 빛을 겹치면 : 자홍
• 초록과 파랑의 빛을 겹치면 : 청록
• 빨강, 파랑, 초록의 빛을 겹치면 : 흰색

(2) 답 A - 노랑, B - 초록, C - 검정, D - 빨강

해설 A 부분에는 빨강과 초록빛이 도달하므로 노란색이 된다. B 부분에는 초록빛만 도달하므로 초록색 그림자가, D 부분에는 빨간빛만 도달하므로 빨간색 그림자가 생긴다. C 부분에는 아무 빛도 도달하지 않기 때문에 검은색 그림자가 생긴다.

창의력 키우기 186~187쪽

01. (1) 답 숲속에서 햇살이 비출 때, 먼지 낀 곳에 햇볕이 비출 때, 등대불이 비출 때 등

(2) 답 1.물체들이 실제 생김새와 다르게 쭈글쭈글해 보일 것이다.
・이유 - 물체의 각 부분에서 나오는 빛이 직진하여 우리 눈에 들어오므로 우리는 물체의 모양을 인식할 수 있는 것이다. 우리가 만약 농구공을 보고 있다고 할 때 빛이 직진하지 않는다면 농구공의 각 부분에서 나오는 빛이 제멋대로 우리 눈으로 들어와서 농구공의 모양은 찌그러져 보이거나 타원형으로 보일 것이다.

2.일식이나 월식 현상을 볼 수 없거나 볼 수 있다 하더라도 일식 때 태양과 달의 둥근 모양이나, 월식 때 지구의 둥근 모양이 찌그러져 보일 것이다.
・이유 - 일식이나 월식은 빛의 직진성을 가장 잘 보여주는 대표적인 예이다. 그것을 통해서 지구나 달이 둥글다는 것을 알 수 있는 것인데, 빛이 똑바로 직진하지 않는다면 둥근 모양이 나타날 수 없다.

3. 별의 위치를 정할 수 없고, 별자리가 고정되지 않는다.
・이유 - 별에서 나온 빛이 직진하여 우리 눈으로 들어오므로 우리는 별의 위치를 알 수 있는 것인데 만약 빛이 직진하지 않고 제멋대로 움직인다면 별의 위치를 말할 수 없을 것이다.

02. (1) 답 봉수대의 연기 줄기 수나 불꽃의 수에 따라 신호를 달리하였다.

(2) 답 1. 전화가 오면 전화기에 불이 들어온다.
2. 비행기 활주로의 불빛을 보고 비행기가 뜨고 내린다.
3. 밤에 등대에서 불을 깜박깜박하여 다가오는 배에게 신호를 한다.
4. 교통 신호등의 불빛색을 보고 횡단보도를 건널 수 있다.
5. 자동차의 방향 지시등으로 자동차가 앞으로 진행할 방향을 알려준다.
6. 자동차의 브레이크 등으로 자동차의 속도가 줄어들고 있음을 알려준다.
7. 광섬유를 통하여 빛으로 신호를 보내는 광통신이 있다.

STEAM 융합형 문제 해결하기 188쪽

01. (1) 답 1.전구의 불을 껐다 켰다한다.
2.전구의 색을 변화시킨다.
3.불을 켜는 전구의 개수를 변화시킨다. 등

(2) 답 한 개의 전구가 만들어 낼 수 있는 신호는 켜는 것과 꺼는 것 2가지이다. 전구가 모두 다섯 개 있으므로 만들어낼 수 있는 신호는 $2 \times 2 \times 2 \times 2 \times 2$ - 1(모두 꺼진 것) = 31(가지)이다.

	전구1	전구2	전구3	전구4	전구5
1	O	O	O	O	O
2	×	O	O	O	O
3	O	×	O	O	O
4	O	O	×	O	O
5	O	O	O	×	O
6	O	O	O	O	×
7	×	×	O	O	O
8	×	O	×	O	O
9	×	O	O	×	O
10	×	O	O	O	×
11	O	×	×	O	O
12	O	×	O	×	O
13	O	×	O	O	×
14	O	O	×	×	O
15	O	O	×	O	×
16	O	O	O	×	×
17	×	×	×	O	O
18	×	×	O	×	O
19	×	×	O	O	×
20	×	O	×	×	O
21	×	O	×	O	×
22	×	O	O	×	×
23	O	×	×	×	O
24	O	×	×	O	×
25	O	×	O	×	×
26	O	O	×	×	×
27	×	×	×	×	O
28	×	×	×	O	×
29	×	×	O	×	×
30	×	O	×	×	×
31	O	×	×	×	×

O: 불이 켜진 것
×: 불이 꺼진 것

11. 거울

기본 확인 문제 193쪽

❶ 빛 ❷ 매끄럽다 ❸ 상하, 좌우
❹ 일정한 ❺ 같
❻ 자동차의 후면경, 매장의 도난 방지용 거울
❼ 오목거울 ❽ 오목거울 ❾ 그대로

탐구력 키우기 194~195쪽

탐구1. 2개의 평면거울에 비친 상의 개수

탐구결과

거울의 각도	30°	45°	60°	90°	180°
상의 개수(개)	11	7	5	3	1

탐구문제

1. 답 상의 개수 = $\frac{360^\circ}{\text{각도}} - 1$

해설 2개의 거울의 각도가 점점 커질수록 상의 개수는 적어진다.

2. 답 23개

해설 $\frac{360^\circ}{15^\circ} - 1 = 23$(개)가 된다.

탐구2. 거울에 비친 상의 작도

탐구문제

1. 답

	가까운 거리	먼 거리
볼록거울에 의한 상	똑바로 작게	똑바로 작게
오목거울에 의한 상	똑바로 크게	거꾸로 작게

탐구과정

1. 볼록거울에 의한 상의 작도

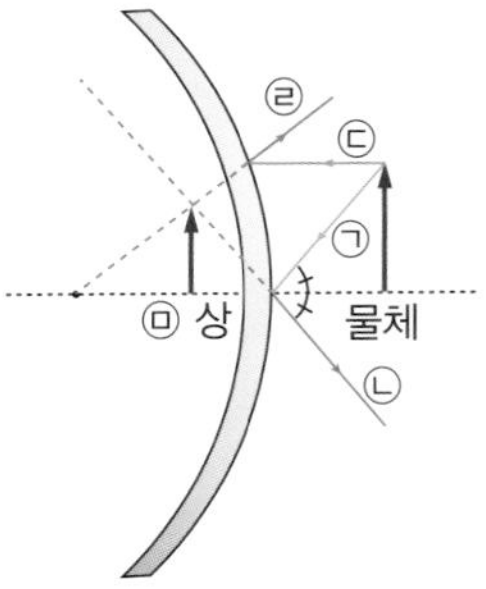

볼록거울로부터 물체가 가까이 있을 때

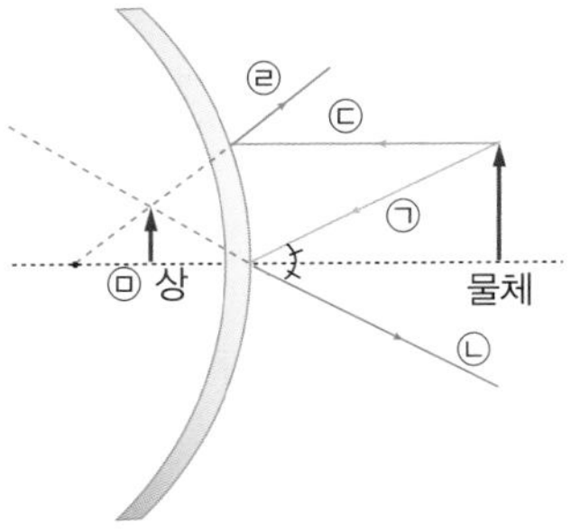

볼록거울로부터 물체가 멀리 있을 때

2. 오목 거울에 의한 상의 작도

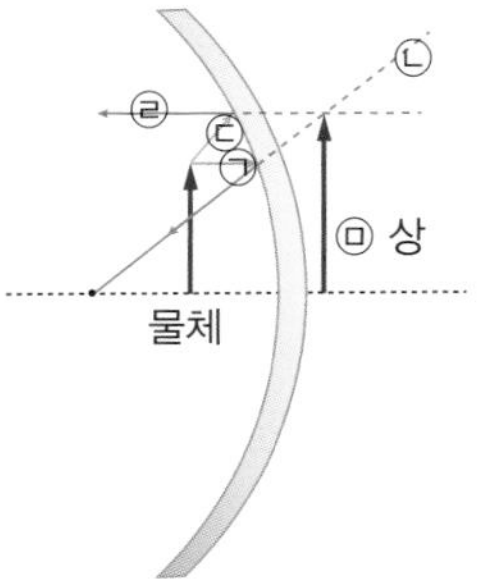

오목거울로부터 물체가 가까이 있을 때

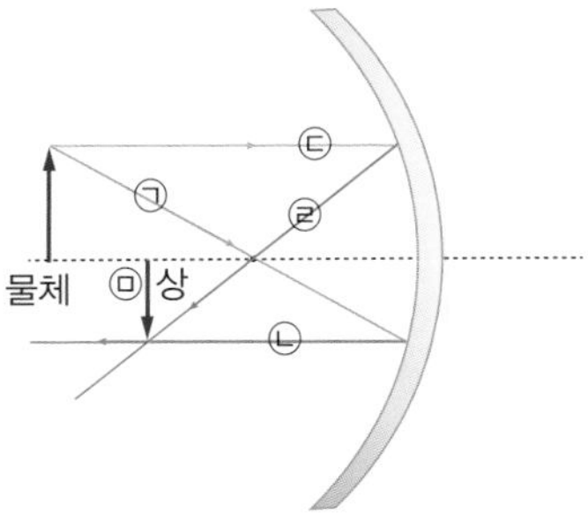

오목거울로부터 물체가 멀리 있을 때

문제해결력 키우기 196~203쪽

01. 답 ②

해설 대부분의 물체는 스스로 빛을 내지 않는다. 태양으로부터 혹은 전등으로부터 백색광이 나와서 물체에 도달하면 물체와 같은 색의 빛만이 반사되고, 다른 색의 빛은 모두 물체에 흡수된다. 이후 반사된 빛은 사람의 눈으로 들어와 물체를 구별하는 것이다.

02. 답 물이 잔잔하여 표면이 매끄러우면 주변의 풍경을 잘 비추고, 물이 빠르게 흐르거나 바람이 불어서 표면이 매끄럽지 않으면 주변의 풍경을 잘 비추지 않는다.

해설 물질의 표면이 매끄러우면 들어온 빛이 정반사하여 주변의 물체가 잘 비춰지고, 표면이 매끄럽지 않으면 들어온 빛이 난반사하면서 주변의 물체가 잘 비춰지지 않는다.

03. 답 앞차의 후면경에 좌우가 반대로 바뀌어 보이게 하기 위해서이다.
해설 앞차의 운전자는 거울을 통해 119 구급차를 보게 된다. 거울은 좌우가 바뀌어 보이므로 구급차에 좌우를 바꾸어 써 놓으면 앞차의 후면경에는 AMBULANCE 로 보이게 된다.

04. 답 ③
해설 ① 일정한 빛이 동일한 각도로 반사되기 때문에 물체가 비쳐 보인다.
② 거친 면에서 빛이 사방으로 반사하므로 물체를 사방에서 볼 수 있다.
③ 난반사에도 각각의 빛 가닥 하나하나는 입사각과 반사각이 같은 반사의 법칙이 성립한다.
④ 거친 면에서 빛들이 제각기 다른 각으로 반사되는 것이다.
⑤ 정반사는 한쪽에서 일정한 방향으로 들어온 빛들이 매끄러운 면에서 입사각과 반사각이 같도록 같은 방향으로 반사되는 것이다.

05. 답 2시 35분
해설 거울은 상하는 바뀌지 않고, 좌우만 바뀌므로 시계의 좌우를 바꾸어 읽어주면 된다.

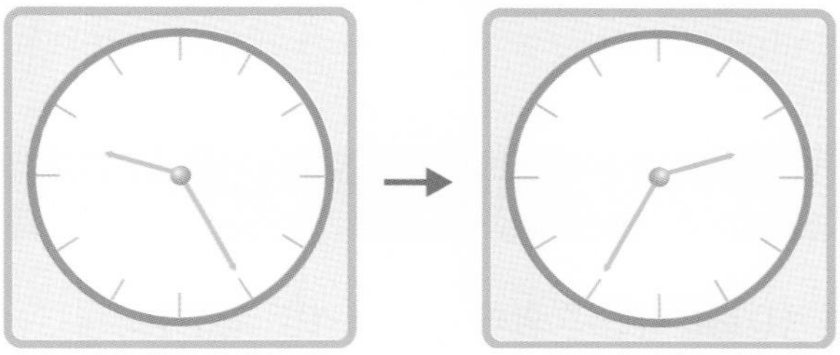

06. 답 ④
해설 바늘구멍 사진기를 통해 물체를 보면 물체의 상하 좌우가 모두 바뀌어 보인다.

07. 답 볼록거울을 통해 넓은 시야를 볼 수 있기 때문이다.
해설 볼록거울은 빛을 퍼뜨리는 성질이 있어 넓은 곳을 비출 수 있다. 오목거울은 좁은 곳을 자세히 볼 때 사용된다.

08. 답 ④
해설 손전등의 반사경, 현미경의 반사경, 헤드 반사경, 성화 점화봉은 빛을 모아서 밝게 보이게 하기 위해서 오목거울을 사용한다. 도로 반사경은 넓은 곳을 비추기 위해서 볼록 거울을 사용한다.

09. (1) 답 자기 키의 약 절반 정도가 되는 길이의 거울이 필요하다.

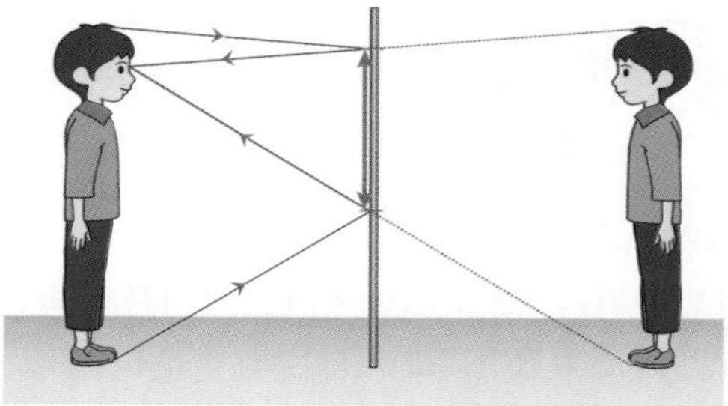

(2) 답 줄어들지 않는다. 몸의 전부를 보기 위한 거울의 길이는 변함없다.

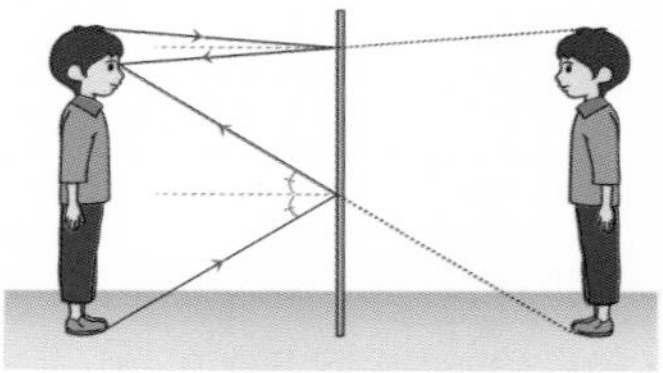

거울과의 거리가 가까울 때

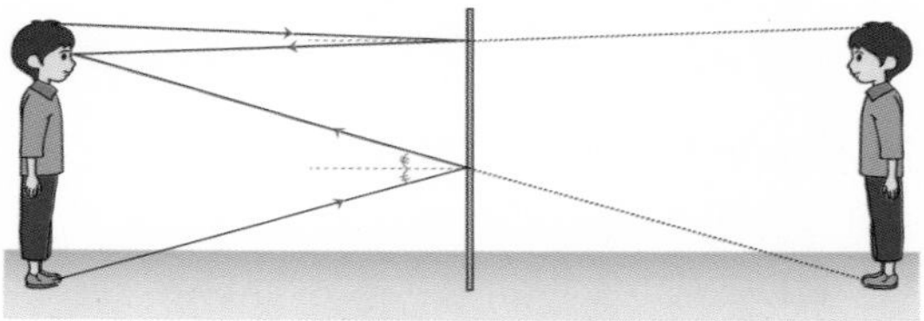

거울과의 거리가 멀 때

해설 발끝에서 오는 광선이 거울에서 반사의 법칙에 따라 반사되어 눈에 들어오면, 그 연장선상의 지면에 발끝에 있는 것으로 보인다. 따라서, 눈에서 발끝까지의 절반 길이의 거울이 필요하다. 눈의 위쪽 부분도 마찬가지로 머리끝에서 발끝까지 길이의 절반 길이의 거울이 필요하다. 이 관계는 거울과 사람의 거리에 상관없이 성립한다.

10. (1) 답

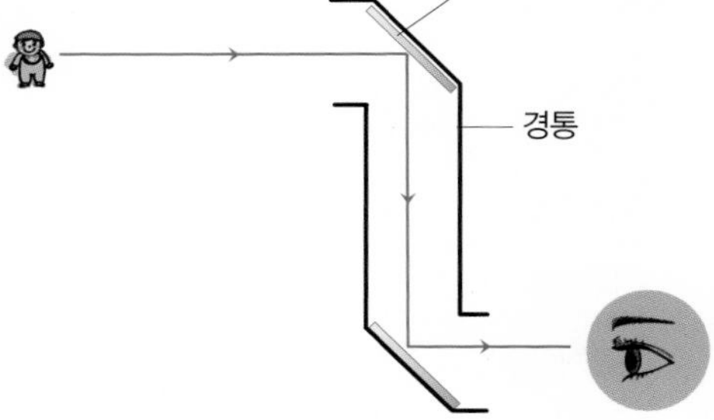

(2) 답 상하좌우 그대로 보인다.
이유 : 잠망경에는 거울이 두 개가 있으므로 좌우가 두 번 바뀌면서 원래의 모습 그대로 보이게 된다.
해설 잠망경은 위쪽 거울에서 한번 반사되면서 좌우가 바뀌고, 아래쪽 거울에서 한번 더 반사되면서 다시 좌우가 바뀌게 된다. 따라서 원래 물체의 모습 그대로 보이게 된다.

11. (1) 답 ④
해설 반사면이 θ만큼 기울어지면 입사각과 반사각이 각각 θ만큼 변화한다. 입사각과 반사각의 변화량의 합은 2θ가 되므로 반사광이 벗어나는 각도는 2θ가 된다.

(2) 답 θ 와 θ' 의 크기는 같다.
해설 평행선을 그어 엇각과 동위각을 표시해 보면 다음 그림과 같다.

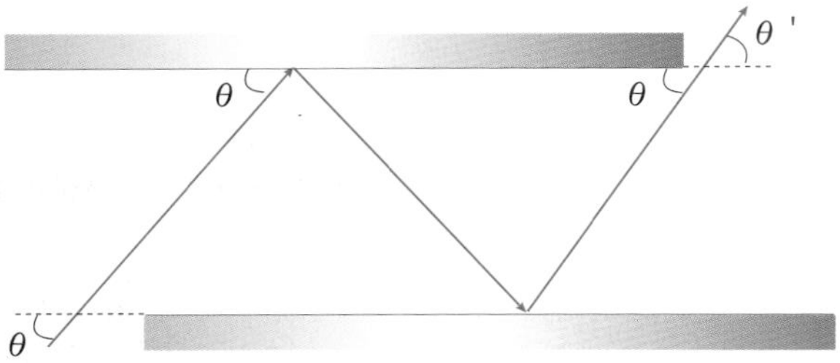

그림에서 보면 θ와 θ'의 크기는 같다.

12. (1) 답

	평면거울	오목거울	볼록거울
반사되어 나오는 빛의 모양	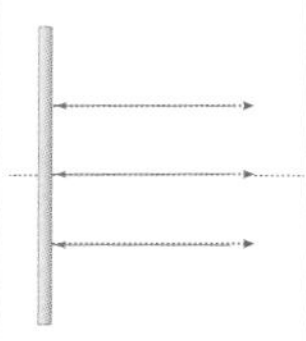	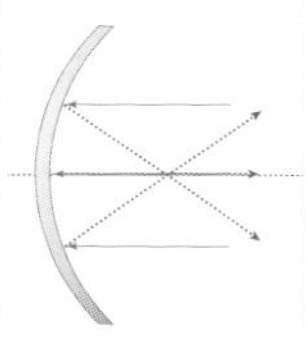	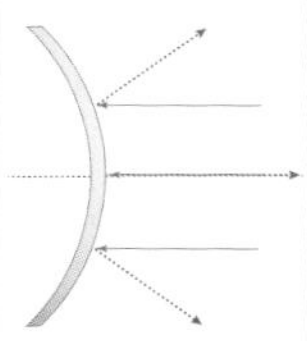

해설 평면거울은 입사된 빛은 반사되어 평행하게 나아가고, 오목거울은 입사된 빛이 반사되어 한 점으로 모였다가 다시 퍼진다. 볼록거울에 입사된 빛은 반사되어 퍼져서 나아간다.

(2) 답

가까이 있는 물체	
평면거울	크기가 같다.
오목거울	크게 보인다.
볼록거울	작게 보인다.

멀리 있는 물체	
평면거울	거울에서 떨어진만큼 떨어져 보인다.
오목거울	거꾸로 작게 보인다.
볼록거울	더 작게 보인다.

(3) 답 ① ㄱ, ㄹ, ㅁ
② ㄷ, ㅈ, ㅊ
③ ㄴ, ㅇ, ㅋ, ㅌ
④ ㅂ, ㅅ
해설 넓은 시야가 보이게 하려면 실제 풍경보다 작게 보여야 한다. 자동차의 후면경, 굽은 길의 안내 거울, 진열대의 감시 거울은 볼록거울이므로 물체보다 작은 상을 만든다. 따라서 평면거울로 보는 것보다 넓은 범위를 볼 수 있다. 손전등의 반사경, 자동차 전조등의 반사경, 온풍기의 반사경은 모두 오목거울 형태이다. 오목거울의 초점에 열이나 빛을 내는 장치를 놓으면 오목 거울에서 반사된 후 평행하게 나아간다. 현미경의 반사경, 태양열 발전 장치, 전파 망원경, 위성 방송 수신용 안테나는 모두 오목 거울 모양으로 되어 있다. 먼 곳에서 오는 빛 또는 전파를 받아 초점에 모음으로서 강한 빛이나 전파로 만들 수 있다. 화장용 손거울이나 치과 의사들이 사용하는 거울은 오목거울로 물체를 확대시켜 보이게 한다.

창의력 키우기 204~205쪽

01. (1) 답 다음 그림의 (나) 경로를 그린다.

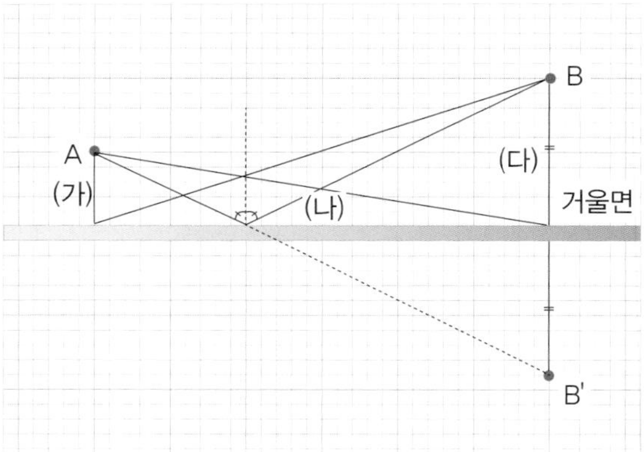

해설 B' 는 B 의 상이 맺히는 곳이다. A 지점의 빛이 B지점에 도달하기 위한 최단 거리는 A 와 B' 를 직선으로 연결했을 때이다. 이때 A 에서 출발한 빛은 거울면의 한 점에서 반사되어 B점으로 가는 것이다. 따라서 위 그림의 (나)경로가 가장 짧은 경로이다.

(2) 답 같다.

(3) 답 태양빛은 언제나 가장 짧은 경로를 찾아 입사되고 반사되기 때문에 입사각과 반사각은 같다는 반사의 법칙이 항상 성립하게 되는 것이다.

02. 답

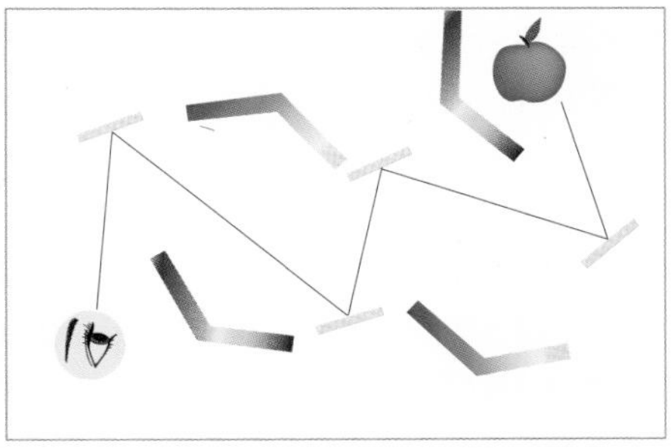

해설 거울의 입사각과 반사각이 같게 되도록 주의하며 거울의 위치와 빛의 경로를 그린다.

STEAM 융합형 문제 해결하기 206쪽

01. (1) 답 6m/초

해설 동혁이가 거울 쪽으로 3m/초의 속력으로 움직이면 거울 속의 동혁이도 3m/초의 속력으로 거울쪽으로 움직인다. 3m/초로 움직이는 동혁이가 동혁이와 반대 방향으로 3m/초로 움직이는 상을 보면 6m/초로 움직이는 것처럼 보인다.

(2) 답 4m

해설 평면 거울에 비친 물체의 모습은 실제 거울과 물체만큼 떨어져 보인다. 동혁이가 거울 앞 2m되는 지점에 서 있으므로, 거울 속의 동혁이의 상도 거울과 2m되는 지점에 서 있다. 그러므로 동혁이는 거울 속 자신의 모습을 찍기 위해서 카메라의 초점은 4m되는 지점에 맞추어야 한다.

12. 지구와 달

기본 확인 문제

❶ X ❷ X ❸ O ❹ O ❺ X
❻ O ❼ O ❽ O ❾ X

❶ 마젤란은 빅토리아 호를 타고 같은 방향으로 항해하여 세계 일주에 성공하였다.

❷ 높은 산에 올라가더라도 지구 전체의 모습을 볼 수 없다.

❺ 보름달이 남쪽 하늘에서 보일 때에는 자정(밤 12시)이다.

❾ 오후 7시경에 초승달은 서쪽, 상현달은 남쪽, 보름달은 동쪽 하늘에서 볼 수 있다.

탐구력 키우기

탐구1. 달에 대한 탐구

탐구문제

1. 답 • 옳게 말한 사람 : 순재
• 그 이유 : 보름달은 저녁 7~8시경에 동쪽에 떠 있다. 그러므로 학교가 있는 쪽이 동쪽이다.

2. 답 

해설 보름달이 뜨고, 일주일이 지난 후에는 밤 12시경 하현달이 뜬다.

3. 답 ① 운석 구덩이가 많은 곳은 달의 밝은 부분(육지)이고, 운석 구덩이의 수가 적은 곳은 달의 어두운 부분(바다)이다.
② 달이 운석과 충돌을 많이 하여 그 파편이 튄 부분(광조)이 밝게 보인다.
③ 달의 어두운 부분(바다)은 화산 활동에 의해 생긴 것으로, 화산 활동 전에 생긴 운석 구덩이(크레이터)들은 화산 활동에 의한 용암으로 메워져 사라졌기 때문에 운석 구덩이의 수가 매우 적다.

문제해결력 키우기 214~221쪽

01. 답

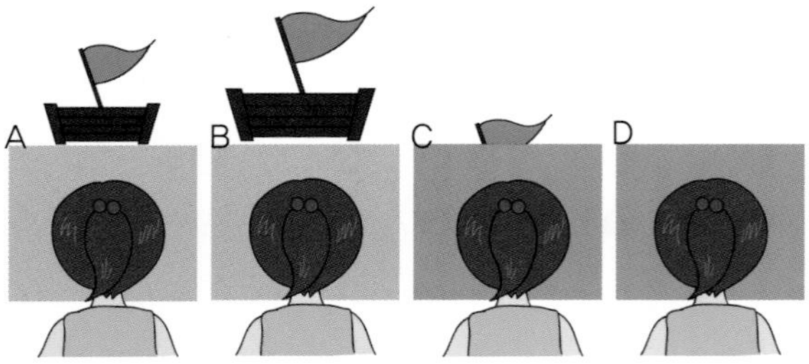

02. 답 ②, ⑤

해설 ①에서 지구가 달보다 큰 것은 사실이지만, 이 사진만 보아서 지구가 달보다 크다는 것을 알 수는 없다. ③과 ④는 달의 표면을 본 모습을 나타낸 것이다.

03. 답 ①, ④

해설 달에는 구름이 없어서 지구에서도 달의 표면을 잘 볼 수 있다. 달에도 낮과 밤이 있으며, 달에는 공기가 없어 악기를 연주해도 음악을 들을 수 없다. 달에서도 빛을 이용할 수 있으므로 손전등을 이용해 그림자 놀이를 할 수 있으며, 달은 중력이 지구의 $\frac{1}{6}$정도이므로, 지구에서 잰 무게보다 가볍다. 하지만 질량은 지구와 같다.

04. 답 1. 지구는 구름이 있고, 달은 구름이 없다.
2. 지구는 공기와 물이 있으나, 달은 공기와 무이 없다.
3. 지구는 흰색, 푸른색, 갈색으로 된 부분이 보이나, 달은 밝은 부분과 어두운 부분이 보인다.

05. 답 ③, ④

해설 달에는 대기가 없어서 운석이 떨어지면 그대로 충돌하는데 이 때 크레이터가 생긴다. 달에는 물과 공기가 없기 때문에 크레이터의 모양이 변하지 않고 그대로 남아 있게 되는 것이다. 하지만, 지구는 대기가 있어서 운석이 떨어지기 전에 타버린다. 간혹 운석이 땅에 떨어져서 운석 구덩이가 생기더라도 풍화 작용에 의해 그 흔적이 사라진다.

06. 답 ③, ⑤

해설 음력 15일에 보름달을 관찰할 수 있으며, 보름달이 동쪽에서 떠서 남쪽을 지나 서쪽으로 지므로, 남쪽을 향해 서서 관찰해야 한다. 또한 장소를 바꾸지 않고 같은 장소에서 한 시간 간격으로 관찰한다.

07. 답

해설 보름달은 밤 12시경 정남쪽에 위치한다. 이것을 달이 남중했다고 한다. 달은 동쪽에서 서쪽으로 한 시간에 15°씩 움직인다.

08. 답 ②

해설 달은 스스로 빛을 내는 것이 아니라 햇빛에 반사된 달의 일부가 우리 눈에 보이는 것이다. 달이 지구 주위를 공전하기 때문에 태양, 달, 지구의 위치가 바뀌고 우리가 지구에서 볼 때 태양빛을 받고 있는 달의 표면도 달라져 달의 모양이 다르게 보이는 것이다.

09. (1) 답 저녁 7시경의 모습이다.

해설 저녁 7시경에 보름달은 동쪽, 상현달은 남쪽, 초승달은 서쪽 하늘에 뜬다.

(2) 답 음력 7~8일

(3) 답 ①, ②, ④

해설 달은 지구 주위를 공전하기 때문에 매일 서에서 동으로 위치가 옮겨간다. 그러므로 달을 매일 같은 시각에 관측하면 조금씩 위치가 동쪽으로 움직인 것을 알 수 있다. 달은 매일 50분씩 늦게 뜨는데, 지구가 24시간 동안 자전을 해서 같은 자리로 돌아왔을 때, 그 시간 동안 달은 지구를 더 공전했기 때문에 지구는 달이 더 공전한 만큼의 각을 더 자전해야 달이 뜰 것이다. 이 차이가 50분인 것이다. 태양빛을 받는 부분이 달라져, 달의 모양은 바뀌지만, 달이 지구 주위를 공전하는데 걸리는 시간과 달이 자전하는데 걸리는 시간이 같아서 지구에서 볼 때 달 표면은 항상 같은 면만 보인다.

10. (1) 답 다음 그림에서 빗금 친 부분은 달에 생긴 그림자이고, 빗금 치지 않은 부분이 지구에서 본 달의 모양이다.

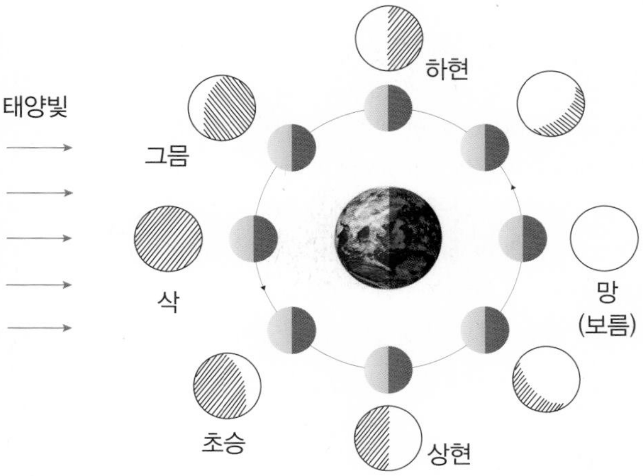

(2) 답

	음력 7~8일	음력 27~28일
달의 모양		

(3) 답 달이 지구 주위를 공전하기 때문이다.

(4) 답 달은 전 날 달이 뜬 시각보다 50분씩 늦게 뜬다. 예를 들어 달이 오후 9시에 떴다고 가정해 보자. 지구가 24시간 동안 자전을 해서 같은 자리로 돌아왔을 때(즉, 다음날 오후 9시), 이미 달은 지구를 그 시간 동안 공전했기 때문에 지구는 달이 더 공전한 만큼의 각을 더 자전해야 달이 뜰 것이다. 이 차이가 50분인 것이다. 그래서 매일 같은 시각에 달의 위치를 관측하게 되면, 전날에 비해 서쪽에서 동쪽으로 움직이는 달의 모습을 볼 수 있는 것이다.

11. 답 음력 23일 경에는 상현달이 아닌 하현달이 떠야하고, 하현달은 밤 12시경에 뜨기 시작하므로 밤 12시인 현재 동쪽 하늘에 있어야 한다.

12. (1) 답 • 전등 - 태양 • 공 - 달
• 의자에 앉은 학생 - 지구

(2) 답 ③

해설 달은 태양 빛을 반사하여 빛나는 것처럼 보이며 (가) - (라) - (다) - (나)의 순으로 지구 주위를 공전한다. 즉, 달이 (가)~(라)위치에 있을 때 태양 빛을 받은 표면이 지구에서 우리가 보는 달의 모습이다. (가)는 하현, (나)는 보름, (다)는 상현, (라)는 삭이다.

창의력 키우기 222~223쪽

01. (1) 답 상현달, 하현달, 보름달, 초승달, 그믐달

(2) 답 무수히 많다. 달의 모양은 지금 이 순간에도 조금씩 계속해서 변하고 있기 때문이다.

02. (1) 답 달이 지구 주위를 한 바퀴 도는 것을 공전이라고 하고, 스스로 한 바퀴 도는 것을 달의 자전이라고 한다. 그런데 달이 한 번 공전하는데 걸리는 시간과 한 번 자전하는데 걸리는 시간(약 27.8일)이 같기 때문에 지구에서 보면 달은 항상 같은 면만 보이는 것이다.

(2) 답 1. 우주선을 타고 달 뒤로 직접 가서 촬영한다.
2. 우주탐사선을 띄워서 달 뒷면을 촬영한다. 등

STEAM 융합형 문제 해결하기 224쪽

01. 답 1. 투수가 공을 던질 때 수평 방향의 속도는 지구와 큰 차이가 없으므로 직구의 속력은 큰 차이가 없지만 커브나 싱커를 던질 때 공이 낙하하는 정도가 작으므로 쉽게 타격 당할 수 있다.
2. 타자가 공을 치면 올라가는 높이가 지구의 6배이므로 쉽게 홈런이 나올 수 있지만, 직선 타구는 지구와 큰 차이가 없다.
3. 친 공이 높게 솟구치는 대신 사람도 6배나 높게 뛸 수가 있기 때문에 다이빙 캐치나 홈런이 되는 볼을 관중석 앞에서 잡기가 용이해 진다.
4. 타격한 공이 공중에 머무는 시간이 6배로 증가하므로 충분한 준비 후에 공을 잡을 수 있다.
5. 경기장의 크기가 지금보다 6배 정도 커야 지구와 같은 수의 홈런이 나온다.

총정리문제

제1회 총정리 (1~3단원) 226쪽

01. 답 1. 용수철을 이용한 도구이다.
2. 용수철이 늘어났다가 원래의 길이로 돌아오는 성질을 이용한 것이다.
해설 주어진 그림은 완력기, 앉은뱅이 저울(주부 저울), 트램펄린으로 모두 용수철을 이용한 것이며, 용수철이 늘어났다가 원래의 길이로 돌아오는 용수철의 성질을 이용한 것이다.
배점 공통점을 2가지 모두 썼으면 4점, 한 가지만 썼으면 2점

02. 답 50g
해설 5g짜리 추가 하나씩 늘어날 때마다 용수철의 길이는 2cm씩 늘어난다. 용수철의 길이가 20cm늘어났다면 5g짜리 추가 10개 매달린 것과 같으므로 필통의 무게는 50g이다.
배점 용수철의 늘어난 길이와 무게와의 관계를 설명하고 필통의 무게를 정확히 쓴 경우 4점, 용수철의 늘어난 길이나 필통의 무게만 적은 경우 2점, 그 외 0점

03. 답 20kg
해설 용수철 저울 2개에 각각 10kg의 힘이 작용하고 있으므로 금속 고리의 무게는 20kg이다. 따라서 금속 고리를 용수철 저울 1개에 매달면 용수철 저울은 20kg을 가리킨다.
배점 무게를 정확히 적은 경우 4점, 그 외 0점

04. 답

무게 (g)	0	100	200	300
거리 (cm)	10	30	50	70

해설 손잡이를 중심으로 왼쪽으로 20cm떨어진 곳에 접시를 달고, 오른쪽으로 10cm떨어진 곳에 추를 달아 수평을 이루었으므로, 접시의 무게를 M(g)이라고 하면 추의 무게는 2M(g)이라고 할 수 있다. 따라서 접시에 100g짜리 분동을 올려놓았을 때,
20cm×(M+100)g = 30cm × 2Mg
20M + 2000 = 60M
40M = 2000
M = 50g
따라서, 접시는 50g이고, 추는 100g이다.
• 접시에 놓은 분동의 무게가 200g 일 때
20cm × (200 + 50)g = 추의 거리 × 100g
따라서 추의 거리는 50cm이다.
• 접시에 놓은 분동의 무게가 300g 일 때
20cm × (300 + 50)g = 추의 거리 × 100g
따라서 추의 거리는 70cm이다.
배점 답을 정확하게 푼 경우 5점, 답만 쓴 경우 2점, 그 외 0점

05. 답 최대 400g까지 잴 수 있다.
해설 만약 대저울의 총길이가 110cm이라면 위와 같은 조건으로 손잡이와 접시를 달 때 손잡이의 오른쪽 막대의 길이는 90cm가 된다. 저울로 잴 수 있는 물체의 최대 무게를 Mg이라고 하면,
20cm × (50 + M)g = 90cm × 100g이므로,
M은 400g이다.
배점 정답인 경우 3점, 그 외 0점

06. 답 〈예시답안〉
1. 널빤지 ②위치에 2kg 상자 2개
2. 널빤지 ④위치에 2kg 상자 1개
3. 널빤지 ①위치에 2kg 상자 4개
4. 널빤지 ②위치에 1kg 상자 4개
5. 널빤지 ①위치에 2kg 상자 1개, 널빤지 ③위치에 2kg 상자 1개
6. 널빤지 ②위치에 1kg 상자 1개, 널빤지 ③위치에 2kg 상자 1개
7. 널빤지 ①②⑤위치에 1kg 상자 1개씩
8. 널빤지 ②위치에 2kg 상자 1개, 널빤지 ④위치에 1kg 상자 1개

해설 널빤지의 왼쪽은 2kg × 2 + 1kg × 4 = 8이므로, 수평을 이루기 위해서는 오른쪽 널빤지에는 상자의 무게 × 받침점에서 상자가 놓인 거리 = 8이 되어야 한다.
배점 정답을 8개 쓴 경우 7점, 7개 쓴 경우 6점, 6개 쓴 경우 5점, 5개 쓴 경우 4점, 4개 쓴 경우 3점, 3개 쓴 경우 2점, 2~1개 쓴 경우 1점

07. 답 다르다.
이유 : 받침점에서 각 조각의 무게중심까지의 거리가 다르기 때문에 두 조각의 무게도 다르다.

해설 옥수수의 두 조각을 각각 A와 B라고 하면, 'A의 무게 × 받침점에서의 A의 무게중심까지의 거리 = B의 무게 × 받침점에서의 B의 무게중심까지의 거리'이다. 받침점에서 각 조각의 무게중심까지의 거리가 다르기 때문에 A와 B의 무게도 다르다.

배점 같다고 했을 경우 0점, 다르다고 했으나 그 이유를 바르게 설명하지 못한 경우 1점, 다르다고 했고, 그 이유를 타당하게 설명하면 5점

08. **답** (가) 화산 폭발, (나) 운석의 충돌

해설 (가)는 화산 폭발로 생성된 분화구이고, (나)는 운석의 충돌로 생성된 운석 구덩이이다.

배점 각 3점씩, 총 6점 만점

09. **답** • 암석 이름 : (가) 화강암, (나) 현무암

• 암석의 특징 : 1.겉보기 색 - (가)는 밝은 색이고, (나)는 어두운 색이다.

2. 알갱이 크기 - (가)는 알갱이 종류가 여러 가지이며 알갱이가 대체로 크고, (나)는 알갱이 크기가 매우 작다.

3. 겉모양 - (가)는 대체로 밝은 바탕에 검은 반점이 있고, (나)는 겉표면에서 구멍이 관찰되기도 한다.

4. 생성 장소 - (가)는 마그마가 땅 속 깊은 곳에서 천천히 식으면서 굳어서 생성된 암석이고, (나)는 마그마가 지표면 밖으로 나오면서 빨리 굳어서 생성된 암석이다.

배점 암석의 이름을 정확히 쓴 경우 4점, 두 암석의 특징을 한 가지 이상 제시한 경우 1개당 1점씩 가산, 총 3점을 넘지 않음

10. **답** 화산재와 같이 미세한 알갱이에 의해 빠르고 완전하게 매몰되어 오랜 기간 동안 비바람 등에 의해 침식을 받지 않았기 때문이다.

해설 고대 도시를 뒤덮어 매몰시킨 물질은 화산재와 같은 미세한 알갱이이며, 매우 빠른 속도로 매몰되었다. 또한 매몰된 후에 침식작용을 받지 않았기 때문에 그 모습을 그대로 간직할 수 있었던 것이다.

배점 도시를 뒤덮은 물질, 매몰 속도, 매몰된 후의 환경을 모두 맞게 썼으면 5점, 2가지만 언급했을 경우 3점, 1가지만 언급했을 경우 1점

제2회 총정리 (4~6단원) 230쪽

01. **답** 횡압력이 작용하여 습곡이 만들어진 후, 양쪽 옆에서 끌어 당기는 힘이 작용하여 정단층이 만들어진다.

해설 단층면을 관찰하면 곡선이 연결되므로 습곡이 만들어진 후에 단층이 생긴 것임을 알 수 있다. 습곡은 옆에서 미는 힘(횡압력)에 의하여 만들어지고, 상반이 내려간 정단층은 옆에서 끌어당기는 힘(장력)에 의해서 만들어진다.

배점 습곡이 만들어진 후 정단층이 만들어진 것, 힘의 방향을 모두 바르게 설명한 경우 5점, 습곡 후에 정단층이 생성된 것만 설명하거나, 힘의 방향만 맞은 경우 3점, 시간의 순서가 틀리고, 습곡이나 정단층의 힘의 방향 중 한 가지만 맞은 경우 1점

02. **답** • 흔들리지 않는 부분 : 추

• 지진계의 원리 : 지진계에서 지면이 진동할 때 모든 것은 함께 움직이지만 추는 움직이지 않아 땅의 흔들림이 회전원통에 기록된다.

해설 관성이란 물체가 처음의 상태를 계속 유지하려고 하는 성질을 말하는데 추는 관성이 커서 지진계의 모든 부분이 진동할 때 정지해 있는다.

배점 추를 언급하고 원리를 잘 설명한 경우 5점, 추는 언급했지만 원리를 잘 설명하지 못한 경우 3점, 그 외 0점

03. **답** 주어진 지진계는 지면의 상하 방향만을 기록하므로 좌우 방향을 기록할 수 있는 수평동 지진계가 필요하다.

해설 지진계의 종류는 수직동 지진계와 수평동 지진계가 있다. 주어진 지진계는 지면의 상하 방향의 움직임만을 기록하는 수직동 지진계이다. 따라서 지면의 좌우 방향을 기록할 수 있는 수평동 지진계가 필요하다.

배점 이유를 잘 설명하고 수평동 지진계를 쓴 경우 5점, 이유를 잘 설명했지만, 수평동 지진계를 못 쓴 경우 3점, 이유는 설명하지 못했지만 수평동 지진계를 쓴 경우 3점, 그외 0점

04. **답** 1. 두 개의 페트리 접시에 솜을 깐 다음, 솜이 젖을 정도로 물을 적당히 준다.

2. 페트리 접시 위에 크기와 종류가 같은 강낭콩을 각

각 5개씩 놓는다.
3. 하나는 냉장고 안에 두고, 다른 하나는 상온에 두고 변화를 관찰한다.
해설 실제로 씨앗이 싹트는 데는 물, 적당한 온도, 공기 등이 필요하다. 승규는 씨앗이 싹트기 위해서 적당한 온도가 필요하다고 생각했으므로 온도의 변화를 주고, 나머지 조건은 모두 동일하게 한 후 일어나는 변화를 살펴본다.
배점 강낭콩의 종류, 물, 공기 중의 조건을 동일하게 한후 온도에만 변화를 주었을 경우 5점, 다른 변인들을 동일하게 하고 온도에만 변화를 주었으나 실제로 씨앗이 싹트지 않을 조건을 쓴 경우 (예)두 페트리 접시에 물을 가득 부은 경우 등) 2점, 그 외 0점

05. 답 실험 계획은 적합하지 않다.

화분	놓는 곳	콩을 심는 깊이	온도	물
(가)	양지 바른 곳	3cm	20℃	충분히 준다.
(나)	양지 바른 곳	3cm	20℃	안 준다.

해설 이 실험에서는 콩이 싹트는 데 물이 주는 영향을 알아보고자 한 것이므로, 물을 주는 양 이외의 모든 조건들은 동일하게 해주어야 한다.
배점 모든 조건을 바르게 고친 경우 6점, 그 외 0점

06. 답 (다)→(나)→(가)→(라), 식물의 한살이
해설 강낭콩은 씨앗→떡잎→본잎→꽃→꼬투리→새로운 씨앗 과정을 거친다. 씨앗에서 새로운 씨앗을 만드는 일련의 과정을 식물의 한살이라고 한다.
배점 순서를 바르게 나열하고, 식물의 한살이(또는 한살이)라고 한 경우 5점, 순서를 바르게 나열했지만 한살이를 못 적은 경우 3점, 순서는 바르지 않지만 한살이라고 적은 경우 2점, 그 외 0점

07. 답 벼는 씨앗을 남기고 시들어서 죽음으로써 한살이가 일년 안에 끝나는 한해살이 식물이지만, 감나무는 다음해 봄에 줄기에 다시 싹이 나면서 한살이가 다시 시작되는 여러해살이 식물이다.
해설 벼는 '씨앗→떡잎→본잎→꽃→꼬투리→새로운 씨앗→식물이 시들어서 죽는 과정'으로 일년 안에 한살이 과정이 끝난다. 감나무는 '씨앗→떡잎→본잎→꽃→꼬투리→새로운 씨앗→잎이 시듦→다음에 봄에 새로운 싹이 남'으로써 한살이 과정이 되풀이되어 일어난다.
배점 한해살이와 여러해살이를 정확히 비교한 경우 5점, 그 외 0점

08. 답 무게 차이(밀도 차이)
해설 키는 가벼운 쭉정이는 날아가고 무거운 곡물은 뒤에 남기는 것이다. 조리는 무거운 돌은 가라앉고 가벼운 쌀은 물에 떠 조리로 건져 올린다. 풍구는 바람의 힘으로 쭉정이나 먼지 등을 날려 버리고 곡물을 아래로 모으는 것이다. 공통적인 물질의 특성은 무게 차이이다.
배점 정답인 경우 5점, 그 외 0점

09. 답 • 필요한 도구 : 자석, 구멍이 큰 체, 구멍이 작은 체
• 분리 방법 : 〈예시답안〉

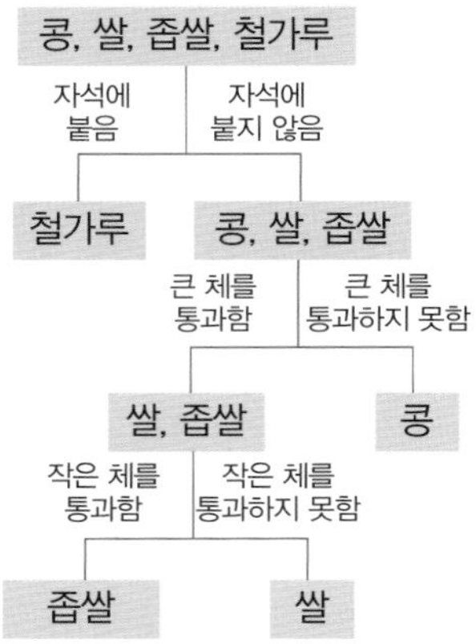

배점 필요한 도구를 쓰고 분리 방법을 적절하게 적은 경우 5점, 필요한 도구는 바르게 썼지만, 분리 방법이 적절하지 않은 경우 3점, 그 외 0점

10. 답 철은 자석에 붙고 알루미늄은 자석에 붙지 않는 성질
해설 철 깡통과 알루미늄 깡통의 혼합물을 이동 벨트 위에 놓으면 벨트가 이동하면서 자석에 붙지 않는 알루미늄 깡통이 앞쪽 상자로 먼저 떨어지고, 철 깡통은 자석에 붙은 채로 벨트 아래쪽으로 이동한 후 벨트가 자석에서 멀어짐에 따라 뒤쪽 상자로 떨어진다.
배점 정답인 경우 5점, 그 외 0점

제3회 총정리 (7~9단원) 234쪽

01. 답

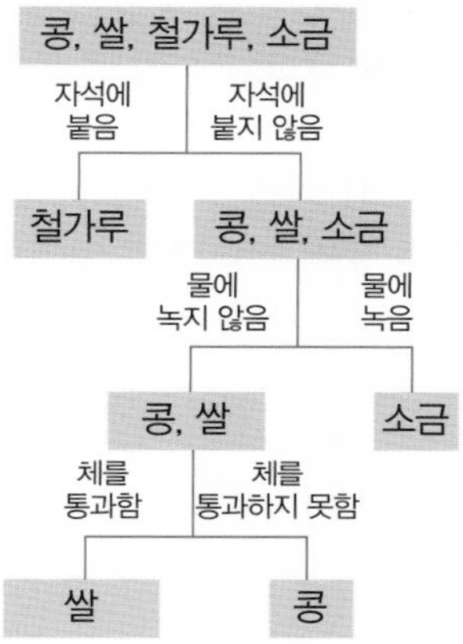

〈1단계〉
• 이용한 성질 : 자석에 붙는 성질과 붙지 않는 성질
• 분리 방법 : 자석에 비닐 랩을 감싼 후, 콩 · 쌀 · 철가루 · 소금이 섞인 혼합물에 자석을 대고 휘휘 저어, 철가루를 분리한다.

〈2단계〉
• 이용한 성질 : 물에 녹는 성질과 녹지 않는 성질
• 분리 방법 : 콩 · 쌀 · 소금 혼합물을 물에 넣어 유리 막대로 저은 후 거름종이나 쌀보다 눈이 작은 체를 이용하여 소금물을 분리하고, 소금물을 증발 접시에 붓고 알코올 램프로 가열하여 소금을 얻는다.

〈3단계〉
• 이용한 성질 : 알갱이 크기 차이를 이용한 성질
• 분리 방법 : 체의 눈 크기가 쌀보다 크고 콩보다 작은 것을 이용해 쌀과 콩을 분리한다.

배점 이용한 성질 1가지 당 1점씩 추가하고, 분리 방법을 모두 정확히 적은 경우 2점

02. 답 • 이용한 성질 : 밀도 차이
• 예 : 키질, 조리질, 풍구 등

해설 볍씨를 소금물에 넣어 분리하는 것은 밀도 차이를 이용한 것으로, 속이 꽉 찬 볍씨는 소금물에 가라앉고, 속이 빈 쭉정이는 소금물에 뜬다.

배점 이용한 성질과 그 예를 2가지 모두 쓴 경우 5점, 이용한 성질만 쓴 경우 3점, 예만 2가지 쓴 경우 2점, 이용한 성질을 쓰고 예를 한 가지만 쓴 경우 4점, 그 외 모두 0점

03. 답 • 실험 기구 명칭 : ㄴ. 분별 깔때기
• 분리할 수 있는 혼합물 : (라) 물과 기름

해설 이 실험 기구는 분별 깔때기이며, 서로 섞이지 않는 두 액체 혼합물을 분리할 때 사용한다.

배점 실험 기구의 명칭이 맞고 분리할 수 있는 혼합물을 바르게 고른 경우 5점, 실험 기구의 명칭은 맞았지만 혼합물을 잘못 고른 경우 3점, 실험 기구의 명칭은 틀리고 혼합물을 바르게 고른 경우 2점, 그외 0점

04. 답 〈개구리밥〉 • 특징 : 뿌리가 물속에 길게 늘어져 있다.
• 장점 : 몸체가 뒤집히지 않게 하고, 양분을 흡수한다.
〈맹그로브〉 • 특징 : 뿌리가 물 밖으로 솟아 올라있다.
• 장점 : 호흡을 할 수 있다.

해설 맹그로브는 물이 많은 갯벌이나 하구에서 서식한다. 만약 맹그로브의 뿌리가 물속에 잠겨 있으면 공기와 닿을 수 없게 되어 호흡을 할 수 없었을 것이다.

배점 각 항목 당 1점씩 추가, 다 맞은 경우 4점

05. 답 ④, ⑤

해설 제시된 사진은 개구리밥, 생이가래, 부레옥잠이다. 모두 물 위에 떠서 사는 식물이다. 뿌리는 수염뿌리이고, 수중에서 양분을 흡수할 수 있도록 뿌리가 발달되어 있으며, 식물이 물에 잘 뜰 수 있도록 잎이 넓게 발달되어 있는 것이 특징이다.

배점 정답 1개당 2.5점, 총 5점 만점. 틀린 것은 한 개당 1점씩 감점, 최저 점수 0점

06. 답 햇빛을 골고루 받기 위해서

해설 식물에서 잎이 줄기에 붙어 있는 모양을 잎차례라고 한다. 잎은 줄기나 가지에 일정하게 붙어 있는 듯하지만 자세히 들여다보면 잎이 약간씩 비틀어져 있는 것을 볼 수 있다. 식물들의 잎차례는 빛을 골고루 받기 위해 식물들이 적응한 형태라고 할 수 있다. 따라서, 잎차례가 어떤 것이든 위에서 보면 위쪽 잎에 가려지지 않고 햇빛을 골고루 받도록 배열되어 있다.

배점 정답인 경우 4점, 그 외 0점

07. 답 1. 잎의 너비 - 잎이 좁은 것과 좁지 않은 것
2. 잎 가장자리의 모양 - 잎 가장자리가 갈라진 것과 잎 가장자리가 갈라지지 않은 것

3. 잎자루의 길이 - 잎자루의 길이가 짧은 것과 잎자루의 길이가 긴 것

해설 제시된 답 이외에도 여러 가지 분류 기준이 나올 수 있다.

배점 3가지 모두 정답을 적은 경우 5점, 2가지만 적은 경우 3점, 1가지만 적은 경우 1점, 틀린 답을 적은 경우 2점씩 감점, 최저 점수 0점

08. 답 물이 100℃에 도달하면 얻은 에너지를 물에서 수증기로 상태 변화하는데 사용하기 때문에 온도가 더 이상 올라가지 않는다.

배점 물의 온도가 100℃ 이상 올라가지 않는 이유를 정확하게 설명하면 5점, 비슷한 의미로 설명했으나 정확하지 않으면 2점, 그 외 0점

09. 답 1. 추운 겨울날 수도관이 터지는 현상
2. 물을 가득 채운 유리병을 냉동실에 넣었을 때 유리병이 깨지는 현상
3. 겨울날 물을 가득 담아 두었던 장독이 깨지는 현상
4. 겨울철 바위 틈새에 스며든 물이 얼면서 바위가 깨지는 현상
5. 냉동실에 두었던 요구르트 병이 뚱뚱해지는 현상

배점 3가지 모두 정답을 적은 경우 5점, 2가지만 적은 경우 3점, 1가지만 적은 경우 1점, 틀린 답을 적은 경우 2점씩 감점, 최저 점수 0점

10. 답 ②, ⑤

해설 얼음은 물 상태를 거치지 않고 직접 수증기로 상태 변화할 수 있다. 주전자 주둥이 주변에서 볼 수 있는 김은 뜨거운 주전자 안에서 밖으로 수증기가 나오다가 찬 공기를 만나서 응결된 작은 물방울이 떠 있는 것이다. 구름은 작은 물방울이나 작은 얼음 조각이 떠 있는 것이다.

배점 정답 1개당 2.5점, 총 5점 만점. 틀린 것은 한 개당 1점씩 감점, 최저 점수 0점

제4회 총정리 (10~12단원) 238쪽

01. 답 달은 빛을 내는 물체(광원)가 아니다. 달이 빛을 내는 것처럼 보이지만, 달이 스스로 빛을 내는 것이 아니라. 태양빛이 반사되어 우리 눈에 보이게 되는 것이다.

배점 달은 빛을 내는 물체가 아니라고 쓰고, 그 이유를 바르게 설명한 경우 5점, 달은 빛을 내는 물체가 아니라고 하였으나. 그 이유를 설명하지 못한 경우 2점, 그 외 틀린 답은 0점

02. 답 직진하는 빛이 지나가는 길에 불투명한 물체를 두면 물체가 빛을 막아 빛이 도달하지 못하는 부분에 그림자가 생긴다.

배점 정답인 경우 5점, 틀린 경우 0점

03. 답

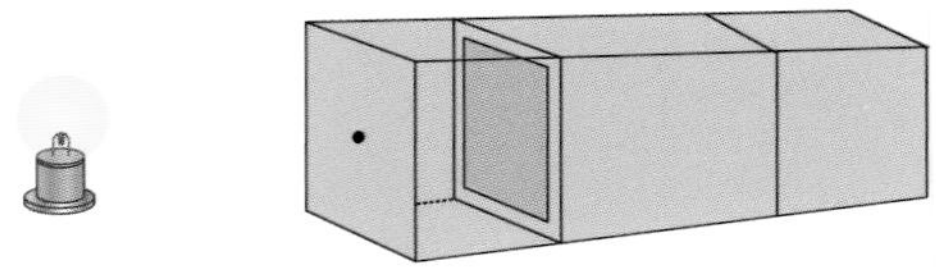

물체에서 반사된 빛이 곧게 나아가서, 바늘구멍 사진기의 작은 구멍을 통과하여 스크린에 상을 맺기 때문이다.

배점 빛의 이동 경로를 정확히 그리고, 까닭을 잘 설명한 경우 5점, 빛의 이동 경로를 정확히 그렸으나, 까닭을 잘 설명하지 못한 경우 2점, 빛의 이동 경로를 정확히 그리지 못했으나, 까닭을 잘 설명한 경우 2점, 틀린 답을 적은 경우 0점

04. 답 1. 전화가 오면 전화기에 불이 들어온다.
2. 비행기 활주로의 불빛을 보고, 비행기가 뜨고 내린다.
3. 밤에 등대의 불빛이 깜박깜박하여 다가오는 배에게 신호를 한다.
4. 교통 신호등의 불빛으로 횡단보도의 통행을 결정한다.
5. 자동차의 방향 지시등으로 자동차의 진행 방향을 알려준다.

해설 이 외에도 빛을 이용한 신호는 모두 정답으로 인정한다.

배점 3가지 모두 정답을 적은 경우 5점, 2가지만 적은 경우 3점, 1가지만 적은 경우 1점, 틀린 답을 적은 경우 2점씩 감점, 최저 점수 0점

05. 답 ㉡, 60°

해설 법선(거울면과 수직인 면)과 반사되어 나가는 빛 사이의 각도를 반사각이라 한다. ㉠은 입사각으로 60°이다.

배점 두 가지 모두 정답을 적은 경우 5점, 둘 중 하나만 적은 경우 3점, 나머지는 0점

06. 답 오목거울, 상이 거꾸로 작게 보인다.

해설 오목거울은 거울과 가까이에 있는 물체는 크게 똑바로 선 상이 보이고, 거울과 멀리 있는 물체는 작게 거꾸로 선 상이 보인다. 볼록거울은 작게 바로 선 상이 보인다.

배점 오목거울이라 적고 이유를 바르게 적은 경우 5점, 오목거울이라 적고 이유를 바르게 적지 못한 경우 3점, 그 외 0점

07. 답 A, D, E

해설 빛을 퍼지게 하여 시야를 넓게 하는 것은 볼록거울이다. 볼록거울을 사용하는 것은 A,D,E이고, 나머지는 오목거울을 사용하여 빛이나 전파를 모아서 사용하는 경우이다.

배점 정답 1개당 1점, 틀린 것을 고를 때마다 1점씩 감점, 최저 점수 0점

08. 답 1. 마젤란의 세계 일주 : 마젤란이 빅토리아호를 타고 계속 같은 방향으로 항해를 해서 출발지인 에스파냐로 다시 돌아왔다.
2. 항구에서 돛단배가 보이는 모양의 변화 : 배가 출발점에서 멀어질수록 배의 밑 부분부터 보이지 않게 되고, 출발점으로 돌아올 때는 배의 돛대 부분부터 보이기 시작한다.
3. 월식 때 비친 지구의 그림자 모습 : 달에 비친 지구의 그림자가 둥글다.
4. 고도에 따른 시야 : 높은 곳으로 올라갈수록 시야가 넓어진다.

배점 3가지 모두 정답을 적은 경우 5점, 2가지만 적은 경우 3점, 1가지만 적은 경우 1점, 틀린 답을 적은 경우 2점씩 감점, 최저 점수 0점

09. 답 달이 지구 주위를 공전하기 때문이다.

해설 지구에서 보는 달은 햇빛이 달 표면에서 반사되기 때문에 보인다. 달이 지구 주위를 공전하기 때문에 태양, 달, 지구의 위치가 바뀌어 달의 모양이 다르게 보이는 것이다.

배점 정답인 경우 5점, 틀린 경우 0점

10. 답 지구가 하루(24시간)에 한바퀴(360°)씩 서쪽에서 동쪽으로 자전하기 때문에, 달은 한 시간에 15°(360° ÷ 24시간)씩 동쪽에서 서쪽으로 이동하는 것처럼 보인다.

배점 달의 위치가 변한 까닭을 바르게 설명한 경우 5점, 의미는 통하지만 정확히 표현하지 못한 경우 3점, 바르게 설명하지 못한 경우 0점

펴낸 날짜	2015년 7월 1일
펴낸이	윤찬섭
펴낸곳	무한상상 출판
책임수정개발	윤찬섭
개발	무한상상 과학교육 연구소
디자인	변영지
삽화/일러스트	정민아, 강보미
인쇄	대명문화사
주소	서울시 서초구 명달로 4길 4 405호
전화	070-4714-2812(연구소)

창의력 과학 *I&I* 초등 3, 4, 5, 6

목표 1

창의적 문제 해결력 향상을 통한 융합 인재 달성

목표 2

교육청 영재교육원, 대학 부설 영재교육원 맞춤 대비

창의력 과학 *I&I* 시리즈

창의력 과학 *I&I* 초등 3, 4, 5, 6
창의력 과학 *I&I* 물리/화학/생명과학/지구과학

창의력 과학 *I&I* 시리즈

창의력 과학 *I&I* 초등 3, 4, 5, 6
창의력 과학 *I&I* 물리/화학/생명과학/지구과학